计算机应用技术基础实践教程

汪材印　董全德　杨　杰　查道贵　主编

合肥工业大学出版社

图书在版编目(CIP)数据

计算机应用技术基础实践教程/汪材印,董全德,杨杰主编 . —合肥:合肥工业大学出版社,2022.8

ISBN 978 - 7 - 5650 - 5936 - 0

Ⅰ.①计⋯ Ⅱ.①汪⋯②董⋯③杨⋯ Ⅲ.①电子计算机—高等学校—教材 Ⅳ.①TP3

中国版本图书馆 CIP 数据核字(2022)第 098318 号

计算机应用技术基础实践教程

汪材印 董全德 杨 杰 查道贵 主编   责任编辑 王钱超

出 版	合肥工业大学出版社	版 次	2022 年 8 月第 1 版
地 址	合肥市屯溪路 193 号	印 次	2022 年 8 月第 1 次印刷
邮 编	230009	开 本	787 毫米×1092 毫米 1/16
电 话	人文社科出版中心:0551—62903205	印 张	19
	营销与储运管理中心:0551—62903198	字 数	456 千字
网 址	www.hfutpress.com.cn	印 刷	安徽联众印刷有限公司
E-mail	hfutpress@163.com	发 行	全国新华书店

ISBN 978 - 7 - 5650 - 5936 - 0   定价: 42.00 元

前　言

　　本书是《计算机应用技术基础》教材的配套练习与上机操作的实践教程,是根据教育部提出的"大学计算机教学基本要求"和最新的全国高等学校(安徽考区)计算机基础教学(考试)大纲组织编写的高等院校计算机应用技术基础实践教程。

　　本书分为 3 个部分,具体内容如下:

　　第一部分为"上机实训"。该部分针对教材各章节的内容精心设计了 15 个实训,每个实训包括实训目的、实训内容和步骤等部分,涵盖了计算机基本操作、操作系统基础、Office 办公软件基本操作、网络技术基本应用等内容,有利于初学者尽快掌握必备的知识。

　　第二部分为"强化训练"。该部分收集了大量习题,涵盖了主教材的全部内容,并给出了参考答案,便于学生巩固学习效果,同时又使本书自成体系。

　　第三部分为"上机考试与模拟练习"。编者从全国高等学校计算机水平考试安徽考区的上机模拟练习系统中选择了部分样题组成了 6 套试卷,便于学生进行模拟练习,对学生掌握课程内容、培养实践操作能力及顺利通过考试具有重要的指导作用。

　　本书参编人员均是长期在教学一线从事理论、实践教学的教师,在编写中紧扣实训教学大纲,并结合计算机等级考试实际,注重强化性训练。本书的针对性较强,适合作为大学各专业计算机基础课程教学辅导书,也可供各类工程技术人员自学或参加计算机等级考试(一级)的读者参考使用。

　　本书由汪材印、董全德、杨杰、查道贵主编,路红梅、崔琳、谈成访、韩君、张淑芳、李闪闪为副主编。上机实训一到实训五由董全德编写,上机实训六由崔琳编写,上机实训七到实训九由杨杰编写,上机实训十到实训十二由谈成访编写,上机实训十三到实训十六由李闪闪编写。强化训练由韩君、张淑芳选编,上机考试与模拟练习由汪材印、查道贵选编。全书由路红梅审阅,汪材印负责组织策划、统稿、校稿。本书在编写过程中得到了上海新魁教育科技有限公司和宿州学院从事计算机基础教学的同仁的大力支持,编者在此一并致谢。

　　由于时间仓促,编者水平有限,书中难免存在疏漏与不妥之处,敬请大家批评指正。主编汪材印的电子邮箱地址为 caiyinwang@163.com。

编　者

2022 年 6 月

目　录

第一部分　上机实训

第二部分　强化训练

第三部分　　上机考试与模拟练习

第一部分

上机实训

实训一 认识计算机

一、实训目的

1. 了解计算机硬件及配置,熟悉主机和主要外设的功能及使用注意事项
2. 熟练掌握开机/关机操作,能够熟练进入计算机的使用环境
3. 认识鼠标,掌握鼠标的操作方法
4. 熟悉键盘结构,熟记各键的位置及常用键、组合键的功能
5. 使用键盘辅助教学软件"金山打字通"培养正确的键盘操作姿势和基本指法

二、实训内容和步骤

电子计算机的类型有很多,如台式机、笔记本电脑、平板电脑等,但只是外观形态不同,本质都是一样的。台式计算机的外观构成如图 1-1 所示,主要包含主机、鼠标、键盘和显示器。

图 1-1 台式计算机的外观

键盘和鼠标是重要的输入工具,在使用计算机时,通过键盘、鼠标可以将命令、程序和数据输入至计算机中,显示器是计算机系统中重要的输出设备。主机是计算机的核心组成部分,一般包含多个硬件配件,分别是主板、中央处理器(CPU)、硬盘、内存、显卡、电源、电风扇和机箱外壳等。

1. 开启计算机,启动 Windows 7,进入系统桌面

(1)冷启动

冷启动是指机器尚未加电情况下的启动。一般情况下,计算机硬件设备中需要加电

的设备有显示器和主机。正确的开机顺序是：先开外设，再开主机。

冷启动步骤如下：

第一步：检查电源是否连接好；第二步：打开显示器、打印机、扫描仪等外部设备；第三步：按下主机箱面板上的电源开关，接通主机电源，这时计算机就开始启动，系统首先对内存自动测试，屏幕左上角不停地显示已测试内存量。接着启动硬盘驱动器，计算机自动显示提示信息，进入操作系统。

（2）热启动

热启动是指计算机在已加电情况下的启动，通常是在计算机运行中异常死机时使用。常用的操作方法有如下三种：

方式一：单击"开始"按钮，在弹出的"开始"菜单中选择"关机"命令旁边的 ▶ 按钮，在弹出的菜单中选择"重新启动"选项。

方式二：关闭所有窗口后，按【Alt】＋【F4】组合键，将弹出"关闭 Windows"对话框，选择"重新启动"选项，如图 1-2 所示。

图 1-2　Windows 7 的重新启动界面

（3）复位启动

按主机箱面板上的【Reset】键。

2. 退出 Windows 7 并关闭计算机

退出操作系统并关机的正确顺序是：先关主机，再关外设。

具体操作步骤如下：

第一步：把任务栏中所有已经打开的任务全部关闭。

第二步：单击"开始"按钮，打开"开始"菜单，选择其中的"关机"命令。

正常情况下，系统会自动切断主机电源。如出现异常，在系统未能自动关闭的情况下，此时可以选择强行关机，具体做法为：长按电源键【Power】，持续 7 秒左右，强行关闭计算机。

第三步：关闭显示器等外设电源。

一些大功率外设开关的电流冲击可能会损伤主机，要"先开外设，再开主机；先关主机，再关外设"。

3. 掌握鼠标的基本操作

鼠标是一种很常用的计算机外接输入设备，其标准称呼是"鼠标器"，英文名为"Mouse"，因形似老鼠而得名，鼠标的使用是为了使计算机的操作更加简便快捷。鼠标按接口类型可分为串行鼠标、PS/2 鼠标、总线鼠标、USB 鼠标（多为光电鼠标）四种鼠标；按其按钮个数可分为两键鼠标和三键鼠标；按照工作原理及其内部结构的不同，又可以分为机械式鼠标、光机式鼠标和光电式鼠标。目前，在日常生活中应用最为广泛的是 USB 接口的鼠标，如图 1-3 所示。

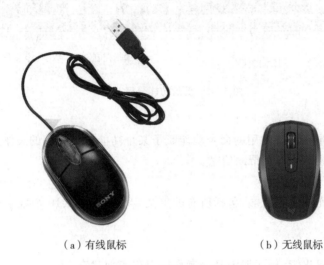

（a）有线鼠标　　　　　　　　（b）无线鼠标

图 1-3　USB 接口的鼠标

鼠标的基本操作包括以下 7 种：

（1）移动：正确地握住鼠标，在鼠标垫上或桌面上移动，屏幕上的鼠标指针将随着鼠标的移动而移动

（2）单击左键：将鼠标固定到某个位置上，然后用食指按下鼠标左键后立即松开

（3）单击右键：将鼠标固定到某个位置上，然后用中指按下鼠标右键后立即松开

（4）左键拖动：将指针指向某个对象，用食指按住鼠标左键不放，然后移动到另一位置后，再松开鼠标按键

（5）右键拖动：将指针指向某个对象，用中指按住鼠标右键不放，然后移动到另一位置后，再松开鼠标按键

（6）双击左键：将鼠标固定到某个位置上，然后用食指连续快速按两下鼠标左键立即松开

（7）滚动：对带有滚轮的鼠标而言，可以上下滚动滚轮，滚动操作常用于浏览窗口时实现翻页功能

4. 熟悉键盘结构，熟记各键的位置及常用键、组合键的功能

键盘是最常用也是最基本的输入设备，通过键盘可以向计算机输入各种操作的命令或程序、输入需处理的原始数据和进行文档的编辑等。

以 104 键的标准键盘为例,可将键盘分为 5 个区,分别是基本键区、功能键区、编辑控制键区、数字小键盘区和一个状态指示灯区,如图 1-4 所示。

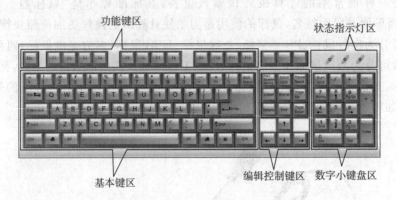

图 1-4   键盘功能分区图

(1)功能键区

功能键的作用是将一些常用的命令功能赋予某个功能键。它们的具体功能取决于不同的软件,F1 键一般用于打开帮助信息。

(2)基本键区

该区是键盘操作的主要区域,包括所有的英文 26 个字母符、10 个数字符、空格、回车和一些特殊功能键。

特殊功能键如下:

【Esc】:取消或退出键,用于取消某一操作或退出当前状态。

【Tab】:制表键,用于将光标移至下一个制表位。

【Caps Lock】:大写字母锁定键,是一个开关键,只对英文字母起作用。当它锁定时,Caps Lock 指示灯亮,此时单击字母键输入的是大写字母,在这种情况下不能输入中文。当它关上时,Caps Lock 指示灯不亮,此时单击字母键输入的是小写字母。

【Shift】:上档键,在打字区的数字键和一些字符键都印有上下两个字符,直接按这些键是输入下面的字符。使用上档键是输入上档符号或进行大小写字母切换,它在基本键区左右各有一个,左手和右手都可按此键。例如要输入"%",我们必须先用左手的小指按住 Shift 键,然后用右手的中指按数字键 5。若在 CapsLock 键未锁定时,要输入大写的 M,我们可用右手的小指按住 Shift 键,再用左手的食指按 G 键,就可输入大写字母 M。

【Enter】:回车键,用于结束一个命令或换行(回车键换行是表示一个文档段的结束)。

【Backspace】:退格键,每击一次,删除光标前的一个字符或选取的一块字符。

【Ctrl】和【Alt】:控制键和转换键,它们在基本键区左右各有一个,不能单独使用,只能与其他键配合在一起使用(如复制的快捷键 Ctrl+c)。按下 Ctrl 或 Alt 键后,再按下其他键。需要注意的是,Ctrl 键或 Alt 键的组合结果取决于使用的软件。

(3)编辑控制键区

编辑控制键区分为 3 部分,共 13 个键。最上面 3 个键称为控制键;中间 6 个键称为编辑键;下面 4 个键称为光标移位键。

常用键的功能如下：

【Print Screen】：打印屏幕键，用于将屏幕上的所有信息传送到打印机输出；或者保存到内存中，用于暂存数据到剪贴板中，用户可以从剪贴板中把内容粘贴到指定的文档中。

【Insert】：插入或改写转换键，用于编辑文档时切换插入或改写状态。若在插入状态下输入的字符插在光标前，而在改写状态下输入的字符从光标处开始覆盖原字符。

【Delete】：删除键。当按一下 Delete 键时，删除光标右边的一个字符。

【Home】：在编辑状态下，按此键会将光标移到所在行的行首。

【End】：在编辑状态下，按此键会将光标移到所在行的行尾。

【↑】、【↓】、【←】和【→】：这 4 个键可控制光标上下左右移动，每按一次分别将光标按箭头指示方向移动一个字符。

（4）状态指示灯区

【Num Lock】：数字/编辑锁定状态的指示灯。

【Caps Lock】：大写字母锁定状态指示灯。

（5）数字小键盘区

小键盘区共有 17 个键，主要是方便输入数据，还有编辑和光标移动控制功能。功能转换由小键盘上的 Num Lock 键实现。当指示灯不亮时，小键盘的功能与编辑键区的编辑键功能相同；当指示灯亮时，小键盘实现输入数据的功能。

5. 掌握正确的打字姿势和键盘指法要求，使用键盘辅助教学软件进行指法练习

（1）打字姿势

打字之前一定要端正坐姿，我们如果坐姿不正确，不但会影响打字速度的提高，而且还很容易疲劳且出错。正确的打字姿势被归纳为"直腰、弓手、立指、弹键"，如图 1-5 所示。正确的坐姿应该是：

● 头正、颈直、身体挺直、双脚平踏在地。

● 身体正对屏幕，调整屏幕，使眼睛舒服。

● 眼睛平视屏幕，保持 30～40 厘米的距离，每隔 10 分钟将视线从屏幕上移开一次。

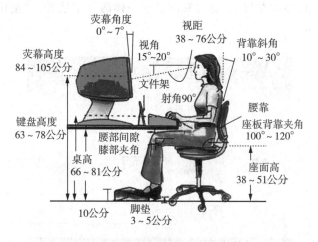

图 1-5　正确的打字姿势

● 手肘高度和键盘平行，手腕不要靠在桌子上，双手要自然垂放在键盘上。
● 身体可略倾斜，离键盘的距离约为 20～30 厘米。
● 如有打字教材或文稿，放在键盘左边，或用专用夹，夹在显示器旁边。打字时眼观文稿，身体不要跟着倾斜。

（2）手指的基本操作

准备打字时，除拇指外其余的八个手指分别放在基本键上，拇指放在空格键上，十指分工，包键到指，分工明确。基本键位如图 1-6 所示，指法分工如图 1-7 所示。

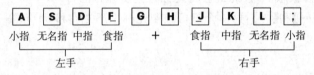

图 1-6　基本键位示意图

图 1-7　指法分工示意图

（3）利用打字软件进行指法练习

目前，比较常用的打字软件是"金山打字通"（TypeEasy）。它是金山公司推出的一款功能齐全、数据丰富、界面友好、集练习和测试于一体的打字软件。"金山打字通 2016"主界面如图 1-8 所示。

图 1-8　"金山打字通 2016"的操作主界面

三、拓展练习

1. 了解计算机的基本组成,尝试打开主机箱,观察并学习如何组装主机中的各个部件

2. 掌握开关机的正确步骤,观察中文 Windows 7 的启动过程

3. 在 Windows 窗口界面下,练习鼠标的单击、双击、右击等操作

4. 使用"金山打字通"软件,进行键盘指法练习,能够做到熟悉键盘各区域,养成盲打的良好习惯

实训二 Windows 7 基本操作

一、实训目的

1. 了解 Windows 7 桌面的组成,掌握桌面图标的相关操作
2. 认识任务栏,掌握其相关操作
3. 熟悉 Windows 7 的窗口组成,熟练掌握窗口的基本操作
4. 理解文件、文件名和文件夹的概念,区分文件和文件夹的不同
5. 熟练掌握文件和文件夹的各种常用基本操作。

二、实训内容和步骤

1. Windows 7 桌面及其操作

（1）启动 Windows 7 程序,显示桌面

启动 Windows 7 进入系统后,所展现在用户面前的第一个画面就是桌面。桌面由桌面图标、任务栏和桌面空白区域组成。桌面图标由一个可以反映对象类型的图片和相关文字说明组成,每个图标代表某一个工具、程序或文件等。任务栏一般位于桌面的底部,包含:"开始"按钮、快速启动工具栏、窗口管理区和系统提示区。

（2）"开始"菜单及其操作

"开始"菜单位于桌面任务栏的左侧。

① 打开"开始"菜单一般有 3 种方法,用鼠标单击屏幕左下角"开始"菜单、按快捷键,<Ctrl>＋<Esc>或按键盘上的标有 Windows 图标的按键。在"开始"菜单中,左侧是附加的程序、最近打开的文档、打开程序的跳跃菜单和搜索框,右侧是自定义菜单档,如图 2-1 所示。

② 将鼠标指向快捷菜单中的"排列方式"命令,在出现的下一级菜单(如图 2-1 右侧所示)中选择"名称""大小""项目类型"或"修改日期"即可。

（3）快捷方式及其操作

快捷方式是指将应用程序映射到一个图标上,用户双击快捷方式图标打开对应的应用程序

图 2-1 【开始】菜单对话框窗口

窗口。删除快捷方式的图标仅删除快捷方式本身,与其对应的应用程序或文档文件并没有被删除。

① 新建快捷方式

新建快捷方式需要指明对应哪一个对象和快捷方式存放的位置。快捷方式的存放位置可以是桌面上、某文件夹内或者是开始菜单中。

● 桌面上新建快捷方式

鼠标右键单击桌面空白区域打开快捷菜单,选择【新建】→【快捷方式】,打开创建快捷方式对话框(如图 2-2 所示),单击【浏览】按钮,在打开的对话框中选择应用程序名或文件名,单击【确定】按钮;在图 2-2 所示对话框中单击【下一步】按钮,在文本输入框中输入快捷方式的名称(可以默认,也可以自主定义其他名称),单击【完成按钮】,快捷方式创建完毕。

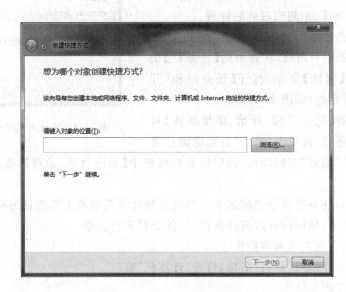

图 2-2　创建快捷方式对话框

● 文件夹内新建快捷方式

双击桌面上【计算机】图标打开窗口,选择存放快捷方式的文件夹。选择【文件】→【新建】→【快捷方式】命令,打开图 2-2 窗口,使用上述方法在文件夹中创建快捷方式。

● 【开始】菜单中的级联菜单里新建快捷方式

单击【开始】菜单,选择【所有程序】,选择需要新建快捷方式的文件夹,鼠标右键单击该文件夹,选择【打开】命令,打开选择文件夹的窗口。选择【文件】→【新建】→【快捷方式】命令,打开图 2-2 窗口,使用上述方法在文件夹中创建快捷方式。

② 快捷方式基本操作

快捷方式可以改变名称、属性和删除。

● 改变快捷方式的名称:鼠标右键单击某一个快捷方式图标,打开快捷菜单,选择【重命名】操作,输入新的名称。

● 修改快捷方式的属性:鼠标右键单击某一个快捷方式图标,打开快捷菜单,选择

【属性】命令(如图 2-3 所示),在对话框中通过其中的【常规】和【快捷方式】等标签对快捷方式的属性、图标、运行方式及快捷键等进行修改。

● 删除快捷方式:鼠标右键单击某一个要删除的快捷方式图标,打开快捷菜单,选择【删除】命令,或者选中要删除的快捷方式图标,直接按<Delete>键。

2. 任务栏的相关操作

(1)调整任务栏的位置

通常,任务栏位于桌面的最下方,Windows 7也允许它处于桌面的顶部、左侧和右侧。

① 右击任务栏空白处,在弹出的【任务栏】快捷菜单中,选择【锁定任务栏】命令取消锁定。

② 将鼠标指针指向任务栏空白处,拖动鼠标,移至桌面的顶部、左侧或右侧后释放。

(2)隐藏任务栏与合并、隐藏标签

① 右击任务栏空白处,在弹出的【任务栏】快捷菜单中,选择【属性】命令,打开【任务栏和「开始」菜单属性】对话框(如图 2-4 所示)。

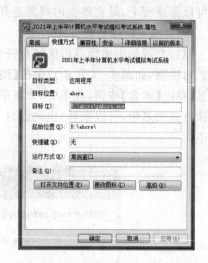

图 2-3　快捷方式属性对话框

② 在弹出的【任务栏和「开始」菜单属性】对话框中选择"任务栏"选项卡,选中"自动隐藏任务栏"复选框,单击"确定"按钮即可;选中任务栏按钮中【始终合并、隐藏标签】选项,可以合并、隐藏标签。

设置完毕后,任务栏就会隐藏起来。当鼠标指针移至屏幕上靠近任务栏的位置时,任务栏立刻显示出来,鼠标指针远离任务栏时,任务栏又会隐藏。

3. Windows 7 窗口及基本操作

(1)在桌面上双击"计算机"图标,打开"计算机"窗口。

(2)菜单栏及相关操作

用鼠标点击"文件""编辑""查看"或其他菜单名可以打开相应的菜单,或者用【Alt】和菜单名后的字母。例如,组合键【Alt】+【F】可以打开"文件"菜单,组合键【Alt】+【T】可以打开"工具"菜单。

打开菜单栏中的各个菜单,观察并熟悉其中的菜单项。

(3)窗口大小调整

对"计算机"窗口进行最大化、最小化操作,再用鼠标调整窗口的大小。

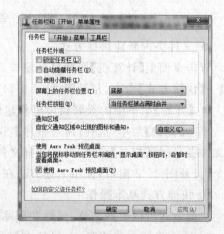

操作步骤如下:

① 用鼠标点击窗口右上角的"最大化/还原"或"最小化"按钮;

图 2-4　任务栏和开始菜单属性对话框

② 窗口设为原始大小,将鼠标指针移到窗口的边缘或者拐角,当指针变成双向箭头的时候,按住鼠标左键进行拖动,将窗口尺寸调整到合适大小后,释放左键,即可改变窗口大小。

(4)窗口排列

操作步骤如下:

① 分别双击"计算机""网络"和"回收站"图标,打开三个窗口。

② 右击任务栏空白处,弹出"任务栏"快捷菜单,在其中选择所需的多窗口排列方式:"层叠窗口""堆叠显示窗口""并排显示窗口"。

(5)窗口关闭

完成对窗口的操作后,在关闭窗口时有下面几种方式:

① 直接在标题栏上单击"关闭"按钮。

② 使用【Alt】+【F4】组合键。

③ 如果打开的窗口是应用程序,可以在文件菜单中选择"退出"命令,关闭窗口。在关闭应用程序窗口之前要保存所创建的文档或者所做的修改,如果忘记保存,当执行了"关闭"命令后,会弹出一个对话框,询问是否要保存所做的修改,单击"是"按钮则保存后关闭;单击"否"按钮则不保存即关闭;选择"取消"则不能关闭窗口,可以继续使用该窗口。

4. 新建文件和文件夹

(1)新建文件夹

在桌面上、磁盘以及磁盘的某个文件夹内均可以新建文件夹。

① 在桌面上创建一个名为"STUD"的文件夹,步骤如下:

鼠标右键单击桌面的空白区域,打开桌面的快捷菜单,选择【文件】→【新建】→【文件夹】命令;在新出现的文件夹图标下键入新文件夹的名称"STUD",按回车键。

② 在磁盘以及磁盘的某个文件夹用文件菜单新建名为"STUD1"的文件夹,步骤如下:

打开磁盘或者磁盘的某个文件夹;选择【文件】菜单→【新建】→【文件夹】命令;在新出现的文件夹图标下键入新文件夹的名称"STUD1",按回车键。

(2)新建文件

在"STUD"的文件夹中创建一个名为"社会主义核心价值观.docx"的文件,并输入内容"富强、民主、文明、和谐;自由、平等、公正、法治;爱国、敬业、诚信、友善",步骤如下:

① 打开"STUD"文件夹,在此文件夹空白处右击,弹出快捷菜单;

② 在弹出的快捷菜单中选择"新建"→"Microsoft Word 文档";

③ 在新出现的文件图标下键入新文件名称"计算机应用.docx",按回车键。

④ 双击"计算机应用.docx"文件图标,打开该文件;

⑤ 输入内容:"文件和文件夹操作";

⑥ 执行"文件"菜单中的"保存"选项;

⑦ 关闭文件。

5. 文件和文件夹的选定

在对文件和文件夹的各种操作前,首先要选定要操作的对象,操作对象的选取根据需要一般分成"单个选取""多个连续选取""多个不连续选取""全部选取"。

（1）选择单个文件或文件夹

用鼠标单击要选择的文件或文件夹。

（2）用鼠标选择连续的文件或文件夹组

单击组内的第一个文件或文件夹，按住【Shift】键，然后单击组内最后一个文件或文件夹。

（3）用鼠标选择多个不连续的文件或文件夹

单击组内的第一个文件或文件夹，按住【Ctrl】键，再逐个单击要选的其他文件或文件夹。

（4）全部选定和反向选择

在文件夹窗口的"编辑"菜单中，系统提供了两个用于选取对象的命令："全部选定"和"反向选择"。前者用于选取当前文件夹中的所有对象或按组合键【Ctrl】+【A】，后者用于选取那些当前没有被选中的对象。

在文件夹窗口的内容显示栏空白区域中任意处单击，就可以取消文件或文件夹的选取。

6．文件和文件夹的复制与移动

文件和文件夹的复制与移动可以使用"菜单命令""快捷键""鼠标拖动""快捷菜单"等方式，如将文件"社会主义核心价值观.docx"、文件夹"STUD"复制或移动到"我的文档"中，具体操作如下。

（1）用菜单复制与移动文件或文件夹，步骤如下：

① 打开文件夹窗口，选择要操作的文件或文件夹，如文件"社会主义核心价值观.docx"或文件夹"STUD"。

② 在"编辑"菜单上，单击"复制"；若移动，则单击"剪切"。

③ 打开希望将该项目复制或移动到的文件夹，如"我的文档"。

④ 在"编辑"菜单上，单击"粘贴"。

（2）使用快捷键复制与移动文件和文件夹，步骤如下：

① 选择要操作的文件或文件夹，如文件"社会主义核心价值观.docx"或文件夹"STUD"。

② 如果复制，则按组合键【Ctrl】+【C】；如果移动，则按组合键【Ctrl】+【X】。

③ 打开希望将该项目复制或移动到的文件夹，如"我的文档"。

④ 按组合键【Ctrl】+【V】。

（3）用鼠标拖动的方法复制与移动文件和文件夹

选定要复制的文件或文件夹，用鼠标将其拖动到目的位置，就完成了文件和文件夹的复制与移动。在拖动过程中根据是否按住控制键、拖动对象的不同和拖动的目的位置不同产生不同的效果。

① 复制的目的位置在不同的磁盘，无须按任何控制键进行拖动操作。

② 复制的目的位置在同一磁盘，按住 Ctrl 键后进行拖动操作。

③ 移动的目的位置在不同的磁盘，按住 Shift 键后进行拖动操作。

④ 移动的目的位置在同一磁盘,无须按任何控制键进行拖动操作。

⑤ 复制文件的快捷方式。按住 Alt 键后进行拖动操作,就会在目的位置复制选定文件的快捷方式。

(4)快捷菜单复制与移动文件和文件夹

① 选定要操作的文件,如在"STUD"上单击鼠标右键,弹出如图 2-5 所示的快捷菜单。

② 在快捷菜单上选择要进行的操作,如"复制"或"剪切"。

③ 将鼠标指向要复制或移动的目的位置"我的文档",单击鼠标右键。

④ 在快捷菜单中选择"粘贴"。

7. 文件和文件夹的重命名

将文件"社会主义核心价值观.docx"改名为"核心价值观.docx";文件夹"STUD"改名为"STUD1",方法如下:

(1)使用菜单命令给文件和文件夹重命名

① 选择要重命名的文件"社会主义核心价值观.docx"或文件夹"STUD"。

② 单击"文件"菜单上的"重命名"命令。

③ 键入新文件名"核心价值观.docx"或者新文件夹名"STUD1"。

图 2-5 快捷菜单移动与复制操作

(2)使用快捷菜单给文件和文件夹重命名

① 选择要重命名的文件或文件夹,单击鼠标右键,屏幕上将出现快捷菜单。

② 单击快捷菜单上的"重命名"命令。

③ 键入新文件名。

注意:①在 Windows 中,每次只能修改一个文件或文件夹的名字。重命名文件时,不要轻易修改文件的扩展名,以便使用正确的应用程序来打开。②在同一窗口中不能有同名的子文件夹或文件。

8. 文件和文件夹的属性查看和修改

(1)查看并设置文件属性为"只读""隐藏"

右击"核心价值观.docx"文件夹,选择"属性",弹出属性对话框,如图 2-6 所示。在对话框的"常规"选项卡中,勾选"只读"或"隐藏"选项,单击"确定"按钮。

属性对话框一般有【常规】【安全】【详细信息】【以前的版本】标签组成,通过【常规】标签中复选框设置"只读""隐藏"等属性,还可以通过【安全】【详细信息】【以前的版本】标签对文件的摘要信息等进行设置和修改。

(2)设置显示或隐藏文件扩展名

文件名包括主文件名和扩展名。可以通过设置来改变文件扩展名的显示或隐藏状态,具体步骤如下:

①　单击"工具"菜单中的"文件夹选项"命令,弹出文件夹选项对话框,如图2-7所示。

②　选择"查看"选项卡,在"高级设置"列表框中找到"隐藏已知文件类型的扩展名"。

③　勾选该项,则文件扩展名隐藏起来,只能看到主文件名;取消该项前面的"√",则扩展名会显示出来。

④　设置完毕后单击"确定"按钮退出。

9. 文件或文件夹查找

鼠标单击【开始】,在【搜索程序和文件】文本框中输入要查找的文件和文件夹的名字,如图2-8所示,可以对所有的索引文件进行检索,而那些没有加入索引的文件,则是无法搜索到的。Windows 7还

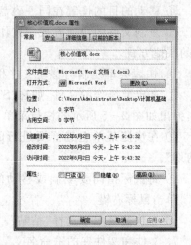

图2-6　文件属性对话框

提供了其他搜索文件或文件夹功能,可以帮助用户查找文件或文件夹。具体步骤如下:

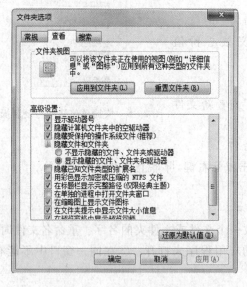

图2-7　文件夹选项对话框

图2-8　开始菜单中搜索程序和文件

在文件夹或驱动器的搜索文本框中,输入要搜索的文件或文件夹的名称,单击"立即搜索"按钮,Windows 7就会在当前位置开始搜索,并将搜索结果显示出来。例如,找出F盘目录下的所有word文件,如图2-9所示"搜索结果"窗口。

提示:

①　Windows 7在搜索时,支持使用通配符星号(＊)和问号(?);星号(＊)代表任意多个字符,问号(?)代表任意一个字符。

②　在搜索框的下拉列表中,可以选择要搜索文件的"种类""修改日期""类型""大小"等属性,以便于进行精确查找。

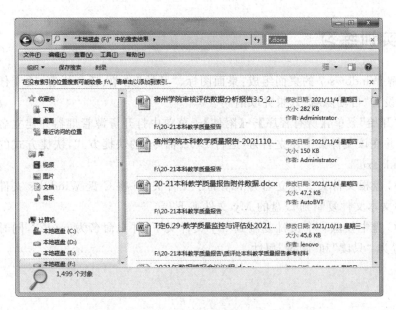

图 2-9　搜索结果窗口

10. 文件或文件夹删除

Windows 7 删除文件或文件夹并没有真正的删除,而只是将其放到回收站中。如果想要恢复删除的文件或文件夹,双击"回收站"图标,打开"回收站"窗口。选定要恢复的文件或文件夹,单击"文件"菜单的"还原"命令;如果要将回收站中的内容彻底删除,则单击"文件"菜单上的"删除"命令即可。如果想直接删除文件或文件夹,而不将其放入"回收站"中,可使用组合键【Shift】+【Delete】。

删除 E 盘上的"STUD"文件夹,操作步骤如下:

① 选中要删除的"STUD"文件夹。

② 单击"文件"菜单的"删除"命令,或者右击该文件夹,选择"删除",或者按键盘上的【Delete】键,这时屏幕上出现如图 2-10 所示的"确认文件夹删除"对话框。如确实要删除,单击"是",否则,单击"否"。

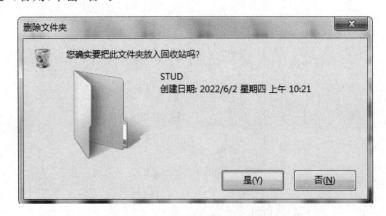

图 2-10　确认文件夹删除对话框

三、实训练习

1. 了解 Windows 7 的桌面组成：桌面图标、"开始"菜单、任务栏等；改变任务栏的大小和位置，设置"自动隐藏"效果并取消

2. 在"开始"菜单，【所有程序】→【附件】子菜单中打开资源管理器并建立名为"实验"的文件夹，并在该文件夹中建立名为"运行 DOS 命令"的快捷方式，快捷方式的可执行文件名为"cmd. exe"

3. 在 C 盘根文件夹下建立名为 My 的子文件夹，并将 C 盘 Windows 文件夹中扩展名为 txt 的文本文件复制到 C 盘的 My 文件夹下

4. 将 C 盘中任意一个文件复制到 My 文件夹下，并重命名为 my123，同时将改名后的文件设置为"只读"和"隐藏"属性

实训三　Windows 7 系统管理和附件的使用

一、实训目的

1. 了解控制面板的组成及其操作
2. 掌握 Windows 7 系统管理及其操作
3. 掌握附件中常用应用程序的使用方法

二、实训内容和步骤

1. 了解"控制面板"窗口的组成和其中主要部件的功能

Windows 7"控制面板"窗口界面查看方式分成类别、大图标和小图标,用户可以按照自己的操作习惯选择其中一种查看方式。

打开"控制面板"的方法有:

方法一:点击 Windows 7 桌面左下角的圆形开始按钮,从开始菜单中选择"控制面板"就可以打开 Windows 7 系统的控制面板。

方法二:右键单击"计算机",在下拉菜单中选择"控制面板"或者按 C 键后再按 Enter 键。打开后的"控制面板"窗口如图 3-1 所示。

图 3-1　控制面板类别视图窗口

（1）设置 Windows 7 的主题

操作步骤如下：

① 选择"大图标"的查看方式，选择其中的"个性化"，弹出如图 3-2 所示的窗口。

图 3-2　个性化设置窗口

② 可以在此窗口中选择不同的主题，观察不同主题的效果。

③ 选择某个主题更改桌面背景、窗口颜色、声音和屏幕保护程序。

（2）查看并设置屏幕分辨率

① 在"控制面板"窗口中点击"显示"图标，或者右击桌面空白处，在弹出的快捷菜单中选择"屏幕分辨率"命令，弹出如图 3-3 所示的窗口。

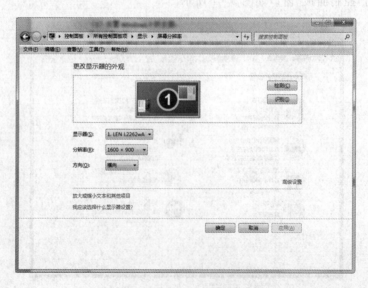

图 3-3　屏幕分辨率窗口

② 在"分辨率"下拉列表框中,拖动滑块,设置不同的分辨率,如 1920×1080 像素、1600×900 像素、800×600 像素等。

③ 单击"应用"按钮观察设置效果,单击"确定"按钮退出。

(3)Windows 7 的打印管理及操作

打印机的安装、设置和删除。

① 打印机的安装:在"控制面板"窗口中点击"设备和打印机"图标,在弹出的"设备和打印机"窗口(如图 3-4 所示)中,打开"添加打印机"对话框,根据对话框的操作提示,依次单击"下一步"按钮,在每个步骤中依据具体情况选择不同内容,最后单击"完成"按钮。

图 3-4　设备和打印机窗口

② 打印机的设置与删除:打印机的设置是指对其属性依据需要进行设置或修改;删除打印机是指在"设备和打印机"窗口中删除不需要再使用的打印机图标。

③ 打印作业管理:"设备和打印机"窗口中,双击该窗口中的打印机图标(如图 3-5 所示),进入打印作业管理窗口,通过"打印机""文档""查看"等菜单选项可对文件的打印操作进行管理。

图 3-5　打印作业管理窗口

2. 掌握 Windows 7 系统管理及其操作

(1)磁盘管理及其操作

① 格式化磁盘:鼠标右键单击需要格式化的磁盘图标(移动存储设备格式化需要先将设备插入电脑上),打开快捷菜单,选择"格式化"命令,打开"格式化"对话框(如图 3-6 所示),对对话框的选项进行适当选择,单击"开始"命令按钮开始格式化磁盘。由于格式化磁盘会完全破坏磁盘数据,所以格式化磁盘操作要慎重进行。

② 磁盘驱动器属性操作:鼠标右键单击需要查看或修改属性的磁盘图标(如 F:),打开快捷菜单,选择"属性"命令,打开"属性"对话框(如图 3-7 所示),有"常规""安全""硬件""共享"等 8 个标签中的选项可以进行设置、修改等操作。

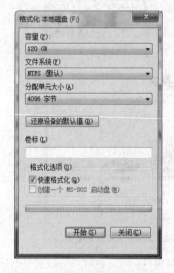
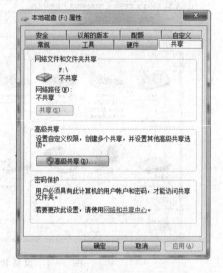

图 3-6　格式化磁盘对话框　　　　图 3-7　磁盘属性对话框窗口

③ 磁盘清理、磁盘碎片整理、数据备份和还原操作:选择"开始"→"所有程序"→"附件"→"系统工具",在子菜单中单击"磁盘清理""磁盘碎片整理"等命令项,完成磁盘相应操作。

(2)删除程序

在"控制面板"窗口中,双击"程序和功能"图标,打开"程序和功能"窗口,在弹出的窗口中删除不再需要的软件。

(3)设备管理

在"控制面板"窗口中,双击"设备管理器"图标,打开"设备管理器"窗口(如图 3-8 所示),在弹出的窗口中查看有关设备情况。

3. 附件中常用应用程序及其操作

(1)使用"画图"程序制作一幅精美的图片,并将其设置为桌面背景

操作步骤如下:

① "开始"→"所有程序"→"附件"→"画图",打开画图程序;

② 在"画图"窗口中制作图片后保存,选择"文件"→"设置为桌面背景"即可将图片作

为桌面背景。

(2)利用"计算器",完成进制转换

$(2022)_{10} = ($ $)_2 = ($ $)_8 = ($ $)_{16}$

$(D2FA)_{16} = ($ $)_2 = ($ $)_8 = ($ $)_{16}$

$(110101)_2 = ($ $)_{10} = ($ $)_8 = ($ $)_{16}$

操作步骤如下:

① "开始"→"所有程序"→"附件"→"计算器",打开计算器程序。

② "查看"→"程序员",将计算器由"标准型"转换为"程序员",如图3-9所示。

图3-8 设备管理器窗口   图3-9 计算器程序员型窗口

③ 选择数据所属的进位计数制,输入数据后单击要转换的进制即可得到相应的结果。

(3)利用"记事本",输入文字并保存

① "开始"→"所有程序"→"附件"→"记事本",打开记事本程序。

② 输入"十九届六中全会公报指出,党确立习近平同志党中央的核心、全党的核心地位,确立习近平新时代中国特色社会主义思想的指导地位,反映了全党全军全国各族人民共同心愿,对新时代党和国家事业发展、对推进中华民族伟大复兴历史进程具有决定性意义。"

③ 点击"文件"→"保存",保存记事本文件。

三、实训练习

1. 打开"控制面板",查看类别、大图标和小图标三种方式,了解控制面板中各主要部件的功能

2. 按以下要求进行设置

(1)设置主题为"Aero 主题"下的"中国";

(2)更改桌面背景,图片位置设置为平铺;

(3)设置屏幕分辨率为 1280×720 像素,方向为纵向;

(4)设置屏幕刷新频率为 60 赫兹

3. 通过"设备和打印机"安装一台虚拟打印机,并设置为默认打印机

4. 通过"程序和功能"卸载程序

5. 将标准型计算机的窗口复制到写字板,并以"练习 2022.rtf"文件名保存到桌面上

6. 打开"记事本"或"写字板",输入一段文字并保存

实训四 Word 2010 文档的编辑与版面设计

一、实训目的

1. 掌握 Word 2010 的启动和退出,熟悉 Word 2010 窗口组成
2. 掌握 Word 2010 文档的建立、打开、关闭和保存
3. 掌握文本的选定、复制、移动和删除
4. 掌握文本的查找与替换方法
5. 掌握字符格式化、段落格式的设置方法
6. 掌握页面的设置方法

二、实训内容和步骤

1. Word 2010 的启动和退出

(1)操作启动步骤

① 双击桌面上 Word 2010 快捷方式图标或单击任务栏的"开始"菜单→"所有程序"→"Microsoft office"→"Microsoft office Word 2010",启动 Word 程序,自动生成一个 Word 文档"文档1",如图 4-1 所示。

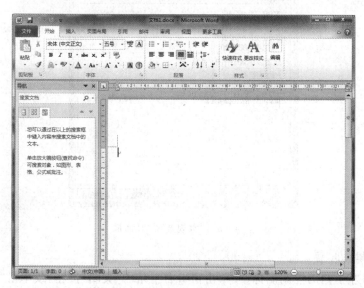

图 4-1 Word 2010 启动窗口

② 单击"文件"菜单→"保存"命令,弹出"另存为"对话框,如图 4-2 所示。

图 4-2 "另存为"对话框

当我们第一次保存文件时,Word 默认的保存位置是"库\\文档"文件夹,默认的文件名是"Doc1",保存类型是"Word 文档"(默认扩展名为 * . docx),在"保存位置"中选择 D盘,将"文件名"改为"2022Word 实验 1",单击"保存"按钮。

注意:在如图 4-2 所示弹出"另存为"对话框中选择"工具"下拉选项中选择"常规选项(G)"打开如图 4-3 所示"常规选项"对话框,在"常规选项"对话框可以通过"打开文件时密码""修改文件时密码"以及复选框"建议以只读方式打开文档"等途径来实现对文档的保护。

图 4-3 "常规选项"对话框

(2)退出操作步骤

双击窗口左上角的控制图标,或单击窗口右上角的"关闭"按钮,或单击"文件"菜单→"退出"命令,或按【Alt】+【F4】组合键均可关闭 Word 2010。

2. 打开"2022Word 实验 1. docx",录入正文。

(1)打开文件

通过"我的电脑"或"资源管理器",在 D 盘找到文件"2022Word 实验 1. docx",双击并将其打开。或者,首先打开 Word 程序窗口,单击"文件"菜单→"打开"或按 Ctrl＋O 键,会弹出"打开"文件对话框,如图 4-4 所示,选中"2022Word 实验 1. docx"文档,单击"打开"按钮即可。

图 4-4 "打开"对话框

(2)输入正文

选择自己熟悉的输入法录入以下方框中关于"宿州学院"的文章。

宿州学院

宿州学院前身是创建于 1949 年的"皖北宿县区师范学校",1983 年 2 月升格更名为"宿州师范专科学校",2004 年 5 月升格更名为"宿州学院",办学层次为本科。英译为 Suzhou University,网址为 https://www.ahszu.edu.cn.

学校校徽"由内至外的三个圆"体现生生不息的宇宙精神和生命观;"1949"体现办学历史溯源时间;"Ω"体现以工为主的办学定位和友善、博学、务实、奋进的精神;学校校歌为《宿州学院之歌》,由桂和荣作词,徐文正作曲;学校校庆日为 5 月 17 日。

学校秉承"友善、博学、务实、奋进"校训,坚持"地方性、应用型"办学定位,加强内涵建设,提高人才培养质量,致力于建设特色鲜明的地方应用型高水平大学。

学校法定注册地址为宿州市教育园区。学校设有两个校区,地址分别为:宿州市教育园区、宿州市汴河中路 49 号。

学校坚持和加强党的全面领导,高举中国特色社会主义伟大旗帜,以马克思列宁主义、毛泽东思想、邓小平理论、"三个代表"重要思想、科学发展观、习近平新时代中国特色社会主义思想为指导,增强"四个意识"、坚定"四个自信"、衷心拥护"两个确立",忠诚践行"两个维护"。全面贯彻落实党的教育方针,落实立德树人根本任务,履行人才培养、科学研究、社会服务、文化传承创新、国际交流合作职能,坚守为党育人、为国育才,培养德智体美劳全面发展的社会主义建设者和接班人。

2022 年 6 月 8 日 星期三

具体操作步骤如下：

① 输入正文一般在"插入"状态下进行，此时状态栏中呈现"插入"两字。

② 光标定位，输入文字。在欲插入文本处单击鼠标左键，确定光标位置，即可进行文字输入，当输入字符到达行尾时会自动换行。只有在开始一个新的自然段或需要产生一个空行时才需要按回车键，按回车键后会产生一个段落标记。

③ 正文中，有"Ω"这个特殊符号，插入特殊符号的方法如下：

单击"插入"选项卡"符号"功能区中的"符号"按钮，弹出"符号"对话框，如图 4-5 所示。在"字体"列表框中选择"普通文本"，在"子集"列表框中选择"希腊语和科普特语"，并从相应的符号集中选定要插入的字符"Ω"，单击"插入"按钮或直接双击字符完成插入。

图 4-5 插入"符号"对话框

④ 插入日期和时间：选中插入位置，单击"插入"选项卡"文本功能区"中的"日期和时间"按钮，弹出"日期和时间"对话框，如图 4-6 所示。在"语言"列表框选择语言，选择可用格式。如果选择了"自动更新"复选框，则每次打开文档时，时间自动更新为打开文档的时间。最后单击"确定"按钮。

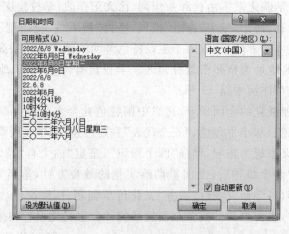

图 4-6 "日期和时间对话框"

⑤ 正文录入完毕,保存文档:单击自定义快速访问工具栏上的"保存"按钮 ![img],或单击"文件"选项卡下的"保存"按钮,单击"文件"选项卡下的"另存为"按钮,按 Ctrl＋S 键或 F12 键都可以实现保存文档。

注意:

● 在输入和修改文字默认是"插入"状态不会覆盖原有的文字,如果要用新输入的文字覆盖后面已有的文字,可以按键盘上的 Insert 键切换到"改写"状态。再次按 Insert 键又可以切换回"插入"状态。

● 录入正文时应注意,不要用插入空格来产生段落缩进和对齐。通过后面将要学到的段落格式设置很容易达到指定的效果,如标题居中、首行缩进等。

● 如果在录入过程中,无意操作使文档格式发生很大变化,只要单击自定义快速访问工具栏上的"撤销"工具按钮 ![img]就可以恢复原来状态,或者按 Ctrl＋Z 键。自定义快速访问工具栏上的"恢复"按钮 ![img],其功能与"撤销"按钮正好相反,它可以恢复被撤销的一步或任意步操作。

● 对新文档第一次单击执行保存时,会弹出"另存为"对话框。但对文档执行二次以上保存时,单击"文件"选项卡下的"保存"按钮,不会弹出"另存为"对话框,如果确实要改变文档的保存位置或者文件名称等,必须单击"文件"选项卡下的"另存为"按钮,才会弹出"另存为"对话框,在对话框中选择"保存位置",输入文件名,设定要保存文档的类型,然后单击"保存"按钮。

● 如果文档标题忘记录入,要在正文的最前面插入标题,只需将光标定位至正文最前面,按 Enter 键插入一个新空行,然后输入要插入的标题即可。

3. 文档编辑

(1)选定文本

Word 2010 下,执行文本的复制和移动时,首先要选定文本,选定文本的方法有许多种,最常用的方法是用鼠标移至所选内容的开始处,按住鼠标左键,拖曳鼠标至所选文本区域的末尾处。

选择连续的行:鼠标移至所选内容第一行的文本选定区,按住鼠标左键,向下拖曳鼠标经过要选择的每一行。或者单击内容开始位置,在内容的结束处,按住 Shift 键,单击左键。

选择不连续的行:先选定一行或连续的多行,鼠标移到任意不连续的行上,按住 Ctrl 键,按住鼠标左键,向下拖曳鼠标经过要选择的每一行即可。

取消选定:在文本窗口的任意位置单击鼠标或按光标移动键即可取消选定。

(2)编辑文档常用的操作

插入:在插入状态下,将光标移动到要插入字符的位置,然后输入字符即可。

删除:按 Backspace 键,删除光标左边的字符。按 Delete 键,删除光标右边的字符。如果删除的是段落标记,会将这个段落与后面一个段落合并成一个段落。

移动:选定文本,将鼠标指针指向选定的文本,按住鼠标左键拖至目的位置,然后松开鼠标即可。或者选定文本,单击"开始"选项卡"剪贴板"功能区中的"剪切"按钮(或按

Ctrl＋X 键)，然后将光标定位到要插入文本的位置，单击"开始"选项卡"剪贴板"功能区中的"粘贴"按钮(或按 Ctrl＋V 键)，即可实现文本的移动。

复制：选定文本，将鼠标指针指向选定的文本，按 Ctrl 键的同时，使用鼠标左键拖至目的位置即可。或者选定文本，单击"开始"选项卡"剪贴板"功能区中的"复制"按钮(或按 Ctrl＋C 键)，然后将光标定位到要插入文本的位置，单击"开始"选项卡"剪贴板"功能区中的"粘贴"按钮(或按 Ctrl＋V 键)即可。

(3)查找和替换

单击"开始"选项卡"编辑"功能区中的"查找"按钮，在导航窗格会呈现一个查找文本框，在其内输入要查找的文字，按回车键在全文中即可实现文本的查找。单击"开始"选项卡"编辑"功能区"查找"按钮旁的下拉箭头，在弹出的下拉菜单中选择"高级查找"，会打开一个"查找和替换"对话框，如图 4-7 所示。在"查找内容"文本框中输入待查找文字，借助于"更多"按钮、"阅读突出显示"按钮、"在以下项中查找"按钮、"查找下一处"按钮，即可实现高级查找。

图 4-7　"查找和替换"常规对话框

单击"开始"选项卡"编辑"功能区中的"替换"按钮，打开"查找和替换"高级对话框，如图 4-8 所示。在"替换"选项卡下，"查找内容"文本框中输入文字"学校"，在"替换为"文本框中输入替换的文字"college"，单击"替换"按钮，则按默认方向将查找到的文字替换成目标文字，再按"替换"按钮继续本操作。也就是说，每单击"替换"按钮一下，只能替换一次；或单击"全部替换"按钮，查找到的文字能够一下子全被替换成目标文字。

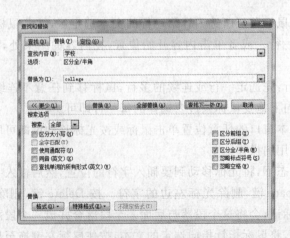

图 4-8　"查找和替换"高级对话框

4. D 盘的"2022 Word 实验 1. docx"具体设置要求

(1)设置要求和操作步骤

① 主标题("宿州学院")文字设为黑体、小二号字、红色、加粗、居中,并为其设置红色 1.5 磅实线边框和"黄色"填充、图案样式为 12.5%、图案颜色为蓝色的底纹。

② 正文字体设为小四号字,其中,中文文字设为"宋体",英文文字设为"Times New Roman"。

③ 将正文各段文字设定为左缩进 0.5 厘米,右缩进 0.5 厘米,首行缩进 2 个字符,段前间距 6 磅,两端对齐。

④ 插入页眉和页脚,页眉内容为"Suzhou College",居中对齐;页脚内容为"第 x 页",居中对齐。

⑤ 为 1～4 段添加项目编号"1. 2. 3. 4.",并将文本中的段落重新排列成(3)的状态。

⑥ 将 1、2、3 段按等宽两栏显示,中间有分隔线;为第 4 段设置 1.5 磅的双点划线边框,颜色设为蓝色,边框距正文上、下、左、右各为 3 磅。

⑦ 将最后一个自然段设置为首字下沉两行,首字距正文 1cm。

⑧ 页面设置。页边距上、下各设为 1.8cm、2.4cm,左、右各设为 2.0cm、2.0cm,纸张大小设为 16 开,页眉、页脚距边界距离设为 2.5cm,每页显示 38 行 35 个字符,应用于整篇文档。

⑨ 以"2022Word 实验 2. doc"为文件名存盘退出(依旧保存至 D 盘)。

(2)具体操作步骤

① 打开 D 盘的"2022Word 实验 1. docx",选中标题"宿州学院",单击"开始"选项卡,按题目要求进行如图 4-9 所示的设置,标题设为"黑体""小二号""居中""加粗",字体颜色设为"红色"。

图 4-9　"开始"选项卡下的字体格式设置

选择"宿州学院"标题的前提下,单击"页面布局"选项卡"页面背景"功能区中的"页面边框"按钮,弹出"边框和底纹"对话框,如图 4-10(a)所示。在"边框"选项卡下,设置选择"方框",样式选择"实线",颜色选择"红色",宽度选择"1.5 磅",应用于"文字"。单击"底纹"选项卡,如图 4-10(b)所示,设置标题文字的"填充"为黄色、图案"样式"为 12.5%、图案"颜色"为蓝色,单击"确定"按钮即可。

② 选择正文,单击"开始"选项卡"字体"功能区右下角的 命令(也可以在选择正文的前提下,单击鼠标右键,在弹出的快捷菜单中,选择"字体"命令),弹出"字体"对话框,按要求设置正文的字体和字号。一定要注意,"中文字体"和"西文字体"是分开设置的,如图 4-11 所示,中文字体选择"宋体",西文字体选择"Times New Roman"(即通常所说的"新

罗马"字体)。

　　　图 4-10(a)　边框选项卡　　　　　　　　　图 4-10(b)　底纹选项卡

　　③ 选择正文,单击"开始"选项卡"段落"功能区右下角的 📑 命令(也可以在选择正文的前提下,单击鼠标右键,在弹出的快捷菜单中,选择"段落"命令),弹出"段落"对话框,如图 4-12 所示,在"缩进和间距"选项卡下,按题目要求,进行相关设置。在输入值时,可以连同单位一起输入,如 2 厘米、2 英寸、3 字符。

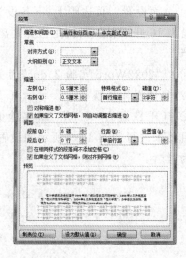

　　　　图 4-11　"字体"对话框　　　　　　　　　图 4-12　"段落"对话框

　　注意:文本对齐方式有 5 种:左对齐、居中对齐、右对齐、两端对齐和分散对齐,通过单击"开始"选项卡"段落"功能区中的 ▤ ▤ ▤ ▤ ▤ 按钮,也可以设置段落对齐方式。

　　④ 单击"插入"选项卡"页眉页脚"功能区中的"页眉"按钮的下拉箭头,在弹出的样式列表中,选择编辑页眉,进入页眉编辑状态,文档正文部分呈灰色显示,如图 4-13 所示。把插入点移至页眉编辑区,输入页眉文字"Suzhou College"。单击"插入"选项卡"页眉页脚"功能区中的"页脚"按钮的下拉箭头,在弹出的样式列表中,选择"编辑页脚",在提示键入文字的地方,首先输入"第",然后单击"插入"选项卡"页眉页脚"功能区中的"页码"按钮的下拉箭头,在弹出的下拉菜单中选择"页面低端"→"普通数字 1",然后输入"页",并对页脚信息执行居中对齐。设计好页眉页脚后,双击文档正文,切换回"页面视图",此时页

眉和页脚呈灰色显示。

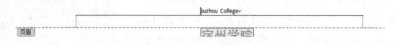

图 4-13　页眉编辑区域

注意:插入"页眉"和"页脚"对话框中系统内置一些样式,可以选用系统提供的样式,也可以选择"编辑页眉"和"编辑页脚"选项,保证设置的页眉或页脚不存在空行。

⑤ 项目编号设定。选定正文中的前四段,单击"开始"选项卡"段落"功能区中的"编号"按钮,弹出如图 4-14 所示的编号格式库,单击"编号库"中的第二个样式。然后单击"开始"选项卡"段落"功能区中的右下角箭头,参照题目要求③,对其重新排版。

⑥ 设置分栏。选中 1、2、3 段,单击"页面布局"选项卡"页面设置"功能区中的"分栏"按钮,在弹出的下拉式菜单中选择"更多分栏",弹出"分栏"对话框,如图 4-15 所示。预设选择"两栏",选中"栏宽相等"复选框,选中"分隔线"复选框,然后单击"确定"按钮即可。

注意:分栏操作只有在页面视图状态下才能看到效果。

 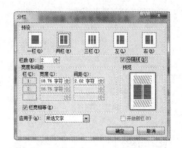

图 4-14　"项目编号"设置　　　图 4-15　"分栏"对话框

选中第 4 段,单击"页面布局"选项卡"页面背景"功能区中的"页面边框"按钮,弹出"边框和底纹"对话框,如图 4-16(a)所示。在"边框"选项卡下,设置选择"方框",样式选择"双点划线",颜色设置为"蓝色",宽度设为"1.5 磅",单击右下角的"选项"按钮,会弹出如图 4-16(b)所示的"边框和底纹选项"对话框,在"距正文"上、下、左、右处分别设为 3 磅,单击"确定"按钮即可。

 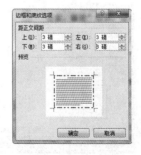

图 4-16(a)　"边框与底纹"对话框　　　图 4-16(b)　"边框与底纹选项"对话框

⑦ 首字下沉。选中最后一段文字，单击"插入"选项卡"文本"功能区中的"首字下沉"按钮，在弹出的下拉式菜单中选择"下沉"，此时可以看到效果出现了。继续单击下拉式菜单中的"首字下沉选项"，弹出"首字下沉"对话框，如图 4-17 所示，位置选择"下沉"，字体选择"隶书"，"下沉行数"设置为 2 行，距正文 1cm，单击"确定"按钮即可。

图 4-17　"首字下沉"对话框

⑧ 页面设置。单击"页面布局"选项卡"页面设置"功能区右下角的箭头，弹出"页面设置"对话框，如图 4-18(a)所示，选择"页边距"选项卡，按题目要求对页边距进行设置，"应用于"整篇文档；切换至"纸张"选项卡，如图 4-18(b)所示，把纸张大小由 A4 改为 16 开；切换至"版式"选项卡，如图 4-18(c)所示，按题目要求，设置页眉页脚距边界分别为 2.5cm；切换至"文档网格"选项卡，如图 4-18(d)所示，按题目要求，设置每页的行数为 38，每行的字符数为 35。

图 4-18(a)　设置页边距

图 4-18(b)　设置纸张大小

图 4-18(c)　设置版式

图 4-18(d)　设置文档网格

⑨ 通过以上排版步骤，文档最终的排版效果如图 4－19 所示，单击“文件”选项卡“另存为”命令，弹出“另存为”对话框，保存位置选择“D:”，“文件名”栏中输入文件名“2022Word 实验 2”，单击“保存”按钮完成文件存盘。

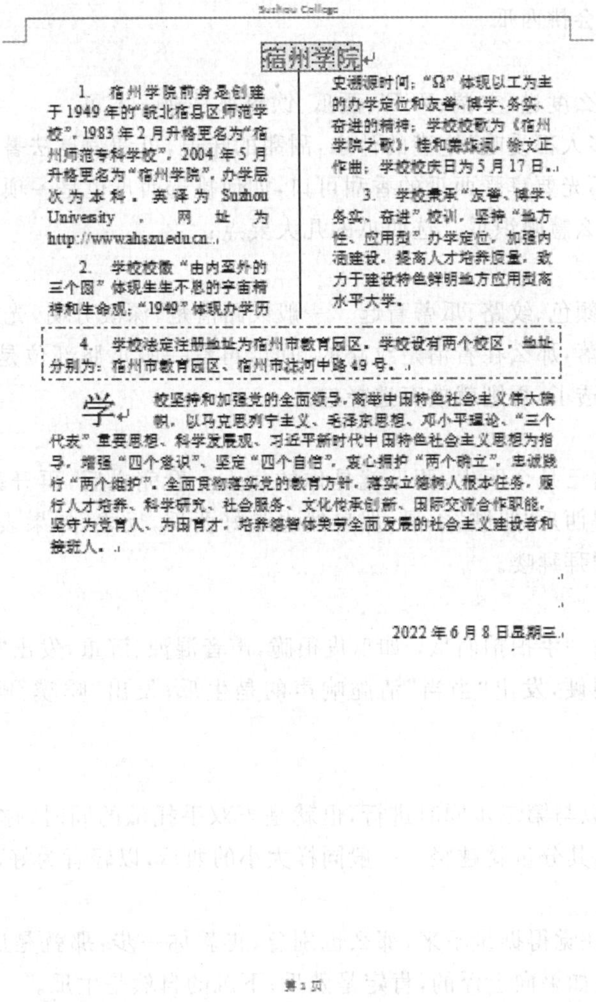
Suzhou College

宿州学院

1. 宿州学院前身是创建于 1949 年的“皖北宿县区师范学校”，1983 年 2 月升格更名为“宿州师范专科学校”，2004 年 5 月升格更名为“宿州学院”，办学层次为本科。英译为 Suzhou University，网址为 http://wwwahszu.edu.cn。

2. 学校校徽“由内至外的三个圆”体现生生不息的宇宙精神和生命观；“1949”体现办学历史溯源时间；“Ω”体现以工为主的办学定位和友善、博学、务实、奋进的精神；学校校歌为《宿州学院之歌》，桂和荣作词，徐文正作曲；学校校庆日为 5 月 17 日。

3. 学校秉承“友善、博学、务实、奋进”校训，坚持“地方性、应用型”办学定位，加强内涵建设，提高人才培养质量，致力于建设特色鲜明地方应用型高水平大学。

4. 学校法定注册地址为宿州市教育园区。学校设有两个校区，地址分别为：宿州市教育园区、宿州市汴河中路 49 号。

学校坚持和加强党的全面领导，高举中国特色社会主义伟大旗帜，以马克思列宁主义、毛泽东思想、邓小平理论、“三个代表”重要思想、科学发展观、习近平新时代中国特色社会主义思想为指导，增强“四个意识”、坚定“四个自信”，衷心拥护“两个确立”，忠诚践行“两个维护”，全面贯彻落实党的教育方针，落实立德树人根本任务，履行人才培养、科学研究、社会服务、文化传承创新、国际交流合作职能，坚守为党育人、为国育才，培养德智体美劳全面发展的社会主义建设者和接班人。

2022 年 6 月 8 日星期三

第 1 页

图 4－19　排版后的效果

5. 使用格式刷复制格式

首先，选取已经格式化的文字或者段落（选取被复制的对象格式），单击（或者双击）“开始”选项卡“剪贴板”功能区中的“格式刷”按钮，这时鼠标会变成一个小刷子的形状，用这个小刷子去刷待设置格式的文字或者段落，被刷过的文字或者段落就会复制前面所选中对象的格式。

注意：单击“格式刷”与双击“格式刷”是有区别的，单击表示只使用一次“格式刷”，双击则可以连续使用“格式刷”，将某一指定格式复制到多个地方，直到再次单击“格式刷”按钮或按 Esc 键使鼠标形状复原为止。

三、实训练习

1. 录入以下文档：

会吃西瓜还得会挑西瓜

吃货的夏天

要问我夏天怎么度过,空调、WiFi、西瓜、饮料那是缺一不可。

说到西瓜,很多人都爱吃,饱满的汁水,甜甜的味道,可谓消夏祛暑的佳品。作为一名合格的吃货,我们不光要享受西瓜的香甜可口,如何挑选西瓜也是一项必备的技能。今天我就来教教大家怎么慧眼识瓜。选西瓜的几大要点：

1. 看

主要从瓜皮的颜色、纹路、瓜蒂看起。一般纹路清楚,深淡分明,光泽鲜亮。

常言说瓜熟蒂落,那么在看清楚纹路的同时,再看一眼瓜脐部位是否向里凹入,如果凹入的肯定就是熟透了,否则就放弃选择它。

2. 摸

选瓜时,全当自己是个医生,西瓜就是你的病人。看完之后,再开始摸。用手掌从瓜皮上划过,如果觉得西瓜"肌肤"柔滑,那自然也是好西瓜,反之,如果表面涩涩的,或者发黏,那么赶紧和它说拜拜喽。

3. 听

单手捧着瓜,另一手拍拍西瓜,如瓜皮很脆,声音混浊、沉重,发出"嘭嘭"响声的肯定是熟瓜;如果瓜皮很硬,发出"当当"清脆响声的是生瓜;发出"噗噗"响声的是熟过了的西瓜。

4. 掂

其实第四步可以与第三步同时进行,也就是当双手托瓜的同时,你可以顺势掂一掂,成熟度越高的西瓜,其分量就越轻。一般同样大小的西瓜,以轻者为好,过重者则是生瓜。

5. 试

如果你自己实在觉得掂量不来,那么也别急,再教你一步:那就是试比重。在水桶中投入你要选的西瓜,如果向上浮的,肯定是熟瓜;下沉的自然是生瓜。

2. 按要求完成下列操作：

(1) 将文档以"会吃西瓜还得会挑西瓜"为文件名存盘(保存至 D 盘)。

(2) 将文档中的"西瓜"全部替换为"watermelon",再将第一段移至文章最后。

(3) 撤销步骤(2)中执行的所有操作,并执行保存操作。

(4) 标题文字"会吃西瓜还得会挑西瓜"设为黑体、二号字、加粗、居中对齐,并为标题文字设置"填充"为绿色,图案样式为 15％,图案颜色为蓝色的"底纹"。

(5) 将正文所有段落格式设置为两端对齐,首行缩进 2 字符,1.5 倍行距,段前 0.5 行间距;将正文文本设置为紫罗兰色、楷体、加粗、四号字,字符间距加宽 2 磅。

(6) 对页面进行设置,纸张大小设为 16 开、纵向,页边距上、下分别设为 2.4cm、2.0cm,左、右分别设为 2.5cm、2.5cm,应用于整篇文档。

(7)设置页眉内容为"慧眼识西瓜",且设置为右对齐(注意页眉中无空行);在页脚的右端插入页码,格式为"第 x 页"。

(8)给正文的每一段添加项目符合。

3. 实验思考题:

(1)如何改变 word 显示设置中的度量单位?

(2)替换有几种搜索范围?有几种区分方式?是否可带格式替换?

(3)说说段落的"两端对齐"和"分散对齐"的区别。

(4)设置多处相同格式的文本,有几种方法实现?

(5)行间距、字符间距如何设置?设置行间距时,"最小值"和"固定值"有何区别?

(6)要在页面上设置是否显示"段落标记",应该怎么设置呢?

实训五　Word 2010 表格的建立及编辑

一、实训目的

1. 熟练掌握 Word 中表格的创建和绘制
2. 掌握表格结构的修改方法和技巧
3. 掌握 Word 中表格的编辑操作和格式化处理
4. 了解 Word 表格的计算方法

二、实训内容和步骤

1. 制作的"个人情况登记表"

(1)操作要求

① 表格标题设为黑体、三号字、居中对齐。

② 插入一个表格,根据图 5-1 合并相应的单元格。

③ 往表中输入文字,表内文字设为宋体、五号字、水平居中、垂直居中。

④ 设置行高、列宽:设置第一行至第五行的行高均为 0.8 厘米,"照片"所在的单元格列宽调整为 4 厘米,其余行的行高和其余列的列宽依据自己的需要进行设置。

⑤ 设置表格外框线的线型为双实线,粗细为 1.5 磅,颜色为红色,设置内框线的线型为单实线,粗细为 1 磅,颜色为蓝色。

个人情况登记表

姓名		性别		
出生日期		籍贯		
民族		政治面貌		照片
毕业院校				
学历		专业		
联系电话			E—mail	
邮编		通信地址		

(续表)

社会实践：			
时间	单位名称	职位	工作描述
兴趣爱好			
教育情况			

图 5-1　个人情况登记表

(2)具体操作步骤

① 新建一个 Word 文档,在首行输入表格标题"个人情况登记表",使用"开始"选项卡"字体"功能区和"段落"功能区中的相关组件,设置标题为黑体、三号字、居中对齐。

② 创建表格。单击"插入"选项卡"表格"功能区中的表格按钮,在弹出的下拉式列表框中,选择"插入表格",弹出如图 5-2"插入表格"对话框,在"表格尺寸"的"列数"和"行数"中输入 6 列和 14 行。单击"表格工具布局"选项卡"合并"功能区中的"合并单元格"按钮,即可完成单元格的合并。用同样的方法合并表格中其他需要合并的单元格。

③ 编排文字。按样表所示内容在单元格中输入文字,然后,选中整个表格(单击表格左上角的选中整个表格按钮 ⊞),使用"开始"选项卡"字体"功能区和"段落"功能区中的相关组件,设置文字为宋体、五号、水平居中。在选中整个表格的前提下,单击"表格工具布局"选项卡"表"功能区中的"属性"按钮,弹出表格属性对话框,如图 5-3 所示,在"单元格"选项卡下,"垂直对齐方式"设为居中,单击"确定"按钮即可。

④ 修饰表格。选中第一行至第五行,单击"表格工具布局"选项卡"表"功能区中的"属性"按钮,在"表格属性"对话框的"行"选项卡的"行"区域,设置"指定高度"为"0.8 厘米","行高度值"为"最小值"。选中"照片"所在的单元格,单击"表格工具布局"选项卡"表"功能区中的"属性"按钮,在"表格属性"对话框的"列"选项卡的"列"区域,设置"指定

宽度"为"4 厘米","列高度值"为"最小值"。

图 5-2　插入表格对话框　　　　　　　图 5-3　表格属性对话框的单元格选项卡

　　⑤ 表格边框线设定。选定整个表格,单击鼠标右键,在弹出的快捷菜单中选择"边框和底纹"命令,弹出"边框和底纹"对话框,如图 5-4 所示。在"边框"选项卡下,由于表格的内边框线和外边框线不同,设置要选择"自定义",样式选择"双线",颜色选择"红色",宽度设为"1.5 磅"。在预览区域,单击表格的上、下、左、右边框,即可设置外边框;继续样式选择"单实线",颜色设为"蓝色",宽度设为"1 磅";在预览区域,单击表格的横线内边框和竖线内边框,即可设置内边框,最后单击"确定"按钮即可。

图 5-4　表格边框线的设置

　　⑥ 结合自己的实际情况,填写"个人信息一览表"的内容。填好后,单击"文件"选项卡中的"保存"按钮,命名为"2022 表格 1.docx",保存至 D 盘。

　　说明:本题的表格是一个有规律与无规律表格的结合,针对这样的表格,要首先数一下此表格的最大行数和最大列数,然后建一个包含最大行数和最大列数的表格(本题目中,表格最大行数 14 行、最大列数 6 列,所以首先建了一个 14 行 6 列的表格),再按需要合并单元格、录入表样文字、调整行高与列宽即可。

注意：

● 表格自动套用格式。Word 2010 为了方便用户,提供了一些预设好的表格格式,在用户创建表格时,可以根据需要直接套用这些格式。执行步骤是选中整个表格,单击"表格工具设计"选项卡"表格样式"功能区中的其中一个样式即可。

● 当表格跨越多页,每页都要显示表格行标题时,选中标题行,单击"表格工具布局"选项卡"数据"功能区中的"重复标题行"按钮,标题行在后续页中会重复出现。

2. 制作"水木清华 2022 年 5 月份销售明细表"

(1)操作要求

① 表格标题设为黑体、三号字、居中对齐。

② 根据图 5-5 合并相应的单元格。

③ 往表中输入文字,表内文字设为宋体、五号字、水平居中、垂直居中。

④ 表格边框线设为黑色,宽度为 1.5 磅的实线,表格第一行设置为浅绿色的底纹。

⑤ 房价总额= 面积 * 单价,销售额＝10 名销售人员房价总额之和。通过公式插入的方法计算并且填写。

水木清华 2022 年 5 月份销售明细表

姓名	面积(m²)	单价(元)	房价总额(元)
陆明	125.12	6821	
云清	88.85	7125	
陆飞	101.88	7529	
陈晨	125.12	8023	
于海琴	145.12	8621	
吴楚涵	75.12	8925	
张子琪	125.12	9358	
楚云飞	95.12	9624	
刘雯	135.12	9950	
许茹芸	105.12	11235	
销售额(元)：			

图 5-5　水木清华 2022 年 5 月份销售明细表

(2)具体操作步骤

① 新建 Word 文档,在首行输入表格标题"水木清华 2022 年 5 月份销售明细表",并设置标题为黑体,三号字,居中对齐。

② 创建表格。单击"插入"选项卡"表格"功能区中的"表格"按钮,插入一个 12 行 4 列的表格。依照图 5-5,合并相应的单元格。

③ 编排文字。按样表所示内容在单元格中输入文字,选定整个表格,设置其字体为宋体、五号字、水平居中、垂直居中(设置办法同上例题)。

④ 修饰表格。为表格设置边框和底纹,选中整个表格,单击鼠标右键,在弹出的快捷菜单中选择"边框和底纹"命令,弹出"边框和底纹"对话框。在边框选项卡中,设置选择"全部",样式选择"实线",颜色选择"黑色",宽度设为"1.5 磅",单击"确定"按钮即可。选中表格第一行,单击鼠标右键,在弹出的快捷菜单中选择"边框和底纹"命令,弹出"边框和底纹"对话框,切换至"底纹"选项卡,填充选择"浅绿色",单击"确定"按钮即可。

⑤ 表格中数据的计算

计算每个销售人员房间总额:将插入点定位到陆明的"房价总额"单元格中,单击"表格工具布局"选项卡"数据"功能区中的"公式"按钮,在"公式"栏中显示计算公式"＝SUM(LEFT)",其中"SUM"表示求和,"LEFT"表格是对当前单元格左面(同一行)的数据求和。但是,在本例中房价总额涉及"乘积"运算符,需要在"公式"栏中输入"＝B2 * C2",单击"确定"按钮,如图 5-6 所示。计算结果就自动填到单元格内。按以上步骤,可以求出其他销售人员的"房价总额"。需要注意的地方:在计算下一名销售人员的房价总额时,在"公式"栏中输入"＝B3 * C3",单元格引用需要依据情况更新变化。

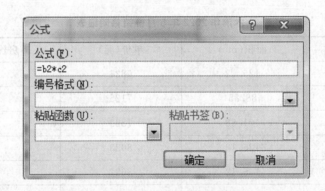

图 5-6　房价总额公式计算对话框

计算销售额:将插入点定位到基本工资"销售额"单元格中,单击"表格工具布局"选项卡"数据"功能区中的"公式"按钮,打开"公式"对话框,在"公式"栏中输入"SUM(ABOVE)"或"＝D2＋D3 ＋……＋D11",单击"确定"按钮,计算结果就自动填到单元格内。

⑥ 单击"文件"选项卡下的"保存"命令,命名为"2022 表格 2.docx",保存至 D 盘。表格最终编辑后的效果如图 5-7 所示。

水木清华 2022 年 5 月份销售明细表

姓名	面积(m²)	单价(元)	房价总额(元)
陆明	125.12	6821	853443.52
云清	88.85	7125	633056.25
陆飞	101.88	7529	767054.52

（续表）

姓名	面积(m²)	单价(元)	房价总额(元)
陈晨	125.12	8023	1003837.76
于海琴	145.12	8621	1251079.52
吴楚涵	75.12	8925	670446
张子琪	125.12	9358	1170872.96
楚云飞	95.12	9624	915434.88
刘雯	135.12	9950	1344444
许茹芸	105.12	11235	1181023.2
销售额(元)：			9790692.61

图 5-7 处理后的水木清华 2022 年 5 月份销售明细表

注意：

● 在 Word 2010 中，表格中的单元格都有唯一的引用参数与之对应。表格中的行用阿拉伯数字表示，第 1 行为 1，第 2 行为 2，依次类推；表格中的列用英文字母表示，第 1 列为 a，第 2 列为 b，依次类推。例如，a5 就表示第 5 行第 1 列的单元格。

● 有的表格需要添加斜线表头。操作步骤是把光标固定在要插入斜线表头的单元格中，单击"表格工具设计"选项卡"表格样式"功能区中的"边框"按钮旁的下拉箭头，在弹出的下拉式菜单中选择"斜下框线"，这样，就把一根斜线的表头绘制好了，然后一次输入表头的文字，通过空格和回车控制到适当的位置即可。要绘制多根斜线表头，这里就不能直接插入斜下框线，需要手动去画，单击"插入"选项卡"插图"功能区中的"形状"按钮，在弹出的下拉式菜单中选择"斜线"，然后根据需要，直接画相应的斜线即可。画好之后，依次输入相应的表头文字，通过空格与回车移动到合适的位置。

三、实训练习

1. 制作"课程表实例"

(1)输入表格标题，并设置为黑体、三号字、居中对齐。

(2)插入一个合适的表格，根据需要，合并或拆分相应的单元格。在表格的第一行第一列单元格绘制如图 5-8 所示的斜线表头，且调整好单元格内容的位置。

(3)录入表格中的文字，中文设为宋体、四号字，并使文字水平居中和垂直居中。

(4)设置行高(列宽)：将"星期一、星期二、星期三、星期四、星期五"列宽分别调整为 2 厘米，设置第一行的行高为 2 厘米。

(5)设置边框：设置外边框为 2.25 磅的黑色单实线，内边框为 0.75 磅的黑色单实线，"上午"所在的行与"下午"所在的行之间用 1.5 磅的双线。

课　程　表

	节次	周一	周二	周三	周四	周五
早读						
上午	1					
	2					
	大课间					
	3					
	4					
午饭、午休						
下午	1					
	2					
	3					
晚饭						

图 5-8　课程表实例

2. 实验思考题

(1)插入表格的方法有哪些?

(2)表格可用何种方法删除?

(3)如何添加和删除行?

(4)说说你绘制斜线表头的方法?

(5)如何利用 word 中自带的工具快速设计带格式的表格。

实训六 Word 2010 文档图文混排

一、实训目的

1. 掌握在文档中插入和编辑艺术字、剪贴画、图片、文本框的方法
2. 会使用 SmartArt 图形
3. 会给文档设置水印
4. 会使用公式编辑器
5. 会设置长文档目录结构

二、实训内容和步骤

1. 制作图文混排文档

（1）操作要求

① 打开"2022Word 实验 2. docx"，将标题文字"宿州学院"改为艺术字（样式自定，协调美观即可），使文档标题更加鲜明、富有个性。

② 在文档中插入一幅剪贴画图片（任意选择剪贴画库中的一幅图片）。

③ 在文档中插入"宿州学院校徽"图片，如图 6-1所示（注：此图片是一个图片文件，实验时，此图片可以由代课老师提供，同学们也可以从网上下载此图片），适当改变大小，以四周型环绕的方式插入到文字段落的左上角。

④ 在正文后插入一个文本框，输入"校训：友善、博学、务实、奋进"。

⑤ 使用 SmartArt 图形设计组织结构图。

⑥ 给整篇文档设置文字水印"宿州学院"。

⑦ 以"2022Word 实验 3. docx"为文件名存盘退出（保存在 D 盘）。

图 6-1 校徽

（2）具体操作步骤

① 制作艺术字标题：把原标题"宿州学院"去掉，单击"插入"选项卡"文本"功能区中的"艺术字"按钮，在弹出的艺术字样式库中选择任意一种样式，文档中即插入"请在此放置您的文字"的提示框，在该提示框中输入文字"宿州学院"即可。

注意：插入艺术字后，单击"宿州学院"艺术字，打开"绘图工具"浮动面板，在功能区中

打开"艺术字效果"弹出"设置文本效果格式"对话框,如图6-2所示。根据需要,选择不同选项卡,设置艺术字效果。

图6-2　"艺术字样式"设置文本效果格式

　　② 插入剪贴画。定位要插入剪贴画的文档位置,单击"插入"选项卡"插图"功能区中的"剪贴画"按钮,在窗口的最右侧弹出"剪贴画"任务窗格。在"剪贴画"任务窗格中单击"搜索"按钮,搜索出所有的剪贴画,右击要插入的图片,在弹出的快捷菜单中选择"插入"命令或者直接双击,即可将图片插入到文档中。

　　③ 插入"宿州学院校徽"图片文件。将光标定位到需要插入图片的位置,单击"插入"选项卡"插图"功能区中的"图片"按钮,弹出"插入图片"对话框,如图6-3所示,选中"宿州学院校徽"图片文件,单击"插入"按钮,即可在文档中插入图片。

图6-3　"插入图片"对话框

　　对图片进行编辑,选择该图片,单击"图片工具格式"选项卡,通过使用"图片工具格式"选项卡上的操作,可以调整图片的大小、位置、文字环绕方式等。有关对图片进行详细

编辑的操作如下:

改变图片的大小:选择图片,图片四周出现带有 8 个小方块的选中框,把鼠标指针放在任一个小方块上,这时鼠标指针的形状变成双向箭头,上下左右拖动鼠标即可改变图片的大小。拖动图片上的绿色旋转控制点,可以将图片旋转任意一个角度。也可以通过"图片工具格式"选项卡"大小"功能区中的"高度"文本框和"宽度"文本框精确地设置图片的大小。

移动图片的位置:把鼠标指针指向图片,拖动到目标位置松开,即可改变图片的位置。

设置图片版式:选中图片后,单击"图片工具格式"选项卡"排列"功能区中的"位置"按钮,打开"布局"对话框,选择"文字环绕"选项卡,如图 6-4 所示,有嵌入型、四周型、紧密型、浮于文字上方、衬于文字下方、上下型等多种环绕方式供选择,这里选择四周型环绕方式。

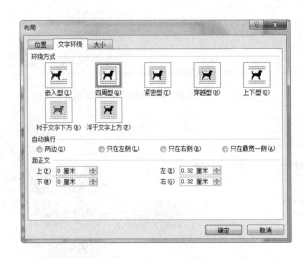

图 6-4 "布局"中文字环绕方式对话框

裁剪图片:选中图片后,单击"图片工具格式"选项卡"大小"功能区中的"裁剪"按钮,把鼠标指针指向边框上的某个小方块,按住鼠标向内拖动,就可以裁剪掉不需要的图片部分。

④ 插入文本框。把光标移至文档最后,单击"插入"选项卡"文本"功能区中的"文本框"按钮,在弹出的下拉式样式表中,选择"简单文本框",在提示文本框内输入"校训:友善、博学、务实、奋进",并适当调整文本框的位置。选中此文本框,在"绘图工具格式"选项卡下,可以对文本框进行形状样式、艺术字样式、大小等的设置。

⑤ 使用 SmartArt 图形设计组织结构图。把光标定位到文档的末尾,单击"插入"选项卡"插图"功能区中的"SmartArt"按钮,弹出"选择 SmartArt 图形"对话框,如图 6-5 所示。在"选择 SmartArt 图形"对话框左侧选择"层次结构"选项,然后在中间选择"水平层次结构"样式,就在文档中生产 SmartArt 图形的初始图。在 SmartArt 图形的初始图第二层的文本框增加到 3 个、在第二层的第一个文本框的下属文本框也增加到 3 个。具体方法:选择第一层的文本框,在"SmartArt 工具""设置"选项卡"创建图形"选项组中单击"添加形状"右侧的下拉箭头,选择"在下方添加形状"选项,就可以添加一个文本框了;同样的方法为第二层的第一个文本框添加 3 个文本框。在 SmartArt 工具"设置"选项卡

"创建图形"选项组中单击"文本窗格",或单击在 SmartArt 图形左侧的按钮,会弹出一个"在此处键入文字"的小窗口,如图 6-6 所示。然后分层次输入相关文字,最后效果如图6-7 所示。输入完文字后可以进行进一步修饰,在 SmartArt 工具"设置"选项卡"SmartArt 样式"选项组中单击"更改颜色"下面的下拉箭头,在下拉列表"彩色"组中可以选择不同的效果样式。

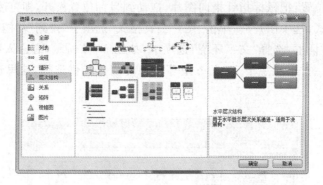

图 6-5　"选择 SmartArt"图形对话框

图 6-6　"文字输入"对话框

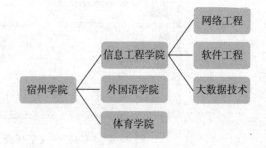

图 6-7　输入完成图

⑥ 添加文字水印。可以利用 Word 提供的水印功能给文档加上水印,水印的内容可以是自己的版权声明或其他信息。单击"页面布局"选项卡"页面背景"功能区中"水印"按钮的下拉箭头,在弹出的下拉式菜单中选择"自定义水印"命令,如图 6-8 所示。在打开的"水印"对话框中,可以对水印的属性进行设置,如此处设置水印内容为"宿州学院",字体为"楷体",半透明,单击"应用"和"确定"按钮即可,如图 6-9 所示。

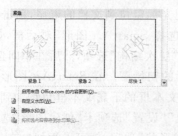

图 6-8　"自定义水印"命令

图 6-9　"水印"对话框

若要取消水印，可以在"水印"的下拉列表中选择"删除水印"，水印就会被删除。

⑦ 文档保存。单击"文件"选项卡→"另存为"命令，弹出"另存为"对话框，文件名改为"2022Word实验3.docx"，保存位置依然选择D盘，单击"保存"按钮即可。文档通过以上步骤的编辑操作，最终排版后的效果截图如图6-10所示。

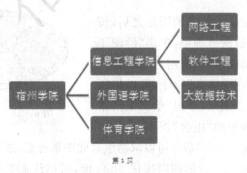

图6-10　文档排版后的效果图

2. 在文档中插入和绘制图形

(1)绘制图形

Word 2010除了可以插入图片以外，还提供了绘制图形的功能，可以在文档中绘制各种线条、矩形、圆、箭头、流程图、标注等。单击"插入"选项卡"插图"功能区中的"形状"按钮，在展开的下拉式形状样式库里(如图6-11所示)，选择所需要的一种形状，鼠标指针形状变成"+"字形，按下鼠标左键拖曳，即可完成图形的绘制，如图6-12所示。

图 6-11 形状样式

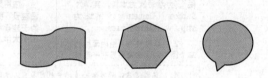

图 6-12 绘制自选图形

（2）编辑图形

文档中插入图形后，选中此图形，可以通过单击"图片工具格式"选项卡上的按钮，改变图形的形状样式和大小等。

为自选图形添加文字：选中该自选图形，单击鼠标右键，在弹出的快捷菜单中选择"添加文字"命令，在图形区域内键入文字即可。

（3）组合图形

如图 6-13 所示，绘制好所有的图形之后，按住 Shift 键，选中要组合的所有图形，单击"绘图工具格式"选项卡"排列"功能区中的"组合"按钮，在弹出的下拉式菜单中选择"组合"命令，可以将所有图形组合成一个图形。当然，单击"绘图工具格式"选项卡"排列"功能区中的"组合"按钮，在弹出

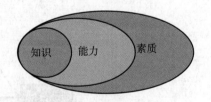

图 6-13 组合后的自选图形

的下拉式菜单中选择"取消组合"命令可以取消组合此图形对象，成为一个个独立的图形。

注意：在拖动鼠标插入图形的同时按住 Shift 键，可以绘制高、宽比例相同的图形，如正方形、正圆、等边三角形、立方体等。

3. 输入数学公式

具体操作步骤如下：

单击"插入"选项卡"文本"功能区中的"对象"按钮，弹出如图 6-14 所示的"对象"对话框，在"新建"选项卡下，选择"对象类型"框中的"Microsoft 公式 3.0"选项。

单击"确定"按钮，Word 2010 进入公式编辑器状态，如图 6-15 所示，窗口中出现一个公式工具栏，并且原来插入点所在位置出现一个公式编辑框，利用其中的公式工具栏输

入和编辑各种公式,公式编辑结束后,在公式外围的文档窗口内单击,即回到编辑状态,建立的数学公式作为嵌入的图形对象插入到当前光标处。

图 6-14　"对象"对话框　　　　　　图 6-15　公式编辑器

4. 长文档目录结构的生产

操作需要教师准备一个长文档实验素材,实验操作时发送到学生电脑上。

(1)样式的修改和使用

单击"开始"选项卡"样式"功能区中的"标题"按钮,选择"标题 1",右键弹出如图6-16所示的"修改样式"对话框,在"修改样式"对话框选项卡下,选择"格式"下拉框中的"字体""段落""制表位"等选项,完成相应的设置。按照上述设置把"标题 2"设置为:宋体,加粗,三号。

注意:在对字体排版的过程中,可以把设置的字体保存为新的样式。选中设置好的文字,单击"开始"选项卡"样式"功能区中的右侧"下拉"按钮,选择"将所选内容保存为新快速样式",弹出如图 6-17 所示的"新建样式"对话框,输入新样式的名字,完成新样式的创建。

图 6-16　"修改样式"对话框　　　　图 6-17　"根据格式设置
　　　　　　　　　　　　　　　　创建新样式"对话框

样式修改创建完成后,选择长文档中的各级标题,单击"样式"功能区中相应的样式,完成各级标题样式的应用。

(2)自动生成文档目录

按照上述样式的使用办法,把长文档中相同级别的标题都设置成相同的样式。单击"引用"选项卡"目录"功能区中的"目录"按钮,选择"插入目录",弹出如图 6-18 所示的"目录"对话框,在"目录"对话框完成相应的设置,单击"确定按钮",系统会为长文档设置自动目录结构。

注意：如果修改文档标题或内容，目录结构可以更新和调整。单击"引用"选项卡"目录"功能区中的"更新目录"按钮（或者在目录结构中，单击右键，选择"更新域"），弹出如图6-19所示的"更新目录"对话框，选择"更新整个目录"，单击"确定"即可。

图6-18　设置自动"目录"对话框　　　　　图6-19　设置"更新
　　　　　　　　　　　　　　　　　　　　　　　　　　目录"对话框

三、实训练习

1. 完成如图6-20所示的图文混排

(1)输入如图6-20所示的标题和三段正文，标题使用宋体、小二号字、加粗并居中对齐；针对正文，中文使用宋体、五号字。

(2)在图6-20所示的位置插入一副剪贴画图片，并实现"紧密型环绕"。

(3)在图6-20所示的位置插入横排艺术字"绿水青山就是金山银山"，并实现"四周型环绕"（艺术字的样式自己设定）。

图6-20　图文混排效果例子

(4)插入页眉"魅力西递"并左对齐。

(5)设置文字水印"世界文化遗产西递"。

(6)以文件名"世界文化遗产西递.docx",保存至 D 盘。

2. 利用基本的绘图工具完成如图 6－21 所示简单图形的绘制

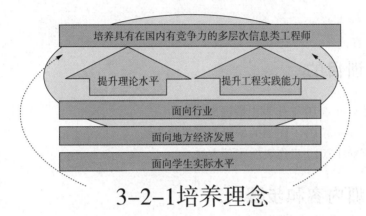

图 6－21　基本图形实例

3. 利用公式 3.0 输入下面所示的文字和数学表达式

　　一元二次方程的一般形式为 $ax^2+bx+c=0(a\neq0)$,其判定公式用字母 Δ 来表示。

$\Delta=b^2-4ac$,方程的求根公式为:

当 $\Delta>0$ 时,方程有两个实根:

$$x=\frac{-b+\sqrt{b^2-4ac}}{2a}、x=\frac{-b-\sqrt{b^2-4ac}}{2a}$$

当 $\Delta=0$ 时,方程只有一个实根:

$$x=\frac{-b}{2a}$$

当 $\Delta<0$ 时,方程没有实根。

图 6－22　文字和数学表达式

实训七　Excel 2010 的基本操作

一、实训目的

1. 掌握 Excel 2010 工作表中数据的输入
2. 掌握 Excel 2010 工作表的编辑与格式化方法
3. 掌握 Excel 2010 工作表的管理方法

二、实训内容和步骤

1. 新建 Excel 工作簿

(1)操作要求

新建"实验 7 - 1. xlsx"工作簿,选择 Sheet 1 为当前工作表,输入学生成绩信息,内容如图 7 - 1 所示。

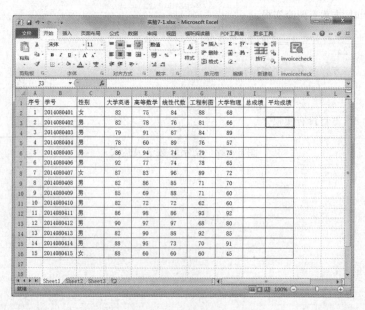

图 7 - 1　实验样表

(2)具体操作步骤

① 文本型(如"性别"列)、数值型(如"大学英语、高等数学、线性代数、工程制图、大学物理"列)、日期型可以直接在相应单元格或编辑栏中输入。

② 序列的输入。“序号”列内容的输入可以在 A2 单元格输入“1”，按住【Ctrl】键，利用填充手柄填充其他序号。“学号”列内容的输入可以在 B2 与 B3 单元格中分别输入“2014080401”“2014080402”，选中 B2:B3 单元格区域，利用填充手柄填充其他学生的学号。

注意：用填充柄时，通过按【Ctrl】键，可以在“复制”和“填充序列”功能间进行切换。

(3)在输入“性别”列之前，也可以利用【Ctrl】键选择性别为“女”的所有单元格，然后输入“女”，按住【Ctrl】键，再按【Enter】键，所有选中的单元格均会输入“女”字，其他相同内容的输入均可用此法。

2. 工作表的编辑与格式化操作

(1)操作要求

表格最上方插入一行，在 A1 单元格输入标题“期末考试成绩表”，把 A1:J1 单元格区域“合并及居中”、设置橄榄色底纹，强调文字颜色 3，淡色 80%，设置字体为隶书，字形为加粗，字号为 24，行高为 32。将表格中表头(A2:J2)的行高设置为 20，其余行设置为“自动调整行高”，所有的列设置为“自动调整列宽”，内容水平居中、垂直居中。将表格边框设为外框双线、内框细线(操作结果如图 7-2 所示)。

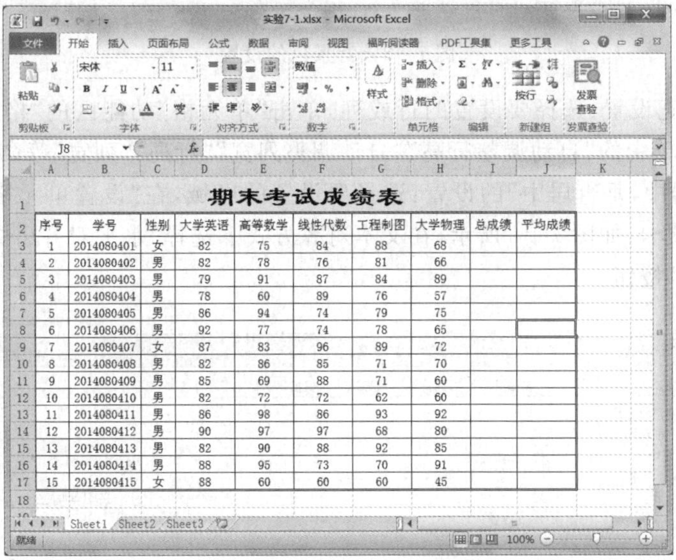

序号	学号	性别	大学英语	高等数学	线性代数	工程制图	大学物理	总成绩	平均成绩
1	2014080401	女	82	75	84	88	68		
2	2014080402	男	82	78	76	81	66		
3	2014080403	男	79	91	87	84	89		
4	2014080404	男	78	60	89	76	57		
5	2014080405	男	86	94	74	79	75		
6	2014080406	男	92	77	74	78	65		
7	2014080407	女	87	83	96	89	72		
8	2014080408	男	82	86	85	71	70		
9	2014080409	男	85	69	88	71	60		
10	2014080410	男	82	72	72	62	60		
11	2014080411	男	86	98	86	93	92		
12	2014080412	男	90	97	97	68	80		
13	2014080413	男	82	90	88	92	85		
14	2014080414	男	88	95	73	70	91		
15	2014080415	女	88	60	60	60	45		

图 7-2　修饰的样表

(2)具体操作步骤

① 选择表头所在行任意单元格，右击，在快捷菜单中选择“插入”“整行”即可在表头上方插入一个空行。在 A1 单元格输入“期末考试成绩表”，选择 A1:J1 单元格区域，单击功能区“对齐方式”中的“合并及居中”按钮，使标题居中。

② 打开“设置单元格格式”对话框：点击“字体”“对齐方式”或“数字”功能区右下角的箭头，弹出“设置单元格格式”对话框。

③ 背景色的设置：在“设置单元格格式”对话框，选择“填充”选项卡，如图 7-3 所示。

在"背景色"中选择"橄榄色底纹,强调文字颜色 3,淡色 80％"(第二行第七列),单击"确定"按钮,或单击"字体"功能区的"填充颜色"选项的下三角,在弹出的对话框中选择相应颜色。

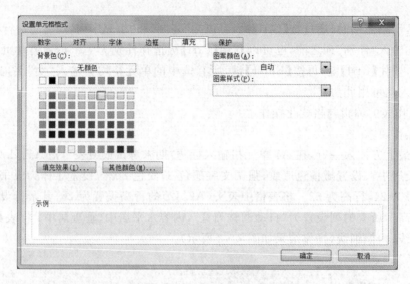

图 7-3　背景色的设置

④ 行高列宽设置:选择要设置的行或列,单击"单元格"功能区的"格式"选项的下三角,选择相应菜单中的"自动调整行高""自动调整列宽""行高""列宽"等命令。

⑤ "水平居中,垂直居中"的设置:选择要设置的区域,在"设置单元格格式"对话框,选择"对齐"选项卡,如图 7-4 所示,在文本对齐方式下选择"水平对齐居中""垂直对齐居中",单击"确定"按钮。

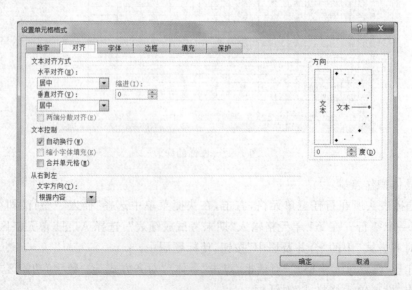

图 7-4　单元格对齐方式设置

⑥ 表格边框的设置：选中区域 A4:J7，在"设置单元格格式"对话框，选择"边框"选项卡，如图 7-5 所示，在线条"样式"中选择"双实线"，再选择预置"外边框"；在线条"样式"中选择"单实线"，再选择预置"内部"，单击"确定"按钮。

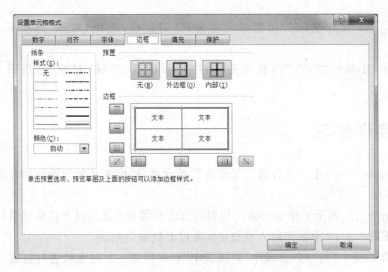

图 7-5　边框设置

3. 制作席卡

(1)操作要求

席卡是放在相应席位的桌面上，表明出席单位或个人的称谓（姓名）。席卡打印时名字是互相颠倒的，如图 7-6 所示。

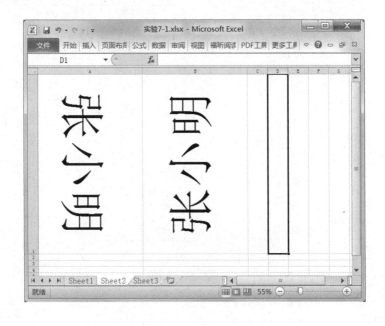

图 7-6　席卡制作示例

（2）具体操作步骤

① 单击"页面布局"标签中"纸张方向"中选择"横向"。

② 在 A1 和 B1 单元格都输入姓名，单元格行高设置为 409，列宽设置为 45，字号为 110。

③ 选择 A1 单元格，在"设置单元格格式"对话框，选择"对齐"选项卡，方向设置为－90。

④ 选择 B1 单元格，在"设置单元格格式"对话框，选择"对齐"选项卡，方向设置为 90。

三、实训练习

1. 在 Excel 2010 中，"工作簿""工作表""单元格"的命名是如何操作的？试通过上机进行相关练习

2. 单元格、行、列及工作表的插入与删除方法有哪些？试通过上机熟练掌握

3. 在 Excel 2010 中如何输入身份证？通过上机进行验证

4. "合并后居中"与对齐方式中"跨列居中"有何区别？通过上机进行验证

实训八　Excel 2010 中公式与函数的使用

一、实训目的

1. 熟练掌握绝对引用和相对引用
2. 掌握公式和常用函数的使用方法
3. 掌握条件格式的使用方法

二、实训内容和步骤

1. Excel 中公式使用

（1）操作要求

打开前面建立的工作簿文件"实验 7 - 1. xlsx"，算出每个学生的总成绩（用公式和函数两种方法）、平均成绩，每门课的最高分和平均分（如图 8 - 1 所示）。

图 8 - 1　实验样表

（2）具体操作步骤

① 公式法求总分：选中存放总成绩的单元格 I3，在公式栏中输入"＝D3＋E3＋F3＋

G3+H3",按回车键,再选中 G5 拖曳填充柄复制到 I4:I17。

　　② 函数法求总分:在 sheet 1,选择存放结果的区域 I3:I17,单击公式工具栏下"函数库"功能区的"自动求和"按钮。

　　③ 求最高分:选中存放"大学英语"课程最高分的单元格 D18,选择函数库功能区中的"插入函数"命令,在常用函数中选择函数 MAX,按"确定",出现"函数参数"对话框,如图 8-2 所示。

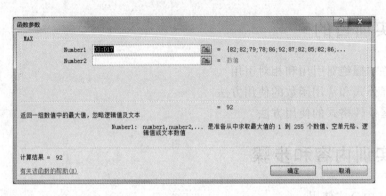

图 8-2　"函数参数"对话框

　　在 Number 1 中选择区域 D3:D17,可以直接输入,也可以用鼠标拖动法选择,再单击"确定"按钮,即可计算"大学英语"课程最高分。选中单元格 D18,向右拖曳填充柄复制到 E18:H18,算出其他课程最高分。如果数据不连续,则可在 Number 2 中继续选择区域。

　　④ 求平均分:选中存放"大学英语"课程平均分的单元格 D19,选择函数库功能区中的"插入函数"命令,在常用函数中选择函数 AVERAGE,按"确定",出现"函数参数"对话框,如图 8-3 所示。

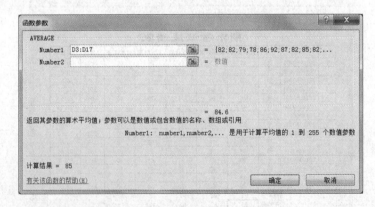

图 8-3　AVERAGE"函数参数"对话框

　　在 Number 1 中选择区域 D3:D17,可以直接输入,也可以用鼠标拖动法选择,再单击"确定"按钮,即可计算"大学英语"课程平均分。选中单元格 D22,向右拖曳填充柄复制到 E19:H19,算出其他课程平均分。如果数据不连续,则可在 Number 2 中继续选择区域。

2. Excel 中函数使用

(1)操作要求

制作如图 8-4 所示的大学物理成绩表,在"等级"栏中用 IF 函数评出等级:成绩≥60分为"及格";成绩<60 为"不及格"。并对考试成绩进行分析,统计应考人数、实考人数、缺考人数及各分数段人数。

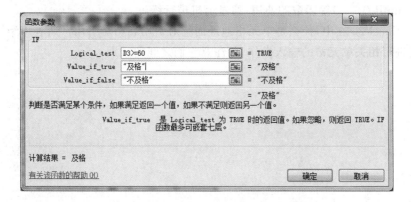

图 8-4　大学物理成绩表

(2)具体操作步骤

① 条件函数 IF 评出等级。选中 E3 单元格,执行"插入函数"命令,在常用函数中选择函数 IF,按"确定",出现"函数参数"对话框,如图 8-5 所示。

图 8-5　IF"函数参数"对话框

在 Logical_test 中输入条件"D3>=60",在 Value_if_true 中输入条件为真时的结果

"及格",在 Value_if_false 中输入条件为假时的结果"不及格",按"确定"按钮。选中 E3 单元格,拖曳填充柄复制到 E4:E17。

② 考试成绩分析。

具体操作步骤如下:

a. 应考人数:选择 H3 单元格,输入公式"＝COUNTA(B3:B17)"。

b. 实考人数:选择 H4 单元格,输入公式"＝COUNT(D3:D17)"。

c. 缺考人数:选择 H5 单元格,输入公式"＝COUNTBLANK(D3:D17)"。

注意:用函数统计时,COUNTA 是用于非空单元格的计数,函数可对包含任何类型信息的单元格进行计数。COUNT 只能对数字数据进行统计,对于空单元格、逻辑值或者文本数据将被忽略。COUNTBLANK 只统计空单元格的个数。

d. 90 分以上人数:选择 H6 单元格,输入公式[＝COUNTIF(D3:D17,">＝90")]

e. 80－89 分人数:选择 H7 单元格,输入公式[＝COUNTIFS(D3:D17,">＝80", D3:D17,"<＝89")]

f. 70－79 分人数:选择 H8 单元格,输入公式[＝COUNTIFS(D3:D17,">＝70", D3:D17,"<＝79")]

g. 60－69 分人数:选择 H9 单元格,输入公式[＝COUNTIFS(D3:D17,">＝60", D3:D17,"<＝69")]

h. 不及格人数:选择 H10 单元格,输入公式[＝COUNTIF(D3:D17,"<60")]

注意:COUNTIF 函数只能输入一个条件,而 COUNTIFS 则可以输入多个条件。如[D3:D17,">＝80"]构成条件 1,[D3:D17,"<＝89"]构成条件 2,[COUNTIFS(D3:D17,">＝80",D3:D17,"<＝89")]就表示统计在单元格区域 D3:D17 中>＝80 并且<＝89的数据的个数。

三、实训练习

1. 公式和函数的区别是什么? 熟练掌握 sum(　　)、sumif(　　)、average(　　)、countif(　　)等函数的使用,通过上机进行练习

2. 在 Excel 2010 中,什么是单元格地址的绝对引用和相对引用? 请利用绝对引用和相对引用进行相关单元格的输入操作,并注意它们之间的区别

实训九　Excel 2010 的数据管理与图表

一、实训目的

1. 掌握工作表中数据清单的创建与编辑
2. 熟练掌握排序、筛选和分类汇总等操作
3. 掌握图表的创建及编辑方法

二、实训内容和步骤

1. Excel 数据管理

打开期末考试成绩表文件，如图 9－1 所示。

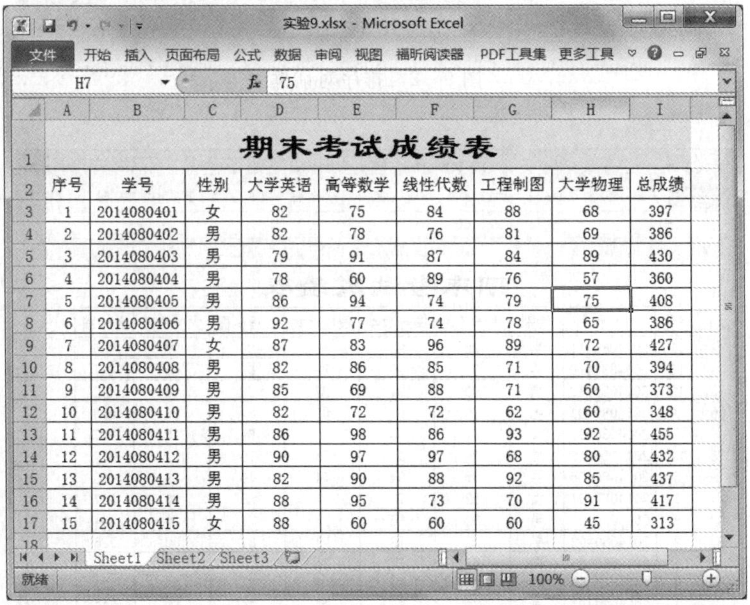

图 9－1　期末考试成绩表

(1)"递增"排序

对图 9－1 中的数据按主要关键字"总成绩"进行"递增"排序。

具体操作步骤如下：

① 单击总成绩列任意单元格。

② 选择"数据"选项卡"排序和筛选"功能区的"升序"按钮。

（2）"降序"排序

对图9-1中的数据按主要关键字"总成绩"进行"降序"排序，次要关键字"大学物理"
"降序"排序。

具体操作步骤如下：

① 单击数据区任意单元格，点击"排序和筛选"功能区的"排序"按钮，出现如图9-2
所示的"排序"对话框。

② 将对话框中的"主要关键字"置为"总分"，"排序依据"为"数值"，且"次序"为"降
序"，单击"添加条件"按钮，"次要关键字"置为"大学物理"，"排序依据"为"数值"，且"次
序"为"降序"，单击"确定"按钮，就出现如图9-3所示的数据表。

图9-2　排序对话框

序号	学号	性别	大学英语	高等数学	线性代数	工程制图	大学物理	总成绩
11	2014080411	男	86	98	86	93	92	455
13	2014080413	男	82	90	88	92	85	437
12	2014080412	男	90	97	97	68	80	432
3	2014080403	男	79	91	87	84	89	430
7	2014080407	女	87	83	96	89	72	427
14	2014080414	男	88	95	73	70	91	417
5	2014080405	男	86	94	74	79	75	408
1	2014080401	女	82	75	84	88	68	397
8	2014080408	男	82	86	85	71	70	394
2	2014080402	男	82	78	76	81	69	386
6	2014080406	男	92	77	74	78	65	386
9	2014080409	男	85	69	88	71	60	373
4	2014080404	男	78	60	89	76	57	360
10	2014080410	男	82	72	72	62	60	348
15	2014080415	女	88	60	60	60	45	313

图9-3　根据给定字段总分降序和大学物理降序排序的数据表

（3）自动筛选数据

用自动筛选数据查看大学英语分数在80～90分之间的学生情况。

具体操作步骤如下：

① 选中工作表中数据区域。

② 在"数据"菜单下"排序和筛选"功能区中激活"筛选"命令，这时在每个字段上会出现一个筛选按钮，在"大学英语"下拉列表框中选择"数字筛选"，在级联菜单中选择"大于或等于"，系统会出现如图9-4所示的"自定义自动筛选方式"对话框。

图9-4 "自定义自动筛选方式"对话框

③ 在对话框中，在"大于或等于"右边的下拉列表框中输入"80"，再单击"与"逻辑选择；同样，在下面的下拉列表框中选择"小于或等于"，在右边的下拉列表框中输入"90"。

④ 单击"确定"按钮，屏幕就会出现筛选的结果，如图9-5所示。

图9-5 条件筛选结果

⑤ 取消自动筛选，只要再点击一下"排序和筛选"功能区的"筛选"按钮即可。

注意：不同字段筛选条件是"与"的关系。

（4）高级筛选

通过高级筛选，找出表9-5中线性代数、工程制图、大学物理每门成绩都在80分以上的记录。

具体操作步骤如下：

① 与数据区隔一列建立条件区域（K3：M4），如图9-6所示。

图 9 - 6   建立的高级筛选条件区

    ② 单击工作表数据区域的任意单元格,单击"排序和筛选"功能区的"高级"按钮,出现如图 9 - 7 所示的对话框。

    ③ 在"列表区域"选择 A2:I17,在"条件区域"选择 K3:M4,再按"确定"按钮,就会在原数据区显示出符合条件的记录,如果想保留原始数据,应在如图 9 - 7 所示的对话框中"方式"选项中选择"将筛选结果复制到其他位置",并在"复制到"框中输入欲复制的位置(如在该框输入时选中 A19 单元格作为复制区的左上角位置),则筛选结果显示在 A19:I21 区域,如图 9 - 8 所示。

图 9 - 7   "高级筛选"对话框

图 9 - 8   高级筛选结果

注意:筛选条件在同一行表示"与"的关系,在不同行是"或"的关系。如想筛选出线性代数在92分以上或工程制图在92分以上或大学物理在92分以上的记录,则筛选条件和筛选结果如9-9所示。

图9-9　高级筛选结果

(5)分类汇总

通过分类汇总,按"性别"分类汇总各科成绩的平均分。

具体操作步骤如下:

① 以性别作为主关键字升序或降序排序。

② 选择菜单"数据"→"分级显示"→"分类汇总"命令,出现如图9-10所示的对话框。

③ 在"分类汇总"对话框中,设置"分类字段"为"性别",单击"汇总方式"下拉列表框,选择"平均值"。

④ 在"选定汇总项"窗口中选择"大学英语""高等数学""线性代数""大学物理"复选框,最后,单击"确定"按钮,就会得到如图9-11所示的分类汇总表。

⑤ 要回到未分类汇总前的状态,只需在如

图9-10　"分类汇总"对话框

图9-10所示的对话框中单击"全部删除"按钮,屏幕就会回到未分类汇总前的状态。

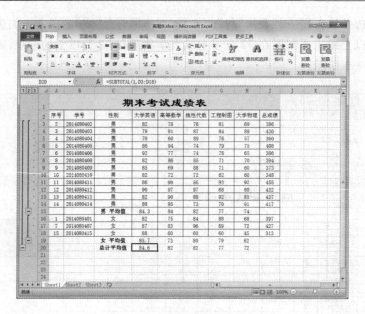

图 9 - 11　按性别分类汇总表

2. 创建 Excel 图表

（1）创建图表

具体操作步骤如下：

① 打开销售额统计表文件，如图 9 - 12 所示。选择图表中前三个记录的商场与商品类 1 和商品类 2 为图表的数据源，创建图表，类型为三维簇状柱形图，其中"图表标题"为"销售额统计"、X 轴标题为"商场"、Y 轴标题为"销售额"。

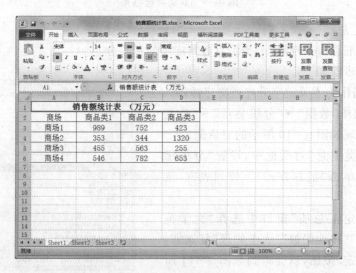

图 9 - 12　销售额统计表

② 在图 9 - 12 中选择 A2：C5 区域，选择菜单"插入"中的"图表"功能区，在"柱形图"的下拉列表中选中"三维簇状柱形图"，系统自动生成如图 9 - 13 所示的图表。

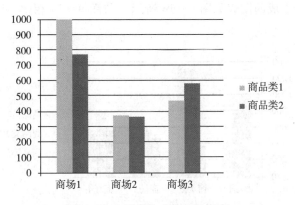

图 9 - 13　系统自动生成的图表

③ 选中图表,系统自动调出图表工具栏,选择其中的"布局"选项卡,在"标签"功能区,点击"图标标题"图签,在下拉选项中选择"图表上方",在图表相应的输入框中输入"成绩对比",同样的方法,分别点击"坐标轴标题",生成的图表效果如图 9 - 14 所示。

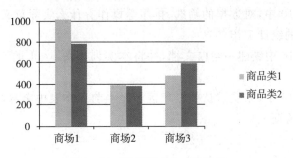

图 9 - 14　按照要求生成的图表

(2)图表中添加数据源

具体操作步骤如下:

① 将商场 4 和商品类 3 的数据加入图表中:选中图表,在出现的"图标工具"菜单中选择"设计"选项卡,点击其"数据"功能区的"选择数据"图标,则弹出如图 9 - 15 所示的"选择数据源"对话框,在图表数据区域(D)中重新选择数据,将商场 4 和商品类 3 的数据添加进去,按"确定"即可。

图 9 - 15　选择数据源对话框

② 添加数据后生成的图表如图 9 - 16 所示。与图 9 - 14 相比,柱形图中多了商场 4 和商品类 3。

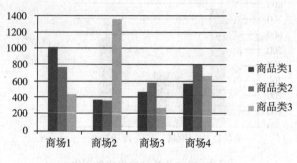

图 9 - 16　添加数据后生成的图表

三、实训练习

1. 在 Excel 2010 中,对数据的筛选、排序等操作有什么实际意义? 试利用自动筛选操作进行相关数据的统计工作

2. 在 Word 2010 中新建一空白文档,并将本实训中图 9 - 1 的工作表转换成 Word 文档形式并保存

3. 在 Excel 2010 中,系统默认的打印区域是当前工作表中全部区域还是部分区域? 通过上机进行有效验证

实训十　演示文稿的创建

一、实训目的

1. 掌握 PowerPoint 2010 的启动和退出
2. 掌握演示文稿的创建、保存和打开
3. 掌握建立幻灯片版式的方法
4. 掌握幻灯片中插入对象的方法

二、实训内容和步骤

1. PowerPoint 2010 程序的启动和退出

(1)PowerPoint 2010 程序的启动

选择"开始"→"所有程序"→"Microsoft office"→"Microsoft office PowerPoint 2010"命令；或者双击桌面上的 PowerPoint 快捷图标，打开 PowerPoint 应用程序窗口，如图 10－1 所示。

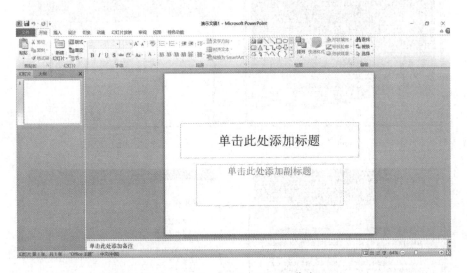

图 10-1　PowerPoint 2010 工作窗口

(2)PowerPoint 2010 程序的退出

单击 PowerPoint 程序窗口右上角的"关闭"按钮；或者选择"文件"→"退出"，如图 10-2所示；或者按组合键 Alt＋F4，将关闭 PowerPoint 程序，返回 Windows 桌面。

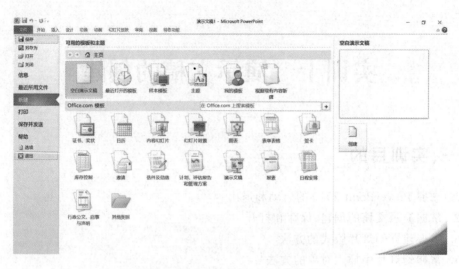

图 10-2 PowerPoint 2010 的退出

2. 演示文稿的创建、保存和打开

（1）演示文稿的创建

创建一个如图 10-3 所示的包含四张幻灯片的演示文稿，第一张幻灯片版式为"标题"，第二张幻灯片版式为"标题和内容"，第三张幻灯片版式为"比较"，第四张幻灯片版式为"内容与标题"，所有幻灯片使用"波形"主题。

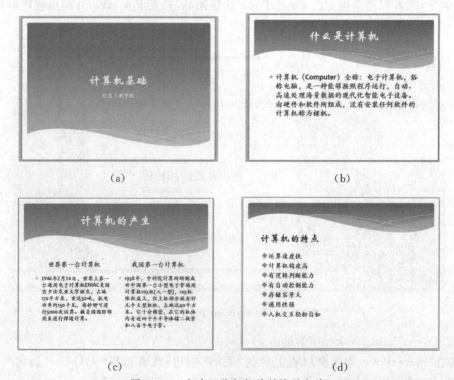

图 10-3 包含四张幻灯片的演示文稿

具体操作步骤如下：

① 启动 PowerPoint 2010 程序后，演示文稿编辑区自动显示一张空白的幻灯片，如图 10-1 所示，该幻灯片的默认版式为"标题"幻灯片，在幻灯片中的"单击此处添加标题"占位符和"单击此处添加副标题"占位符虚线框内分别单击，输入相应的文字即可。

② 单击"开始"选项卡，单击"新建幻灯片"右侧的下拉三角形符号，展开可供选择的所有版式幻灯片，然后在下方 Office 主题区域内单击"标题和内容"，如图 10-4 所示，插入一张版式为"标题和内容"的新幻灯片，在各个占位符内输入相应的内容。

图 10-4　插入新幻灯片

③ 与上一步操作类似，单击"开始"选项卡中的"新建幻灯片"右侧的下拉三角形符号，然后在下方 Office 主题区域内单击"比较"，即可插入一张版式为"比较"的新幻灯片，在各个占位符内输入相应的内容。

④ 与上一步操作类似，单击"开始"选项卡中的"新建幻灯片"右侧的下拉三角形符号，然后在下方 Office 主题区域内单击"内容与标题"，即可插入一张版式为"内容与标题"的新幻灯片，在各个占位符内输入相应的内容。

⑤ 单击"设计"选项卡，在"主题"组主题样式右侧单击"其他"下拉三角形符号，将展开内置的所有主题，如图 10-5 所示。选择需要的幻灯片主题样式并右击鼠标，在弹出的下拉选项中根据需要进行选择，如图 10-6 所示，这里选择"应用于所有幻灯片"，所选主题就应用到所有幻灯片。

（2）演示文稿的保存

选择"文件"→"保存"命令，将该演示文稿以"认识计算机.pptx"保存到桌面上。需要注意的是，首次保存会出现"另存为"对话框，可以选择保存的位置、类型、文件名，再次保存则不再出现。演示文稿存盘后，其文件扩展名为.pptx。

（3）演示文稿的打开

选择"文件"→"打开"命令可以打开一个已存在的演示文稿。

图 10-5　展开内置的所有主题

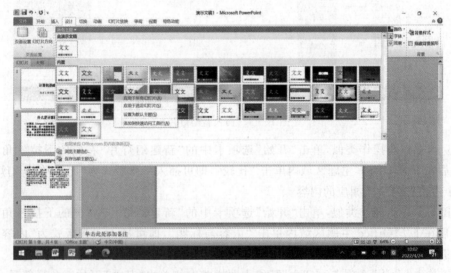

图 10-6　选择主题

3. 幻灯片中的对象插入

打开演示文稿"认识计算机.pptx",在第一张幻灯片下方插入自动更新的日期和时间,第二张幻灯片下方插入水平文本框,第三张幻灯片插入声音,第四张幻灯片插入剪贴画。

具体操作步骤如下:

① 选中第一张幻灯片,单击"插入"选项卡,选择"文本"组中的"日期和时间"按钮,弹出"页眉和页脚"对话框,勾选"日期和时间"选项,并选择"自动更新",然后根据需要选择日期和时间的类型,选择"应用"按钮,如图 10-7 所示。

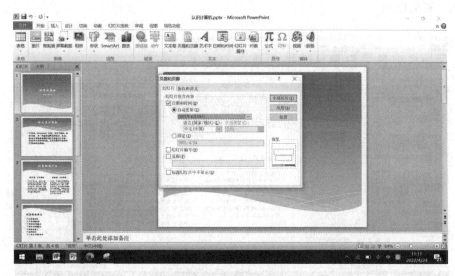

图 10-7 插入日期和时间

② 选中第二张幻灯片,单击"插入"选项卡,单击"文本"组中的"文本框"下拉三角形符号,在弹出的选项中选择"横排文本框",如图 10-8 所示,然后在幻灯片下方按住鼠标左键拖动,出现一个水平方向的方框,最后在方框内输入文本即可。

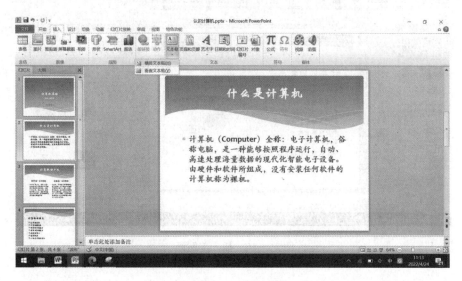

图 10-8 插入文本框

③ 选中第三张幻灯片,单击"插入"选项卡,单击"媒体"组中的"音频"下拉三角形符号,在弹出的选项中选择"文件中的音频",如图 10-9 所示,然后将弹出"插入声音"对话框,选择需要插入到幻灯片中的声音文件即可完成声音的插入。

④ 选中第四张幻灯片,单击"插入"选项卡,单击"图像"组中的"剪贴画"按钮,当前窗口右侧出现"剪贴画"窗口,在搜索文字框内输入需要的剪贴画关键字,如图 10-10 所示,这里以输入"计算机"为例,在下方列出的剪贴画区域内单击所需的剪贴画,即可在幻灯片

中插入一副剪贴画。

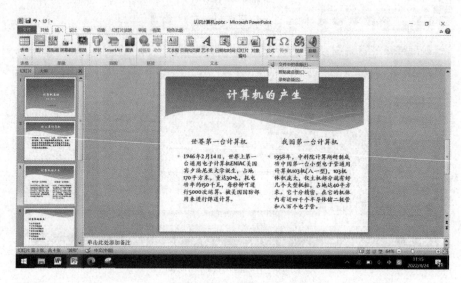

图 10-9 插入音频

图 10-10 插入剪贴画

三、实训练习

创建一个包含 4 张幻灯片的演示文稿,并将演示文稿以"自我介绍.pptx"保存到桌面。制作要求如下:

1. 第 1 张幻灯片采用"标题幻灯片"版式,在标题占位符内输入"自我介绍"

2. 第 2 张幻灯片采用"标题和内容"版式,在标题占位符内输入"我的基本情况",在内容占位符内输入相应的个人基本信息

3. 第 3 张幻灯片采用"两栏内容"版式,在标题占位符内输入"我的爱好和特长",在左侧文本框占位符内输入个人爱好,在右侧文本框占位符内输入个人特长,内容要简明扼要

4. 第 4 张幻灯片采用"图片与标题"版式,在标题占位符内输入"谢谢观看!",选择你喜欢的图片或个人照片插入到本张幻灯片中

5. 在"我的爱好和特长"幻灯片中,将标题改为你喜爱的艺术字,并在幻灯片右下角位置插入你喜爱的音乐

6. 选择你喜爱的主题样式并将其应用于所有幻灯片中

实训十一　演示文稿的编辑和外观设置

一、实训目的

1. 掌握幻灯片的插入、删除、移动与复制等基本编辑操作
2. 掌握幻灯片的背景设置方法
3. 理解母版的概念及设置方法

二、实训内容和步骤

1. 幻灯片的基本编辑操作

打开上次实验建立的演示文稿"认识计算机.pptx",在第一张幻灯片和最后一张幻灯片后面分别插入一张版式为"仅标题"的新幻灯片,标题内分别输入"内容概要""计算机的分类",然后将第二张幻灯片和第四张幻灯片复制并粘贴到第三张幻灯片后面,删除第四张幻灯片和第五张幻灯片,最后把第六幻灯片移动第四张之后。

具体操作步骤如下:

① 选中第一张幻灯片,单击"开始"选项卡中的"新建幻灯片"右侧的下拉三角形符号,然后在下方 Office 主题区域内单击"仅主题",插入一张版式为"仅主题"的新幻灯片,标题占位符内输入文字"内容概要",用类似方法在最后一张幻灯片后面插入标题为"计算机的分类"的新幻灯片。插入两张新幻灯片后的演示文稿如图 11-1 所示。

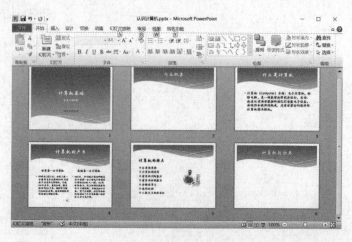

图 11-1　插入两张幻灯片后的效果图

② 单击"视图"选项卡,单击"演示文稿视图"组中的"幻灯片浏览"按钮,进入幻灯片浏览视图,单击选中第二张幻灯片,按下 Ctrl 键,再单击第四张幻灯片,右击鼠标,在弹出的下拉菜单中选择"复制",然后在第三张幻灯片上右击鼠标,在弹出的下拉菜单中选择"粘贴",完成两张幻灯片的复制和粘贴。复制并粘贴两张幻灯片后的演示文稿如图11-2所示。

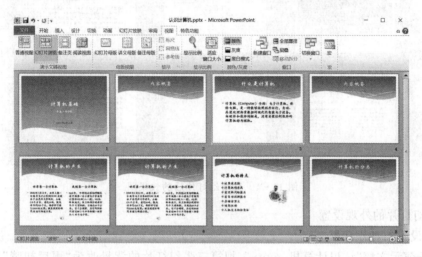

图 11-2 复制并粘贴两张幻灯片后的效果图

③ 单击第四张幻灯片,按下 Ctrl 键,再单击第五张幻灯片,右击鼠标,在弹出的下拉菜单中选择"删除幻灯片",删除所选中的二张幻灯片。删除两张幻灯片后的演示文稿如图 11-3 所示。

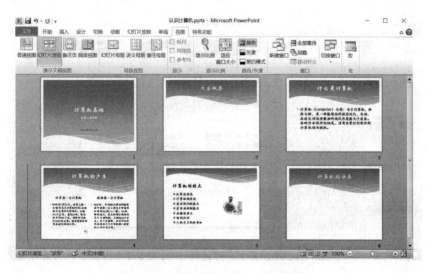

图 11-3 删除两张幻灯片后的效果图

④ 单击第六张幻灯片,按住鼠标左键,拖拽到第四张幻灯片后,释放鼠标左键,完成幻灯片的移动。演示文稿中的六张幻灯片的顺序如图 11-4 所示。

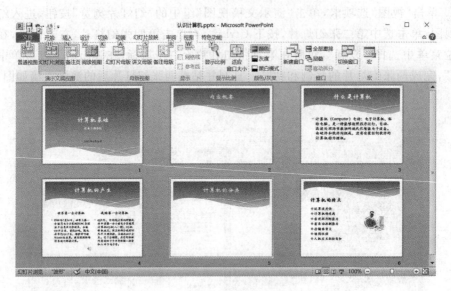

图 11 - 4　移动幻灯片后的效果图

2. 幻灯片的外观设置

(1)设置幻灯片背景

打开演示文稿"认识计算机 . pptx",把第三张幻灯片的背景改为"雨后初晴",其他幻灯片背景不变。

具体操作步骤如下：

① 单击选中第三张幻灯片,在幻灯片编辑区右击鼠标,在弹出的下拉菜单中,选择"设置背景格式",如图 11 - 5 所示。

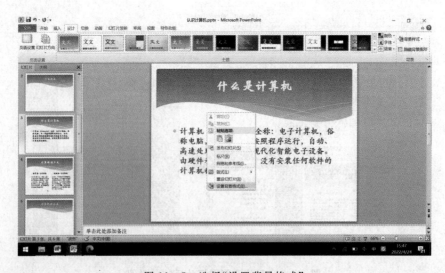

图 11 - 5　选择"设置背景格式"

② 在弹出的"设置背景格式"对话框中,如图 11 - 6 所示,单击左侧的"填充"选项,右侧选中"渐变填充",单击 "预设颜色"下拉框并选择"雨后初晴"。

图 11－6　"设置背景格式"对话框

③ 单击"关闭"按钮,即可看到当前幻灯片背景颜色的改变,其他幻灯片背景不变。修改背景后的第三张幻灯片效果如图 11－7 所示。

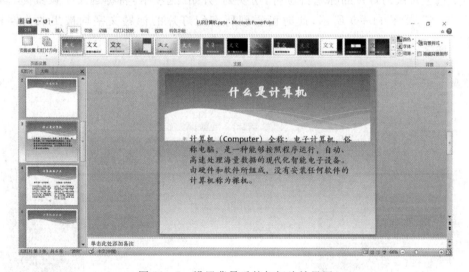

图 11－7　设置背景后的幻灯片效果图

(2)设置幻灯片母版

打开演示文稿"认识计算机 . pptx",通过设置幻灯片母版,将所有幻灯片的标题文字统一设置为"幼圆、粗体、44 号";除第一张幻灯片外,其余幻灯片的右上角插入 Logo 图片,插入幻灯片编号,页脚显示"第一章 认识计算机"。

具体操作步骤如下:

① 单击"视图"选项卡,单击"母版视图"组中的"幻灯片母版",如图 11－8 所示,选项

卡区域内自动出现"幻灯片母版"选项卡。当前窗口左侧的缩略图窗格内最上方是幻灯片母版缩略图,单击该缩略图,进入母版编辑状态。

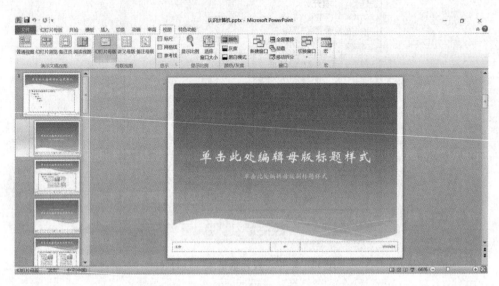

图 11-8　幻灯片母版

② 选中母版幻灯片的标题占位符,切换到"开始"选项卡,将标题文字设置为"幼圆、粗体、44 号",如图 11-9 所示,此时可看到所有幻灯片的标题文字均被更改为同样的格式。

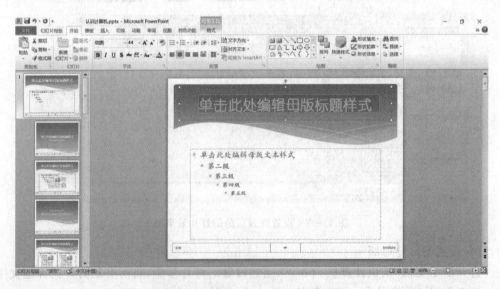

图 11-9　设置幻灯片母版的标题样式

③ 单击"插入"选项卡,单击"图像"组中的"图片"按钮,在弹出的"插入图片"对话框中选择 Logo 图片,再单击"确定"按钮,将插入母版的图片调整大小、格式,然后拖拽到母版的右上角,如图 11-10 所示。

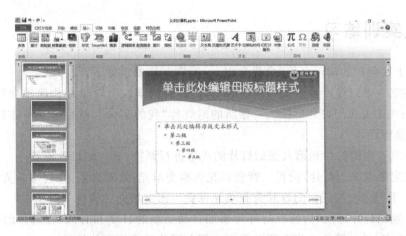

图 11-10 插入 Logo 的幻灯片母版

④ 单击"插入"选项卡,单击"文本"组中的"页眉和页脚"按钮,在弹出的"页眉和页脚"对话框中,依次选中"幻灯片编号""页脚""标题幻灯片中不显示"复选框,并在"页脚"下的文本框中输入文字"第一章 认识计算机",如图 11-11 所示,再单击"全部应用"按钮,将格式应用到所有幻灯片中。

⑤ 完成母版的设置后,单击"幻灯片母版"选项卡,单击"关闭"组中的"关闭母版视图"按钮,或者单击"视图"选项卡"演示文稿视图"组中的

图 11-11 设置"页眉和页脚"对话框

"普通视图"按钮,即可退出幻灯片母版编辑,回到普通视图,设置幻灯片母版后的演示文稿效果如图 11-12 所示。

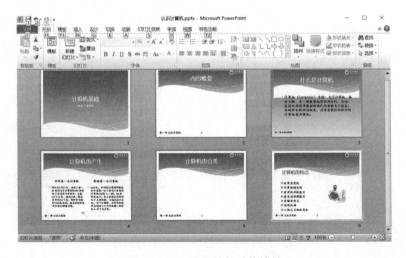

图 11-12 设置母版后的效果

三、实训练习

打开上次创建的演示文稿"自我介绍.pptx",制作要求如下:

1. 在第一张幻灯片后插入一张新的幻灯片"我的学校",对学校作简单介绍,并插入一张图片;在第五张幻灯片后插入一张新的幻灯片"我的宿舍",对宿舍成员作简单介绍,并插入一张剪贴画

2. 将第五张幻灯片和第六张幻灯片的次序进行调换,其他幻灯片不变

3. 选定第二张幻灯片,设置其背景填充为渐变填充,效果设置为"碧海晴天",方向从"右上到左下"形式;第三张幻灯片背景填充设置为图案填充,"深色下对角线"

4. 设置幻灯片母版,为所有幻灯片添加自动更新的日期和时间,在每张幻灯片底部居中显示文字"王一搏的自我介绍",页面底部右下角显示幻灯片编号

实训十二 演示文稿的效果设置和放映

一、实训目的

1. 掌握幻灯片切换效果的设置方法
2. 掌握演示文稿中常见对象的动画效果设置方法
3. 掌握超链接的设置方法
4. 掌握幻灯片放映效果设置方法

二、实训内容和步骤

1. 演示文稿的动画效果设置

(1)幻灯片切换动画效果设置

打开上次实验建立的演示文稿"认识计算机.pptx",设置第一张幻灯片的切换效果为"百叶窗""水平"方向,切换时无声音,单击鼠标换页;设置第三张幻灯片的切换效果为"揭开""从右下部"方向,切换声音为"鼓掌",持续时间为1.5秒,自动换片时间为3秒;放映幻灯片并观察切换效果。

具体操作步骤如下:

① 选中第一张幻灯片,单击"切换"选项卡,单击"切换到此幻灯片"组右侧的"其他"下拉三角形符号,将展开幻灯片的所有切换效果,这里选择"华丽型"中的"百叶窗"效果,如图 12-1 所示,单击"效果选项"下拉三角形符号,选中"水平",在"计时"组,设置声音为"无声音",换片方式选中"单击鼠标时"复选框,如图 12-2 所示,单击左上方的"预览"按钮即可看到该幻灯片的切换效果。

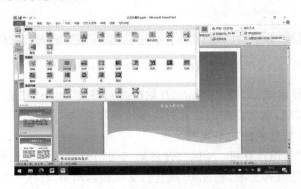

图 12-1 设置幻灯片切换效果

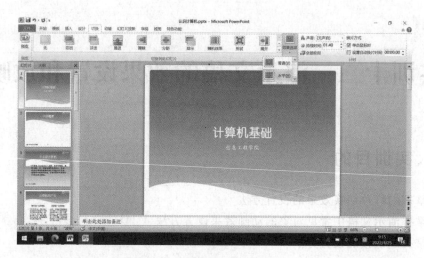

图 12-2　设置幻灯片切换方式

　　② 与上一步操作类似,选中第三张幻灯片,单击"切换"选项卡,单击"切换到此幻灯片"组右侧的"其他"下拉三角形符号,选择"细微型"中的"揭开"效果,单击"效果选项"下拉三角形符号,选中"从右下部",在"计时"组,设置声音为"鼓掌","持续时间"为1.5秒,换片方式选中"设置自动换片时间"复选框,并在"设置自动换片时间"右侧设置3秒,如图12-3所示。

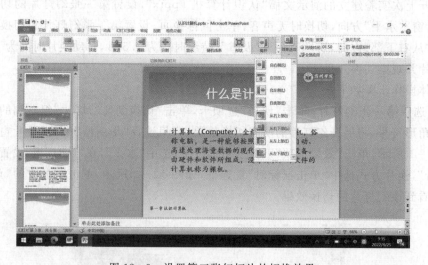

图 12-3　设置第三张幻灯片的切换效果

　　③ 单击"幻灯片放映"选项卡,单击"开始放映幻灯片"组中的"从头开始"按钮,或者按F5键播放演示文稿,观看各张幻灯片的实际放映效果。

　　(2)幻灯片中常见对象的动画效果设置

　　打开演示文稿"认识计算机.pptx",设置第三张幻灯片的标题动画为"随机线条"进入,垂直方向,"按字"引入文本,声音为"风铃",文本内容动画为"飞入",自右侧方向,在标题动画开始后1秒钟自动播放;设置第六张幻灯片的剪贴画动画为"放大/缩小",文本内容动画为"浮入",下浮方向,"按段落"引入文本。

具体操作步骤如下:

① 单击选中第三张幻灯片,选中标题框,单击"动画"选项卡,单击"动画"组右侧的"其他"下拉三角形符号,将展开幻灯片中的所有动画效果,这里选择"进入"中的"随机线条"效果,如图 12-4 所示。

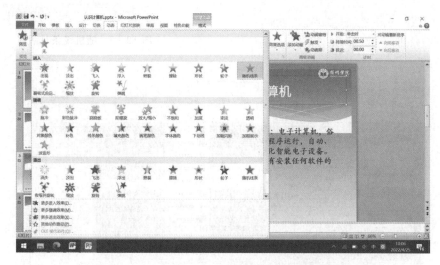

图 12-4　选择动画效果

② 选中标题占位符,单击"高级动画"组中的"动画窗格",当前窗口右侧出现"动画窗格"窗口,在"动画窗格"下方第一个动画处右击鼠标,如图 12-5 所示,在弹出的选项中选择"效果选项",弹出随机线条对话框,如图 12-6 所示,在"方向"下拉框选择"垂直",在"声音"下拉框中选择"风铃","动画文本"下拉框中选择"按字/词",设置完成后单击"确定"按钮,单击左上方的"预览"按钮即可看到该幻灯片中的动画效果。

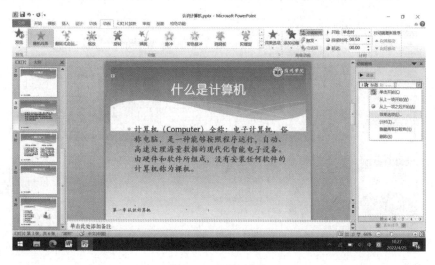

图 12-5　动画窗格

③ 选中文本内容占位符,单击"动画"组中的"飞入"效果,单击"效果选项"下拉三角形符号,在弹出的选项中选择"自右侧",然后设置"计时"组,"开始"下拉列表框中选择"上一动画之后"选项,在"延迟"框输入1秒,如图12-7所示。

图12-6　随机线条对话框

图12-7　设置动画效果

④ 单击第六张幻灯片,选中剪贴画,单击"动画"组右侧的"其他"下拉三角形符号,选择"强调"中的"放大/缩小"效果;选中文本内容占位符,单击"动画"组的"浮入"效果,再单击"效果选项"下拉框,在弹出的选项中方向选择"下浮",序列选择"按段落",如图12-8所示。

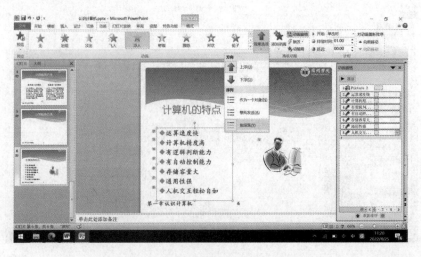

图12-8　设置第六张幻灯片的动画效果

⑤ 单击"幻灯片放映"选项卡,单击"开始放映幻灯片"组中的"从头开始"按钮,或者按 F5 键播放演示文稿,观看各张幻灯片的动画放映效果。

2. 演示文稿的超链接设置

(1)利用"超链接"创建超链接

打开演示文稿"认识计算机.pptx",在第二张标题为"内容概要"的幻灯片内输入后面四张幻灯片的标题,并将输入的文本内容分别链接到相应的幻灯片上,设置第一张幻灯片的"信息工程学院"文字超链接到"https://xgxy.ahszu.edu.cn"。

具体操作步骤如下:

① 单击第二张幻灯片,在文本占位符虚线框内依次输入后面四张幻灯片的标题。

② 选中文本"什么是计算机",单击"插入"选项卡的"链接"组中的"超链接"按钮,或者右击鼠标,在弹出的选项中选择"超链接",将弹出"插入超链接"对话框,单击左边"链接到"列表框中"本文档中的位置"选项,在"请选择文档中的位置"列表框中选择"3. 什么是计算机"选项,如图 12-9 所示。

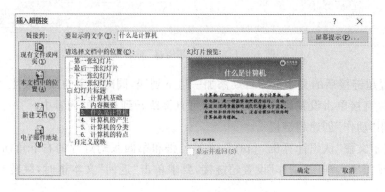

图 12-9 "插入超链接"对话框

③ 单击"确定"按钮,完成该文本的超链接设置,其他三个文本的超链接设置与此类似,这里不再赘述,所有文本设置完超链接后的效果如图 12-10 所示。

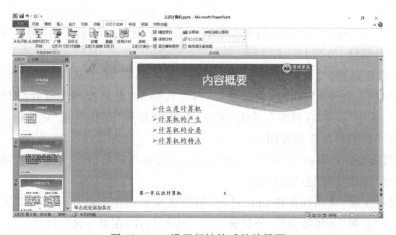

图 12-10 设置超链接后的效果图

④ 单击第一张幻灯片,选中文本"信息工程学院",单击"插入"选项卡的"链接"组中的"超链接"按钮,弹出"插入超链接"对话框,单击左边"链接到"列表框中"原有文件或网页"选项,在"地址"框内输入"https://xgxy.ahszu.edu.cn",如图 12－11 所示,单击"确定"按钮完成设置。

图 12－11　"插入超链接"对话框

⑤ 设置超链接后的文字下面自动添加一道下划线,同时文字的颜色发生了变化。播放幻灯片时,直接单击设置超链接的文字即可直接跳转到相应的内容中。

(2)使用"动作"创建超链接

打开演示文稿"认识计算机.pptx",在第三张和第四张幻灯片的右下角插入文本框,并输入"返回"二字,利用"动作"设置超链接,要求单击"返回"文本框时,跳转到第二张幻灯片。

具体操作步骤如下:

① 单击第三张幻灯片,再单击"插入"选项卡的"文本"组中的"文本框"下拉三角形符号,选择"横排文本框",在幻灯片右下角拖拽鼠标形成一个矩形文本框,然后输入文字"返回"。

② 单击选中"返回"文本框,再单击"插入"选项卡的"链接"组中的"动作"按钮,弹出"动作设置"对话框,如图 12－12 所示。

③ 在"动作设置"对话框中选择"单击鼠标"选项卡,在"单击鼠标时的动作"选项组内选择"超链接到",在下拉列表框中选择"幻灯片",弹出"超链接到幻灯片"对话框,如图12－13所示,选中"2.内容概要",单击"确定"按钮,返回到"动作设置"对话框,再单击"确定"按钮,返回到幻灯片普通视图。

④ 第四张幻灯片中的"返回"文本框的超链接设置与此类似,这里不再赘述。

(3)利用"动作按钮"创建超链接

打开演示文稿"认识计算机.pptx",在第五张和第六张幻灯片右下角添加"返回"动作按钮,单击"返回"动作按钮时,能跳转到第二张幻灯片;在第一张幻灯片右下角添加"声音"动作按钮,鼠标移过时播放"Music.wav"文件。

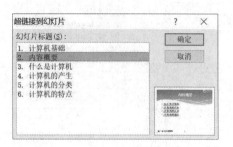

图 12-12 "动作设置"对话框   图 12-13 "超链接到幻灯片"对话框

具体操作步骤如下:

① 单击第五张幻灯片,单击"插入"选项卡的"插图"组中的"形状"下拉三角形符号,展开包含的各类形状,如图 12-14 所示,这里选择最下方的"动作按钮"类别的第一个按钮"动作按钮:后退或前一项",在幻灯片右下角拖拽鼠标产生一个动作按钮,弹出"动作设置"对话框。

图 12-14 插入"动作按钮"

② 在"动作设置"对话框中选择"单击鼠标"选项卡,在"单击鼠标时的动作"选项组内选择"超链接到",在下拉列表框中选择"幻灯片",弹出"超链接到幻灯片"对话框,如图 12-13 所示,选中"2. 内容概要",单击"确定"按钮,返回到"动作设置"对话框,再单击"确定"按钮,返回到幻灯片普通视图。

③ 第六张幻灯片中的动作按钮设置与第五张类似,这里不再赘述。

④ 与第一步类似,在第一张幻灯片右下角插入"动作按钮:声音",在"动作设置"对话框中选择"鼠标移过"选项卡,选中"播放声音",如图 12-15 所示,在下拉列表框中选择

"其他声音",弹出"添加音频"对话框,如图 12-16 所示,选中"Music. wav",单击"确定"按钮,返回到"动作设置"对话框,再单击"确定"按钮,返回到幻灯片普通视图。

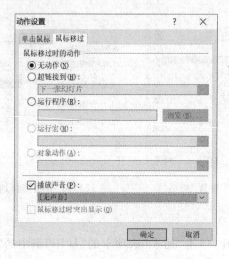

图 12-15　"动作设置"对话框

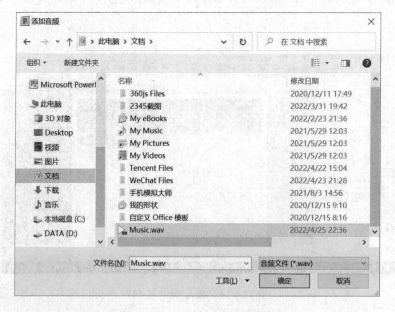

图 12-16　"添加音频"对话框

3. 演示文稿的放映设置

(1)设置幻灯片放映方式

打开演示文稿"认识计算机.pptx",设置幻灯片放映类型为"演讲者放映(全屏幕)",循环放映,第五张幻灯片不放映。

具体操作步骤如下:

① 单击"幻灯片放映"选项卡的"设置"组中的"设置幻灯片放映"按钮,弹出"设置放

映方式"对话框,"放映类型"选择"演讲者放映(全屏幕)","放映选项"选中"循环放映,按 ESC 键终止",如图 12－17 所示;

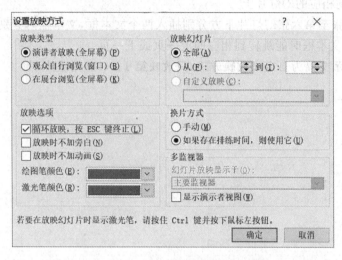

图 12－17 "设置放映方式"对话框

② 选中第五张幻灯片,单击"幻灯片放映"选项卡的"设置"组中的"隐藏幻灯片"按钮,或者在幻灯片缩略图上右击鼠标,在弹出的快捷菜单中选择"隐藏幻灯片"命令,选中的幻灯片将设置为隐藏状态,放映时不再显示。

(2)观看幻灯片放映

将制作完成的演示文稿"认识计算机.pptx"在本机进行放映,在幻灯片放映时,在幻灯片中进行标注。

具体操作步骤如下:

① 单击"幻灯片放映"选项卡,单击"开始放映幻灯片"组中的"从头开始"按钮,或者按 F5 键播放演示文稿。

② 放映时,屏幕的左下角会出现"幻灯片放映"工具栏,单击 按钮,如图 12－18 所示,用鼠标选择使用的笔和墨迹颜色,即可在幻灯片中进行标注。

图 12－18 "幻灯片放映"工具栏

三、实训练习

打开上次创建的演示文稿"自我介绍.pptx",制作要求如下:

1. 设置第一张幻灯片的切换效果为"棋盘","自顶部",声音为"鼓掌",持续时间为 1.5 秒,单击鼠标换页;设置第二张幻灯片的切换效果为"百叶窗","垂直"方向,切换时无声音,设置自动换片时间为 2 秒

2. 设置第三张幻灯片的标题文字动画效果为"进入"的"盒状",形状为"菱形",持续时间 2 秒,内容文本动画效果设置为"陀螺旋",数量为"旋转两周","上一动画之后"延迟 1 秒出现

3. 在第一张幻灯片后插入一张新的"标题和内容"版式幻灯片,其中,标题占位符内输入文字"具体如下:",文本占位符内分别输入后面几张幻灯片的标题文字并且将输入的文字分别链接到相应的幻灯片上

4. 在第二张至第六张幻灯片下方分别插入两个文本框,文本框内分别输入"上一页""下一页",单击文本框时能跳转到相应的上一页或下一页

5. 设置演示文稿为自定义放映方式,只放映第 1、2、3、5 张幻灯片

实训十三　浏览器的使用

一、实训目的

1. 熟悉浏览器的基本设置
2. 掌握浏览器的使用方法
3. 掌握信息检索的方法和技巧

二、实训内容和步骤

1. IE 浏览器的启动与关闭

具体操作步骤如下：

（1）启动 IE 浏览器

启动 IE 最常用的方法是双击桌面上的"Internet Explorer"图标，或者在"开始"处单击左键→"程序"→单击"Internet Explorer"；双击相应的图标 ，也可以快速启动 IE 浏览器。启动 IE 浏览器时，对于拨号用户，如果没有拨号，会启动拨号程序。当启动 IE 程序后，屏幕上将显示出 IE 浏览器的浏览窗口，如果设置的有默认链接网页会在浏览窗口中显示一个 Web 页。

（2）工具栏的使用

① 打开任意一个网站进行浏览，进入下一级的网页进行浏览。

② 单击工具栏中的"停止""刷新""主页""后退"等按钮，观察操作结果，它们的功能依次是：

后退：回到最近一次浏览过的网页。

前进：前进到最后一次后退之前的网页。

停止：停止载入当前正在下载的网页。

刷新：重新载入当前正在浏览的网页以保证该网页最新。

主页：显示主页。

③ 单击工具栏中的"搜索""收藏""媒体""历史"等按钮，分析其功能。

（3）地址栏的使用

① 在 Internet Explorer 的地址栏内输入"https：//www. ahszu. edu. cn/"即可查看链接网页的相关内容。通过点击设置了超级链接的文本或按钮就可以弹出新的窗口或内容来供我们查阅。

② 在"Internet 选项"中清除历史记录，再查看地址栏的内容。

2. 浏览网页操作

使用"搜索栏""收藏夹""历史记录"三种形式对浏览的网页进行操作。

具体操作步骤如下：

（1）使用搜索栏

① 单击工具栏中的"搜索"按钮，浏览器窗口左边出现搜索栏；

② 使用搜索栏搜索"宿州学院"的官网，打开该网站，查找官网中的有关"机构设置"和"教育教学"的内容。

（2）使用收藏夹

① 将"宿州学院"和"信息工程学院"的网页添加到收藏夹中，其中"宿州学院"的网页设置允许脱机使用。

② 整理收藏夹，新建文件夹"我的大学"，将"宿州学院"网站移至"我的大学"文件夹中，并将其他的网页删除。

（3）使用历史记录栏

① 单击浏览器右上角"查看"图标，浏览器窗口右边出现"收藏夹""源""历史记录"栏。

② 单击"历史记录"栏中"今天"链接，观察访问的历史记录，如图 13-1 所示。

图 13-1　"历史记录"栏使用界面

3. 互联网信息的检索

（1）使用搜索引擎

① 从"IE"浏览器中找到搜索引擎（Internet 上执行信息搜索的专门站点，如百度、搜狐等）。

② 在"搜索框"中输入要查找信息的关键字，设定搜索条件。

（2）搜索方式

① 分类检索：单击有关目录，再单击有关的子目录。

② 关键词检索：在"搜索框"中输入信息的关键字，设定搜索条件。

③ 逻辑操作符:

AND(或＋、空格、& 等):搜索键入的所有的单词

OR:搜索键入单词其中的一个单词

NOT(或一):搜索内容不含某--单词

4. 信息保存

(1)保存网页

① 在地址栏中输入"www. sina. com",打开新浪主页。

② 点击"文件"菜单中的"另存为"命令,在"另存为"对话框中设定保存位置和文件名称,点击"保存"按钮即可保存为 web 页面。

③ 双击打开该文件后自动启动 IE 浏览器阅览内部信息。

(2)保存音频文件

① 在地址栏中输入"www. baidu. com",打开百度主页。

② 找到音频文件的列表,单击音频文件名称显示其 url。

③ 在链接上点右键,菜单中点击"目标另存为"命令,即可将音频文件保存至本地磁盘中。

(3)保存图像

① 打开百度主页并点击"图片"链接。

② 输入关键字后点击查询到的图片预览图显示出原始图像文件。

③ 在图像文件上点右键,点击菜单中的"图片另存为"命令,即可将图像文件保存至本地磁盘中。

三、实训练习

1. Internet 的基本设置

操作提示:

(1)选择"工具"→"Internet 选项"命令,在弹出对话框的"常规"选项卡下将"http://www. hao123. com"设为主页,如图 13 - 2 所示。

(2)选择"工具"→"Internet 选项"命令,在弹出对话框的"常规"选项卡下设置网页保存的历史记录中的天数为 10 天,删除自己今天浏览的历史记录。

(3)选择"工具"→"Internet 选项"命令,在弹出对话框的"常规"选项卡下单击"颜色"按钮,设置 IE 访问过的链接为"蓝色",未访问过的链接为"红色"。

图 13 - 2　"Internet 选项"界面

(4)选择"工具"→"Internet 选项"命令,在弹出对话框的"常规"选项卡下分别单击"字体""语言""辅助功能"按钮,观察相应的变化。

(5)选择"工具"→"Internet 选项"命令,在弹出对话框中选择"安全"选项卡,设置

"Internet 区域"安全级别为"中"。

（6）选择"工具"→"Internet 选项"命令，在弹出对话框中选择"高级"选项卡，设置浏览网页时，多媒体信息为不播放网页中的动画、显示图片。

（7）选择"工具"→"Internet 选项"命令，在弹出对话框中选择"高级"选项卡，设置 IE 的安全内容，将"http://www.sina.com.cn"及"http://www.163.com"列入受信任的站点。

（8）选择"工具"→"Internet 选项"命令，在弹出对话框中选择"高级"选项卡，设置 Internet Explorer 的 Internet 安全内容：禁止运行 Java 小程序；用户验证时，采用"匿名登录"。

2. 练习用"地址栏""后退""前进"钮或"地址栏"右侧的下拉钮、"收藏夹""历史记录"进行网上漫游

3. 搜索并下载查看需要的信息

（1）在 D 盘新建一个文件夹，以自己的名字取名文件夹，并在里面建立一个 WORD 文档取名为"信息保存"。

（2）打开 IE 浏览器，查看当前的主页是什么，并把主页地址复制粘贴到"信息保存"里面。

（3）在网上搜索一篇有关"社会主义核心价值观"的文章，并用"核心价值观．htm"名字保存在 D 盘根目录中自己姓名的子目录中。

（4）在网上找一张自己喜欢的搞笑图片，再将其保存到自己姓名的子目录中（命名为"搞笑图片哦"）。

（5）在 IE 浏览器收藏夹中建立"音乐""视频""软件""购物网"4 个文件夹，并在每个文件夹下收藏对应内容的网站地址，要求每个类别 3 个网址。

（6）搜索打开"宿州学院"的网页，并将整个网页用文件名"宿州学院"、类型为"网页，仅 HTML"保存到自己姓名的子目录中，然后退出网络，观察它们有何不同，再打开看看，又有何不同？

实训十四 电子邮件的收发

一、实训目的

1. 掌握在 Internet 上申请免费的电子邮箱
2. 掌握免费电子邮箱的使用
3. 熟练编辑、发送和接收邮件的操作

二、实训内容和步骤

1. 申请免费电子邮箱

具体操作步骤如下：

① 打开浏览器，登陆 https://www.126.com，进入邮箱注册、登录界面如图 14-1 所示。

② 点击"注册网易邮箱"按钮，填写相关信息，申请新邮箱，如图 14-2 所示。

③ 邮箱注册申请完成后，显示"注册成功"，进入邮箱界面，如图 14-3 所示。

图 14-1 网易邮箱登录界面

图 14-2　网易邮箱注册界面

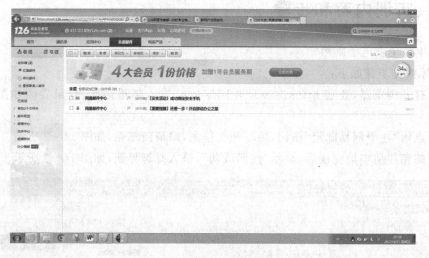

图 14-3　网易邮箱使用界面

2. 免费电子邮箱的使用

(1)电子邮件的主要组成

收件箱:存储接收到的邮件,并列出包含的邮件总数、新邮件数及总容量。

发件箱:存储发送过的邮件,并列出包含的邮件总数及总容量。

草稿箱:可浏览保存于"草稿箱"内的邮件,并可以进行删除、发送、移动。

垃圾箱:存储从其他文件夹删除的邮件,如果按清空键,垃圾箱中的邮件则为永久性删除。

(2)电子邮件地址的组成

Internet 电子邮件地址由三部分组成:用户名＋@＋E-Mail 所在邮件服务器的名称。

电子邮件地址的格式:用户名@邮件服务器域名。

例如：wangying7744@163.com、88090387@qq.com。

（3）电子邮件的格式

电子邮件的格式大体可分为三种：邮件头、邮件体和附件。

（4）发邮件的方法

① 点击左上"写信"图标，页面将跳转到发邮件的页面，如图14-4所示。

② 输入收件人地址、主题和邮件内容点击"发送"。

③ 信件已经发送，点"返回"按钮即回到主页。

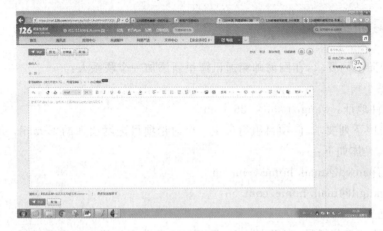

图14-4　网易邮箱写信界面

（5）收邮件

主要是附件的保存、回复、拒收。

3. 管理使用通讯录

具体操作步骤如下：

① 登录126邮箱，点击上方"通讯录"标签即可进入通讯录页面，如暂无联系人，可通过"邮箱账号"或者"从文件导入"方式添加联系人信息，如图14-5所示。

图14-5　邮箱通讯录界面

②　进入通讯录后，点击任意一个"邮件地址"，即可查看此联系人详细信息；点击"编辑"，可编辑该联系人的详细资料，如图14-6所示。

③　写信时，点击右侧"通讯录"标签下的联系人，即可自动添加到收件人地址栏中，无须手动输入。

④　选择联系人时，如果点击"分组名旁边的数字"，可将该组的所有成员一起添加到收件人地址栏中，快速进行群发。

图14-6　编辑联系人资料

三、实训练习

1. 请按照下列要求，在网易邮箱通讯簿里新添加一个联系人：

姓名：王小雨

电子邮件地址：wanglaoshi@126.com

2. 请按照下列要求，向项目组组员发一个讨论项目进度通知的 E-mail，并抄送部门经理汪某某，具体如下：

收件人：panwd@mail.home.com.cn

抄送：wangjl@mail.home.com.cn

主题：通知

邮件内容："各位组员：定于本月 10 日 14:00 在公司会议室召开项目讨论会，请全体出席"

3. 请按照下列要求，利用网易邮箱新建邮件，最后将该邮件保存到草稿中，收件人邮箱地址为：animals@163.com

邮件主题：问题解答

邮件内容：参考教科书

4. 请按照下列要求，利用网易邮箱同时给多人发邮件：

收件人邮箱地址：

zhangsan@163.com

lizhao@126.com

liming@yahoo.com

wangli@163.com

主题：计算机应用基础知识

并将自己本节实验内容整理成 Word 文档，以附件的形式发送出去

5. 请按照下列要求，利用网易邮箱通讯录创建一个工作小组，名称为"考试"，并将下面 3 个成员添加到工作小组：

需要添加的小组成员地址为：a@163.com（小红）、b@163.com（小黄）和 c@sina.com（小小），并给该小组发送邮件：

邮件主题：通知

邮件内容：请于本周日下午在会议室开会

实训十五　杀毒软件的使用

一、实训目的

1. 掌握 360 杀毒软件的使用
2. 掌握 360 安全卫士的使用

二、实训内容和步骤

1.360 杀毒软件的使用

具体操作步骤如下：

（1）安装

要安装 360 杀毒，可通过 360 杀毒官方网站 https://sd.360.cn 下载最新版本的 360 杀毒软件。

① 下载完成后，运行下载的安装程序，点击"下一步"，阅读许可协议，并点击"我接受"，然后单击"下一步"，如果不同意许可协议，点击"取消"退出安装。

② 可以选择将 360 杀毒安装到哪个目录下，建议按照默认设置即可。也可以点击"浏览"按钮选择安装目录，然后单击"下一步"。

③ 在出现的窗口中，输入想在开始菜单显示的程序组名称，然后点击"安装"，安装程序开始复制文件。

④ 文件复制完成后，会显示安装完成窗口。点击"完成"，360 杀毒软件就已经成功安装到计算机上了。

（2）卸载

① 从 Windows 开始菜单中，点击"开始→程序→360 杀毒"，点击"卸载 360 杀毒"菜单项。

② 360 杀毒询问是否要卸载程序，点击"是"开始进行卸载。卸载程序会开始删除程序文件。在卸载过程中，卸载程序会询问是否删除文件恢复区中的文件。如果是准备重装 360 杀毒，建议选择"否"保留文件恢复区中的文件，否则选择"是"删除文件。

③ 卸载完成后，360 会提示重启系统，可根据使用情况选择是否立即重启。

（3）病毒查杀

360 杀毒具有实时病毒防护和手动扫描功能。实时防护功能在文件被访问时对文件进行扫描，及时拦截活动的病毒。在发现病毒时会通过提示窗口警告。

360 杀毒提供了四种手动病毒扫描方式：快速扫描、全盘扫描、自定义扫描及右键扫描,360 的运行界面如图 15-1 所示。

图 15-1　360 运行界面

快速扫描:扫描 Windows 系统目录及 Program Files 目录。

全盘扫描:扫描所有磁盘。

自定义扫描:扫描用户指定的目录。

右键扫描:集成到右键菜单中,当用户在文件或文件夹上点击鼠标右键时,可以选择"使用 360 杀毒扫描"对选中文件进行扫描,如图 15-2 所示。

图 15-2　360 杀毒右键扫描

前三种扫描都已经在 360 杀毒主界面中作为快捷任务列出,只需点击相关任务就可以开始扫描。启动扫描之后,会显示扫描进度窗口。在这个窗口中,用户可以看到正在扫描的文件、总体进度以及发现问题的文件。

(4)升级

360 杀毒具有自动升级功能。开启自动升级功能,360 杀毒会在有升级可用时自动下载并安装升级文件。自动升级完成后会通过气泡窗口提示用户。

如果手动进行升级,在 360 杀毒主界面点击"升级"标签,进入升级界面,并点击"检查更新"按钮。升级程序会连接服务器检查是否有可用更新,如果有的话就会下载并安装升级文件。

2.360 安全卫士的使用

360 安全卫士作为业界领先的安全杀毒产品,可精准查杀各类木马病毒,始终致力于守护用户的电脑安全。

(1)安全卫士 13.0 安装使用

① 安装 360 安全卫士,通过 360 安全卫士官方网站 https:// weishi.360.cn 下载最新版本的 360 安全卫士。目前安全卫士最新版本已更新至安全卫士 13.0,有别于传统安全软件,依托 360 安全大脑的大数据、人工智能、云计算、IoT 智能感知、区块链等新技术,安全卫士 13.0 变得更加聪明,不仅可以智能识别多种攻击场景,而且显著提升了病毒查杀、系统修复、优化加速和电脑清理等功能的检测和处理能力。

② 双击桌面上已经安装的 360 安全卫士图标,首次运行 360 安全卫士,会进行第一次系统全面检测;"电脑体验、安全防护、木马查杀、反勒索服务、电脑清理、优化加速、软件管家、游戏管家"等多款功能,解决电脑问题和保护系统安全,进而提升电脑使用效率。

(2)安全卫士 13.0 具体功能操作

① 电脑体验:全面检测电脑状态,一键修复安全风险,运行界面如图 15-3 所示。

全面检查电脑状况:从垃圾清理、电脑运行速度、系统异常、电脑安全风险多维度扫描电脑,快速评定电脑系统状况。

一键修复电脑安全风险:只需一键修复,轻松解决电脑安全风险,定期体检可以有效保持电脑良好运行状态。

图 15-3　360"电脑体检"运行界面

② 安全防护:五大安全防护体系,全面守护电脑安全,运行界面如图 15-4 所示。

38 层防护壁垒,打造坚实防御体系:38 层防护壁垒层层加码,第一时间感知威胁态势,形成全方位、全天候的网络空间防御体系。

主动防御全面升级,高级威胁防护体系上线:依托 360 安全大脑极智赋能,360 安全卫士主动防御持续升级,通过云端信息比对侦测、多维分析模型等手段,打造集"高级攻击发现、横向渗透防护、无文件攻击防护、软件劫持防护"于一体的全方位高级威胁防护壁垒。

图 15-4　360"安全防护中心"运行界面

③ 木马查杀：全新引擎技术革新，毫秒响应精准查杀，运行界面如图 15-5 所示。

全新升级六大安全引擎：360 云查杀引擎、360 启发式引擎、QEX 脚本查杀引擎、QVMⅡ人工智能引擎、小红伞本地引擎、反勒索引擎，接入 360 安全大脑全面提升检测能力，恶意程序样本库总样本量超 200 亿，对感染病毒或木马的文件进行精准修复，完全还原感染之前的状态，使系统运行更流畅，为您提供坚定的安全守护。

全网威胁极速响应：百万种病毒云端识别，实时更新病毒库，新型病毒毫秒级响应，一站式解决木马威胁。可通过 APT 样本特征、环境特征等精准定位和处理几十种 APT 攻击。

图 15-5　360"木马查杀"运行界面

④ 反勒索服务：一键开启文档保护，全面监控勒索病毒，运行界面如图 15-6 所示。

强大预警机制，保护文档安全：强力拦截 800 余种勒索病毒，有效阻止勒索病毒入侵，保护您的电脑文件安全。

专业反勒索，火力全开恢复文件：如开启反勒索服务后，遭遇勒索病毒入侵，360 安全卫士将帮您解密文件，同时为被勒索的文件买单。

⑤ 电脑清理：革命性创新技术，释放磁盘空间，运行界面如图 15-7 所示。

一键清理垃圾，电脑运转如飞：基于 360 安全大脑以及多年系统优化、故障修复经验，内置全部 360 原创系统优化和故障修复工具。针对操作系统日常使用中的常见故障，提供快速、有效的修复工具。

图 15-6 360"反勒索服务"运行界面

强力清除软件残留,节约磁盘空间:检测恶意、捆绑及不常用软件,一键卸载并清除软件残留,优化电脑使用体验。

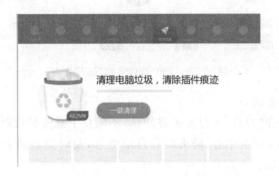

图 15-7 360"电脑清理"运行界面

⑥ 优化加速:一键加速,让电脑快如闪电,运行界面如图 15-8 所示。

多重功能,全方位加速电脑:6 大加速能力,全方位管理开机启动项、运行中的软件、网络服务和系统服务、右键插件及自启动图标插件等,实时防护,提高电脑运行速度。

智能算法,科学管理电脑进程:服务千万级用户,创新性使用智能算法体系,更加科学地反映电脑的实时状态,打造极致的用户体验,帮助用户更好管理电脑,提升系统性能。

图 15-8 360"优化加速"运行界面

⑦ 软件管家：提供软件下载、卸载以及软件净化等功能，运行界面如图 15 - 9 所示。

软件下载：提供 7800 余款正版软件，极速安全下载。

软件卸载：智能识别，一键卸载，拒绝残留。

软件净化：净化六大软件行为，管理十一项软件权限。

图 15 - 9　360"软件管家"运行界面

3. 360 安全专家建议

① 养成良好的上网习惯，不打开不良网站，不随意下载安装可疑插件。

② 开启 Windows 安全中心、防火墙和自动更新，及时安装最新系统补丁，避免病毒通过系统漏洞入侵电脑。

③ 安装 360 安全卫士升级到最新版本，定期对电脑进行"安全体检"。

④ 定时设置系统还原点和备份重要文件，并把网银、网游、QQ 等重要软件加入 360 保险箱中，这样就可以防止病毒窃取自己的游戏账号、密码等私人资料。

三、实训练习

1. 为了清除小龙计算机中的病毒，你能为他的计算机安装 360 杀毒软件吗？安装完杀毒软件后，请对电脑进行一次扫描，检查电脑的基本情况，并记录下来

操作提示：打开 360 杀毒官网，下载、安装 360 杀毒，安装完成后自动弹出 360 杀毒界面

2. 打开 360 杀毒软件，更新病毒库，并为计算机进行一次扫描，处理相关问题，详细记录下计算机当前的状况

操作提示：打开 360 杀毒软件，先检查更新，如果病毒库是最新状态，就直接关闭对话框，如果需要更新，就按提示操作

3. 使用 360 安全卫士完成木马检测，清除恶评及系统插件，修复系统漏洞，清除使用痕迹，使用病毒专杀工具，使用恶评插件专杀工具

操作提示：在计算机上安装 360 安全卫士

① 立即清理:选中要清除的插件,单击此按钮,执行立即清除

② 信任选中插件:选中您信任的插件,单击此按钮,添加到"信任插件"中

③ 重新扫描:单击此按钮,将重新扫描系统,检查插件情况

4. 使用 360 清理注册表垃圾

操作提示:

① 打开 360 安全卫士,点击"电脑清理"进入电脑清理界面

② 鼠标放在"单项清理"选项上,右侧出现"清理注册表"选项

③ 点击"清理注册表",开始清理

④ 扫描完成后,点击"一键清理"即可清理注册表

5. 假如小明在使用软件或者玩游戏的过程中会出 dll 文件丢失或者错误的系统提示,如何进行修复呢

操作提示:

① 在 360 卫士界面上找到"人工服务"按钮,点击进入相关界面

② 在"人工服务"界面中找到"缺少 ＊＊.dll 文件",点击进入相关界面

③ 在搜索框搜索系统提示的 dll 名称,然后点击"查找方案"找到相关解决方法

④ 按照搜索出来的方案进行 dll 的修复

第二部分

强化训练

习题一 计算机概述

一、单项选择题

1. CAI 是( )的英文缩写。

A. 计算机辅助教学　　　　　　　B. 计算机辅助设计

C. 计算机辅助制造　　　　　　　D. 计算机辅助管理

2. 把计算机分为巨型机、大中型机、小型机和微型机,本质上是按( )来区分的。

A. 计算机的体积　　　　　　　　B. CPU 的集成度

C. 计算机综合性能指标　　　　　D. 计算机的存储容量

3. 把微机中的信息传送到 U 盘上,称为( )。

A. 拷贝　　　　　B. 写盘　　　　　C. 读盘　　　　　D. 输出

4. 把硬盘上的数据传送到内存中的过程称为( )。

A. 打印　　　　　B. 写盘　　　　　C. 输出　　　　　D. 读盘

5. 办公自动化(OA)是计算机的一项应用,按计算机应用分类,它属于( )。

A. 数据处理　　　B. 科学计算　　　C. 实时控制　　　D. 辅助设计

6. 从第一台计算机诞生到现在的 50 多年中,计算机的发展经历了( )个阶段。

A. 3　　　　　　　B. 4　　　　　　　C. 5　　　　　　　D. 6

7. 大写字母锁定键是( ),主要用于连续输入若干个大写字母。

A. Shift　　　　　B. Ctrl　　　　　C. Alt　　　　　D. Caps Lock

8. 当利用键盘右边的小键盘区输入数字时,应将( )键锁定在数字状态,否则这个区域的数字键将担负编辑键的功能。

A. Tab　　　　　B. Scroll Lock　　C. Num Lock　　D. Caps Lock

9. 当某个应用程序不再响应用户的操作时,按( )键,弹出"关闭程序"对话框。

A. Ctrl＋Alt＋Del　　　　　　　B. Ctrl＋Shift＋Del

C. Ctrl＋Shift＋Tab　　　　　　D. Ctrl＋Del

10. 到目前为止,计算机的发展已经经历了( )代。

A. 3　　　　　　　B. 4　　　　　　　C. 5　　　　　　　D. 6

11. 电子计算机与过去的计算工具相比,所具有的特点有( )。

A. 具有记忆功能,能够储存大量信息,可方便用户检索和查询

B. 能够按照程序自动进行运算,完全可以取代人的脑力劳动

C. 具有逻辑判断能力,所以说计算机已经具有人脑的全部智能

D. 以上说法都对

12. 对磁盘格式化,需要打开( )。

A. 我的电脑 　　　B. 附件 　　　　C. 控制面板 　　　D. 我的公文包

13. 对新盘进行格式化时,可以选择( )。

A. 仅复制系统文件

B. 快速格式化时选择"复制系统文件"

C. 快速(消除)格式化

D. 全面格式化

14. 格式化软盘,即( )。

A. 删除软盘上原信息,在盘上建立一种系统能识别的格式

B. 可删除原有信息,也可不删除

C. 保留软盘上原有信息,对剩余空间格式化

D. 删除原有部分信息,保留原有部分信息

15. 个人计算机属于( )。

A. 小巨型机 　　　B. 中型机 　　　　C. 小型机 　　　　D. 微机

16. 根据鼠标测量位移部件的类型,可将鼠标分为( )。

A. 机械式和光电式 　　　　　　　B. 机械式和滚轮式

C. 滚轮式和光电式 　　　　　　　D. 手动式和光电式

17. 关于电子计算机的特点,以下论述错误的是( )。

A. 运行过程不能自动、连续进行,需人工干预

B. 运算速度快

C. 运算精度高

D. 具有记忆和逻辑判断能力

18. 国产银河数字式电子计算机属于( )。

A. 中型机 　　　　B. 微型机 　　　　C. 小型机 　　　　D. 巨型机

19. 计算机按原理可分为( )。

A. 科学计算、数据处理和人工智能计算机

B. 电子模拟和电子数字计算机

C. 巨型、大型、中型、小型和微型计算机

D. 便携、台式和微型计算机

20. 计算机从规模上可分为( )。

A. 科学计算、数据处理和人工智能计算机

B. 电子模拟和电子数字计算机

C. 巨型、大型、中型、小型和微型计算机

D. 便携、台式和微型计算机

21. 计算机存储器容量的基本单位是( )。

A. 符号 　　　　　B. 整数 　　　　　C. 位 　　　　　　D. 字节

22. 计算机的发展阶段通常是按计算机所采用的什么来划分的( )?

A. 内存容量 　　　B. 物理器件 　　　C. 程序设计语言 　D. 操作系统

23. 计算机的发展经历了电子管时代、（　　）、集成电路时代和大规模集成电路时代。

　　A. 网络时代　　　　　　　　　　B. 晶体管时代

　　C. 数据处理时代　　　　　　　　D. 过程控制时代

24. 计算机发生死机时若不能接收键盘信息,最好采用（　　）方法重新启动机器。

　　A. 冷启动　　　　B. 热启动　　　　C. 复位启动　　　　D. 断电

25. 计算机发展的方向是巨型化、微型化、网络化、智能化,其中"巨型化"是指（　　）。

　　A. 体积大　　　　　　　　　　　B. 重量重

　　C. 功能更强、运算速度更快、存储容量更大

　　D. 外部设备更多

26. 计算机辅助教学简称（　　）。

　　A. CAD　　　　B. CAM　　　　C. CAI　　　　D. OA

27. 计算机辅助教育的英文缩写是（　　）。

　　A. CAM　　　　B. CAD　　　　C. CAI　　　　D. CAE

28. 计算机辅助设计的英文缩写是（　　）。

　　A. CAPP　　　　B. CAM　　　　C. CAI　　　　D. CAD

29. 计算机辅助制造的简称是（　　）。

　　A. CAD　　　　B. CAM　　　　C. CAE　　　　D. CBE

30. 计算机集成制造系统的英文缩写是（　　）。

　　A. CIMS　　　　B. ERP　　　　C. MRP　　　　D. GIS

31. 计算机具有强大的功能,但它不可能（　　）。

　　A. 高速准确地进行大量数值运算　　B. 高速准确地进行大量逻辑运算

　　C. 对事件做出决策分析　　　　　　D. 取代人类的智力活动

32. 键盘打字过程中,手指停放的基本键位是（　　）。

　　A. QWERTYUIOP　　　　　　　　B. ASDFJKL;

　　C. ZXCVBNM,。/　　　　　　　　D. 键盘上的任意键

33. 键盘上下档切换键是（　　）。

　　A. Shift　　　　B. Ctrl　　　　C. Alt　　　　D. Tab

34. 键盘上 Ctrl 键是控制键,通常它（　　）其他键配合使用。

　　A. 总是与　　　　B. 不需要与　　　　C. 有时与　　　　D. 和 Alt 一起再与

35. 键盘上的（　　）键只击本身就起作用。

　　A. Alt　　　　B. Ctrl　　　　C. Shift　　　　D. Enter

36. 绿色电脑是指（　　）。

　　A. 电脑外壳是绿色的　　　　　　B. 显示的颜色是绿色的

　　C. 主机板是绿色的　　　　　　　D. 电脑具有节能功能

37. 某单位的工资管理软件属于（　　）。

　　A. 工具软件　　　　B. 应用软件　　　　C. 系统软件　　　　D. 编辑软件

38. 某公司的财务管理软件属于(　　)。

A. 工具软件　　　B. 系统软件　　　C. 编辑软件　　　D. 应用软件

39. 某学校的职工人事管理软件属于(　　)。

A. 应用软件　　　B. 系统软件　　　C. 字处理软件　　D. 工具软件

40. 能使小键盘区在编辑功能和光标控制功能之间转换的按键是(　　)。

A. Insert　　　　B. PageUp　　　　C. Caps Lock　　　D. Num Lock

41. 如果对打印质量和速度要求高,一般使用(　　)。

A. 针式打印机　　B. 激光打印机　　C. 喷墨打印机　　D. 以上都不正确

42. 如果给出的文件名是 *.* ,则其含义是(　　)。

A. 硬盘上的全部文件　　　　　　　　B. 当前盘当前文件夹中的全部文件

C. 当前驱动器上的全部文件　　　　　D. 根文件夹中的全部文件

43. 世界上的第一台电子计算机诞生于(　　)。

A. 中国　　　　　B. 日本　　　　　C. 德国　　　　　D. 美国

44. 世界上第一台电子计算机的电子逻辑元件是(　　)。

A. 继电器　　　　B. 晶体管　　　　C. 电子管　　　　D. 集成电路

45. 世界上发明的第一台电子计算机是(　　)。

A. ENIAC　　　　B. EDVAC　　　　C. EDSAC　　　　D. UNIVAC

46. 通常所说的 24 针打印机属于(　　)。

A. 激光打印机　　B. 喷墨打印机　　C. 击打式打印机　D. 热敏打印机

47. 同时按下 Ctrl+Alt+Del 组合键的作用是(　　)。

A. 停止微机工作　　　　　　　　　　B. 使用任务管理器关闭不响应的应用程序

C. 立即热启动微机　　　　　　　　　D. 冷启动微机

48. 微机热启动时,应同时按下的三个键是(　　)。

A. Ctrl+Del+Esc　　　　　　　　　 B. Ctrl+Del+Shift

C. Ctrl+Alt+Esc　　　　　　　　　　D. Ctrl+Alt+Del

49. 未来的计算机与前四代计算机的本质区别是(　　)。

A. 计算机的主要功能从信息处理上升为知识处理

B. 计算机的体积越来越小

C. 计算机的主要功能从文本处理上升为多媒体数据处理

D. 计算机的功能越来越强了

50. 五笔字型码输入法属于(　　)。

A. 音码输入法　　　　　　　　　　　B. 形码输入法

C. 音形结合的输入法　　　　　　　　D. 联想输入法

51. 物理器件采用晶体管的计算机被称为(　　)。

A. 第一代计算机　　　　　　　　　　B. 第二代计算机

C. 第三代计算机　　　　　　　　　　D. 第四代计算机

52. 下列 4 种设备中,属于计算机输入设备的是(　　)。

A. 鼠标　　　　　B. 音箱　　　　　C. 打印机　　　　D. 显示器

53. 下列不是硬盘的性能指标的是( )。

A. 密度　　　　　B. 数据传输率　　　C. 转速　　　　　D. 单碟容量

54. 下列不属于信息基本特性的是( )。

A. 信息的凝缩性　　　　　　　　B. 信息的可共享性

C. 信息的有限性　　　　　　　　D. 信息的扩散性

55. 下列不属于应用软件的是( )。

A. UNIX　　　　　B. QBASIC　　　　C. Excel　　　　D. FoxPro

56. 下列打印机中属于击打式打印机的是( )。

A. 点阵打印机　　　　　　　　　B. 热敏打印机

C. 激光打印机　　　　　　　　　D. 喷墨打印机

57. 下列各项中,属于计算机应用领域的是( )。

A. 科学计算、过程控制、CAI

B. 信息处理、图形处理、CAD、模式识别

C. Office、解压缩、WWW、E-mail

D. A、B、C 都是

58. 下列各因素中,对微机工作影响最小的( )。

A. 温度　　　　　B. 湿度　　　　　C. 磁场　　　　　D. 噪音

59. 下列各组设备中,全部属于输入设备的一组是( )。

A. 键盘、磁盘和打印机　　　　　B. 键盘、扫描仪和鼠标

C. 键盘、鼠标和显示器　　　　　D. 硬盘、打印机和键盘

60. 下列关于"1Kb/s"准确的含义是( )。

A. 1000b/s　　　B. 1000B/s　　　C. 1024b/s　　　D. 1024B/s

61. 下列关于"信息化"的叙述中,错误的是( )。

A. 信息化是当今世界经济和社会发展的大趋势

B. 我国目前的信息化水平已经与发达国家的水平相当

C. 信息化与工业化是密切联系又有本质区别的

D. 各国都把加快信息化建设作为国家的发展战略之一

62. 下列关于计算机的叙述中,不正确的一条是( )。

A. 在微型计算机中,应用最普遍的字符编码是 ASCII 码

B. 计算机病毒就是一种程序

C. 计算机中所有信息的存储采用二进制

D. 混合计算机就是混合各种硬件的计算机

63. 下列关于计算机的叙述中,不正确的一条是( )。

A. 最常用的硬盘就是温切斯特硬盘

B. 计算机病毒是一种新的高科技类型犯罪

C. 8 位二进制位组成一个字节

D. 汉字点阵中,行、列划分越多,字形的质量就越差

64. 下列计算机应用中,不属于数据处理的是( )。

A. 结构力学分析   B. 图书检索

C. 工资管理   D. 人事档案管理

65. 下列计算机应用中,属于计算机辅助教学的是( )。

A. CAM   B. CAD   C. CAT   D. CAI

66. 下列结论正确的是( )。

A. 磁盘是计算机的重要外设,没有磁盘,计算机就不能运行

B. CRT 显示器通常用于便携式微机上

C. 在 360KB 软盘驱动器中,不能读写 1.2MB 的软盘

D. 在 1.2MB 软盘驱动器中,不能读写 360KB 的软盘

67. 下列可选项,都是硬件的是( )。

A. Windows、ROM 和 CPU   B. WPS、RAM 和显示器

C. ROM、RAM 和 Pascal   D. 硬盘、光盘和软盘

68. 下列描述中正确的是( )。

A. 激光打印机是击打式打印机

B. 击打式打印机价格最低

C. 喷墨打印机不可以打印彩色效果

D. 计算机的运算速度可用每秒执行指令的条数来表示

69. 下列哪个不是外设( )。

A. 打印机   B. 中央处理器   C. 读片机   D. 绘图机

70. 下列哪个只能当作输入设备( )。

A. 终端   B. 打印机   C. 读卡机   D. 磁带

71. 下列哪一项不属于鼠标按内部分类结构( )。

A. 机械式鼠标 B. 光机式鼠标 C. Web 鼠标 D. 光电鼠标

72. 下列哪种打印机一次可以打出多个副本( )。

A. 点阵打印 B. 热敏打印机 C. 激光打印机 D. 喷墨打印机

73. 下列说法中正确的是( )。

A. 计算机体积越大,其功能就越强

B. 在微机性能指标中,CPU 的主频越高,其运算速度越快

C. 两个显示器屏幕大小相同,则它们的分辨率必定相同

D. 点阵打印机的针数越多,则能打印的汉字字体越多

74. 下列四项中不属于微型计算机主要性能指标的是( )。

A. 字长   B. 内存容量   C. 重量   D. 时钟脉冲

75. 下面的说法不正确的是( )。

A. 计算机是一种能快速和高效地完成信息处理的数字化电子设备,它能按照人们编写的程序对原始输入数据进行加工处理

B. 计算机能够自动完成信息处理

C. 计算器也是一种小型计算机

D. 虽然说计算机的功能很强大,但是计算机并不是万能的

76. 下面关于喷墨打印机特点的叙述中,错误的是(　　)。

A. 能输出彩色图像,打印效果好　　　B. 打印时噪音不大

C. 需要时可以多层套打　　　　　　　D. 墨水成本高,消耗快

77. 现代集成电路使用的半导体材料通常是(　　)。

A. 铜　　　　　B. 铝　　　　　C. 硅　　　　　D. 碳

78. 现代通用电子数字计算机按其功能可分为(　　)等几种类型。

A. 模拟计算机和数字计算机　　　　　B. 科学计算、数据处理、人工智能

C. 巨型、大型、中型、小型、微型　　　D. 便携、台式、微型

79. 现代通用电子数字计算机其内部使用(　　)数制。

A. 二进制　　　B. 八进制　　　C. 十进制　　　D. 十六进制

80. 现在计算机正朝(　　)方向发展。

A. 专用机　　　B. 微型机　　　C. 小型机　　　D. 通用机

81. 信息处理系统是综合使用信息技术的系统。下面叙述中错误的是(　　)。

A. 信息处理系统从自动化程度来看,有人工的、半自动化和全自动化的

B. 应用领域很广泛,例如银行是一种以感知与识别为主要目的的系统

C. 信息处理系统是用于辅助人们进行信息获取、传递、存储、加工处理及控制的一种系统

D. 从技术手段上来看,有机械的、电子的和光学的;从通用性来看,有专用的和通用的

82. 信息高速公路是指(　　)。

A. 装备有通信设施的高速公路　　　　B. 电子邮政系统

C. 快速专用通道　　　　　　　　　　D. 国家信息基础设施

83. 信息系统是多种多样的,从信息处理的深度进行划分,决策支持系统属于(　　)。

A. 业务信息处理系统　　　　　　　　B. 信息检索系统

C. 信息分析系统　　　　　　　　　　D. 辅助技术系统

84. 选用中文输入法后,可以用(　　)实现全角和半角的切换。

A. 按 Caps Lock 键　　　　　　　　　B. 按 Ctrl+圆点键

C. 按 Shift+空格键　　　　　　　　　D. 按 Ctrl+空格键

85. 要想提高键盘打字的速度,应当学会(　　)。

A. 看着键盘两手击键　　　　　　　　B. 看着键盘单手击键

C. 触觉击键(盲打)　　　　　　　　　D. 按个人的习惯

86. 医疗诊断属于计算机在(　　)方面的应用。

A. 人工智能　　　B. 科学计算　　　C. 信息处理　　　D. 计算机辅助系统

87. 移动通信系统中关于移动台的叙述正确的是(　　)。

A. 移动台是移动的通信终端,它是接收无线信号的接收机,包括手机、呼机、无绳电话等

B. 固定收发机,在移动通信系统可以由其他设备替代

C. 多个移动台相互分割，又彼此有所交叠能形成"蜂窝式移动通信"

D. 在整个移动通信系统中，作用不大，因此可以省略

88. 以微处理器为核心组成的微型计算机属于（　　）计算机。

A. 第一代 　　　　 B. 第二代 　　　　 C. 第三代 　　　　 D. 第四代

89. 以下关于汉字输入法的说法中，错误的是（　　）。

A. 启动或关闭汉字输入法的快捷键是 Ctrl＋Space

B. 在英文及各种汉字输入法之间选择的快捷键是 Ctrl＋Shift

C. 可以为某种汉字输入法设置快捷键

D. 在任务栏的"语言指示器"中可以直接删除某种汉字输入法

90. 用计算机进行情报检索，属于计算机应用中的（　　）。

A. 科学计算 　　　　 B. 人工智能 　　　　 C. 信息处理 　　　　 D. 过程控制

91. 用计算机进行资料检索工作是属于计算机应用中的（　　）。

A. 现代科学计算 　　　　　　　　 B. 数据处理

C. 过程实时控制 　　　　　　　　 D. 人工智能

92. 运行磁盘碎片整理程序可以（　　）。

A. 增加磁盘的存储空间 　　　　　 B. 找回丢失的文件碎片

C. 加快文件的读写速度 　　　　　 D. 整理破碎的磁盘片

93. 在软件方面，第一代计算机主要使用（　　）。

A. 机器语言 　　　　　　　　　　 B. 高级程序设计语言

C. 数据库管理系统 　　　　　　　 D. BASIC 和 FORTRAN

94. 在下列关于信息技术的说法中，错误的是（　　）。

A. 微电子技术是信息技术的基础

B. 计算机技术是现代信息技术的核心

C. 光电子技术是继微电子技术之后近 30 年来迅猛发展的综合性高新技术

D. 信息传输技术主要是指计算机技术和网络技术

95. 在相同的计算机环境中，（　　）处理速度最快。

A. 机器语言 　　　　 B. 汇编语言 　　　　 C. 高级语言 　　　　 D. 面向对象的语言

96. 著名的计算机科学家尼·沃思提出了（　　）。

A. 数据结构＋算法＝程序 　　　　 B. 存储控制结构

C. 信息熵 　　　　　　　　　　　 D. 控制论

97. 最能反映计算机主要功能的说法是（　　）。

A. 计算机可以代替人的劳动 　　　 B. 计算机可以存储大量信息

C. 计算机可以实现高速度的运算 　 D. 计算机是一种信息处理机

二、多项选择题

1. 保护光盘应该做到（　　）。

A. 光盘不能受重压，不能被弯折

B. 不要用手去触摸底面

C. 保持盘片清洁，避免灰尘落到盘片上

D. 光盘可以放在通风、干燥、有阳光或电视的旁边

2. 个人的用机习惯对计算机系统的影响也很大，要养成良好的用机习惯，对于开机关机下面说法正确的是(　　)。

A. 正常开机顺序是先打开外设电源和显示器电源，然后再打开主机电源

B. 正常关机顺序先关闭主机、显示器电源，最后关闭外设电源

C. 正常开机顺序是先打开主机、显示器电源，然后再打开外设电源

D. 正常关机顺序先关闭外设、显示器电源，最后关闭主机电源

E. 不要频繁地做开、关机的动作，否则对硬盘的损坏较大，一般关机后至少 30s 后才能再次开机

F. 计算机工作时，特别是驱动器正在读写数据时，忌强行关机，以免损伤驱动器或盘片

3. 关于世界上第一台电子计算机，哪几个说法是正确的(　　)。

A. 世界上第一台电子计算机诞生于 1946 年

B. 世界上第一台电子计算机是由德国研制的

C. 世界上第一台电子计算机使用的是晶体管逻辑部件

D. 世界上第一台电子计算机的名字叫埃尼阿克(ENIAC)

4. 计算机可分为通用计算机和专用计算机，这是按(　　)进行分类。

A. 功能　　　　B. 工作原理　　　　C. 性能　　　　D. 用途

5. 我国提出建设的"三金"工程是(　　)。

A. 金桥　　　　B. 金税　　　　C. 金卡　　　　D. 金关

习题二　计算机系统

一、单项选择题

1. "32 位微机"中的 32 指的是(　　　)。

A. 存储单位　　　　　B. 内存容量　　　　　C. CPU 型号　　　　　D. 机器字长

2. "冯·诺依曼计算机"的体系结构主要分为(　　　)五大组成。

A. 外部存储器、内部存储器、CPU、显示、打印

B. 输入、输出、运算器、控制器、存储器

C. 输入、输出、控制、存储、外设

D. 都不是

3. "长城 386 微机"中的"386"指的是(　　　)。

A. CPU 的型号　　　B. CPU 的速度　　　C. 内存的容量　　　D. 运算器的速度

4. (　　　)不是微机显示系统使用的显示标准。

A. API　　　　　　B. CGA　　　　　　C. EGA　　　　　　D. VGA

5. (　　　)不是微机硬件系统的主要性能指标。

A. OS 的性能　　　B. 机器的主频　　　C. 内存容量　　　　D. CPU 型号

6. (　　　)不是硬盘驱动器的接口电路。

A. ISA　　　　　　B. PI　　　　　　　C. EISA　　　　　　D. AGP

7. (　　　)不属于计算机的外部存储器。

A. 软盘　　　　　　B. 硬盘　　　　　　C. 内存条　　　　　D. 光盘

8. (　　　)不属于逻辑运算。

A. 非运算　　　　　B. 与运算　　　　　C. 除法运算　　　　D. 或运算

9. (　　　)不属于微机 CPU。

A. 内存　　　　　　B. 运算器　　　　　C. 控制器　　　　　D. 累加器

10. (　　　)不属于微机总线。

A. 地址总线　　　　B. 通信总线　　　　C. 数据总线　　　　D. 控制总线

11. (　　　)合起来叫外部设备。

A. 输入/输出设备和外存储器　　　　　B. 打印机、键盘和显示器

C. 软盘驱动器和打印机　　　　　　　D. 驱动器、打印机、键盘和显示器

12. (　　　)设备分别属于输入设备、输出设备和存储设备。

A. CRT、CPU、ROM　　　　　　　　B. 磁盘、鼠标、键盘

C. 鼠标器、绘图仪、光盘　　　　　　D. 磁带、打印机、激光打印机

13. (　　)是大写字母锁定键,主要用于连续输入若干个大写字母。

A. Tab　　　　　　B. Ctrl　　　　　　C. Alt　　　　　　D. Caps Lock

14. (　　)是控制和管理计算机硬件和软件资源、合理地组织计算机工作流程、方便用户使用的程序集合。

A. 操作系统　　　B. 监控程序　　　C. 应用程序　　　D. 编译系统

15. (　　)是内存储器中的一部分,CPU 对它们只能读取不能存储。

A. RAM　　　　　B. 随机存储器　　C. ROM　　　　　D. 键盘

16. (　　)是上档键,主要用于辅助输入上档字符。

A. Shift　　　　　B. Ctrl　　　　　C. Alt　　　　　D. Tab

17. (　　)是用来存储程序及数据的装置。

A. 控制器　　　　B. 输入设备　　　C. 存储器　　　　D. 输出设备

18. (　　)属于并行接口。

A. LPT1　　　　　B. 键盘接口　　　C. COM1　　　　　D. COM2

19. 16 位的中央处理器是可以处理几个 16 进制的数(　　)?

A. 4　　　　　　　B. 8　　　　　　　C. 16　　　　　　D. 32

20. Cache 的功能是(　　)。

A. 数据处理　　　　　　　　　　　B. 存储数据和指令

C. 存储和执行程序　　　　　　　　D. 以上全不是

21. Cache 中的数据是(　　)中部分内容的映射。

A. 硬盘　　　　　B. 软盘　　　　　C. 外存　　　　　D. 主存

22. CD-ROM 驱动器的主要性能指标是数据的(　　)。

A. 压缩率　　　　B. 读取速率　　　C. 频率　　　　　D. 存储容量

23. CD-ROM 是指(　　)。

A. 只读型光盘　　　　　　　　　　B. 可擦写光盘

C. 一次性可写入光盘　　　　　　　D. 具有磁盘性质的可擦写光盘

24. CGA、EGA、VGA 是(　　)的性能指标。

A. 磁盘存储器　　B. 显示器　　　　C. 总线　　　　　D. 打印机

25. CGEGVGA 是(　　)的性能指标。

A. 打印机　　　　B. 显示器　　　　C. 键盘和鼠标　　D. 绘图仪

26. CPU 包括(　　)。

A. 控制器、运算器和内存储器　　　B. 控制器和运算器

C. 内存储器和控制器　　　　　　　D. 内存储器和运算器

27. CPU 不能直接访问的存储器是(　　)。

A. ROM　　　　　B. RAM　　　　　C. Cache　　　　　D. 外部存储器

28. CPU 的中文含义是(　　)。

A. 主机　　　　　B. 中央处理单元　C. 运算器　　　　D. 控制器

29. CPU 的主要性能指标是(　　)。

A. 价格、字长、内存容量　　　　　B. 价格、字长、可靠性

C. 字长、主频   D. 主频、内存和外存容量

30. CPU 可直接读写(   )中的内容。

A. ROM   B. RAM   C. 硬盘   D. 光盘

31. CPU 每执行一个(   ),就完成一步基本运算或判断。

A. 软件   B. 硬件   C. 指令   D. 语句

32. CPU 主要由运算器和(   )组成。

A. 控制器   B. 存储器   C. 寄存器   D. 编辑器

33. Gb/s 的正确含义是(   )。

A. 每秒兆位   B. 每秒千兆位   C. 每秒百兆位   D. 每秒万兆位

34. IC 卡按卡中所镶嵌的集成电路芯片可分为(   )两大类。

A. 存储器卡和 CPU 卡   B. 存储器卡和接触式 IC 卡

C. CPU 卡和非接触式 IC 卡   D. 接触式 IC 卡和非接触式 IC 卡

35. ISA、EISA、VESA、PCI 是微机中(   )的标准。

A. 显示   B. 主板   C. 总线   D. 存储器

36. LCD 显示器的尺寸是指液晶面板的(   )尺寸。

A. 长度   B. 高度   C. 宽度   D. 对角线

37. PC 机除加电冷启动外,按(   )键相当于冷启动。

A. Ctrl+Break   B. Ctrl+PrtSc   C. RESET 按钮   D. Ctrl+Alt+Del

38. PC 机是指(   )。

A. 微型计算机   B. 电子计算机

C. 通用计算机   D. 个人计算机

39. Pentium 4 处理器中的 Cache 是用 SRAM 组成的,其作用是(   )。

A. 提高数据存取的安全性   B. 扩大主存储器的容量

C. 发挥 CPU 的高速性能   D. 提高 CPU 与外部设备交换数据的速度

40. Pentium Ⅳ 型号的 CPU 的字长是(   )。

A. 8 位   B. 16 位   C. 32 位   D. 64 位

41. Pentium(奔腾)芯片是(   )位的微处理器芯片。

A. 4 位   B. 8 位   C. 16 位   D. 32 位

42. RAM 的特点是(   )。

A. 断电后,存储在其内的数据将会丢失

B. 存储在其内的数据将永久保存

C. 用户只能读出数据,但不能随机写入数据

D. 容量大但存取速度慢

43. ROM 属于(   )。

A. 顺序存储器   B. 只读存储器   C. 磁存储器   D. 随机读写存储器

44. ROM 与 RAM 的主要区别在于(   )。

A. ROM 可以永久保存信息,RAM 在掉电后信息会丢失

B. ROM 掉电后,信息会丢失,RAM 则不会

C. ROM 是内存储器,RAM 是外存储器

D. RAM 是内存储器,ROM 是外存储器

45. SRAM 存储器是(　　)。

A. 静态随机存储器　　　　　　　　　B. 静态只读存储器

C. 动态随机存储器　　　　　　　　　D. 动态只读存储器

46. UPS 是指(　　)。

A. 大功率稳压电源　　　　　　　　　B. 不间断电源

C. 用户处理系统　　　　　　　　　　D. 联合处理系统

47. 不是电脑的输出设备的是(　　)。

A. 显示器　　　　B. 绘图仪　　　　C. 打印机　　　　D. 扫描仪

48. 不是电脑的输入设备的是(　　)。

A. 键盘　　　　　B. 绘图仪　　　　C. 鼠标　　　　　D. 扫描仪

49. 不是计算机的存储设备的是(　　)。

A. 软盘　　　　　B. 硬盘　　　　　C. 光盘　　　　　D. CPU

50. 采用 PCI 的奔腾微机,其中的 PCI 是(　　)。

A. 产品型号　　　　　　　　　　　　B. 总线标准

C. 微机系统名称　　　　　　　　　　D. 微处理器型号

51. 除外存外,微型计算机的存储系统一般指(　　)。

A. ROM　　　　　B. 控制器　　　　C. RAM　　　　　D. 内存

52. 磁盘存储器存、取信息的最基本单位是(　　)。

A. 字节　　　　　B. 字长　　　　　C. 扇区　　　　　D. 磁道

53. 磁盘驱动器属于(　　)设备。

A. 输入　　　　　B. 输出　　　　　C. 输入和输出　　D. 以上均不是

54. 磁盘属性对话框中看不到的信息是(　　)。

A. 文件数　　　　B. 容量　　　　　C. 卷标　　　　　D. 可用空间

55. 存储器的存储容量通常用字节(Byte)来表示,1GB 的含意是(　　)。

A. 1024M　　　　B. 1000K 个 bit　　C. 1024K　　　　D. 1000KB

56. 存储器的容量一般分为 KB、MB、GB 和(　　)来表示。

A. FB　　　　　　B. TB　　　　　　C. YB　　　　　　D. XB

57. 存储器分为内存储器和外存储器两类,(　　)。

A. 它们中的数据均可被 CPU 直接调用

B. 只有外存储器中的数据可被 CPU 调用

C. 它们中的数据均不能被 CPU 直接调用

D. 其中只有内存储器中的数据可被 CPU 直接调用

58. 存储器分为外存储器和(　　)。

A. 内存储器　　　　B. ROM　　　　C. RAM　　　　　D. 硬盘

59. 存储容量可以用 KB 表示,4KB 表示存储单元为(　　)。

A. 4000 个字　　　B. 4000 个字节　　C. 4096 个字　　　D. 4096 个字节

60. 存储容量是按(　　)为基本单位计算。

A. 位　　　　　　B. 字节　　　　　　C. 字符　　　　　　D. 数

61. 存储一个国际码需要(　　)字节。

A. 1　　　　　　B. 2　　　　　　C. 3　　　　　　D. 4

62. 存储在计算机中的静态图像的压缩标准是(　　)。

A. BMP　　　　　B. JPG　　　　　C. MPEG　　　　　D. AVI

63. 打印机是电脑系统的主要输出设备之一,分为(　　)两大系列产品。

A. 喷墨式和非击打式　　　　　　B. 击打式和非击打式

C. 喷墨式和激光式　　　　　　　D. 喷墨式和针式

64. 打印机是一种(　　)。

A. 输入设备　　　B. 输出设备　　　C. 存储器　　　D. 运算器

65. 当系统硬件发生故障或更换硬件设备时,为了避免系统意外崩溃应采用的启动方式为(　　)。

A. 通常模式　　　B. 登录模式　　　C. 安全模式　　　D. 命令提示模式

66. 当显示"Abort,Retry,Ignore,Fail"按下 I 时,则(　　)。

A. 废除当前命令　　　　　　　　B. 忽略错误,继续执行

C. 重新执行该命令　　　　　　　D. 命令失败

67. 第二代电子计算机使用的电子器件是(　　)。

A. 电子管　　　B. 晶体管　　　C. 集成电路　　　D. 超大规模集成电路

68. 第三代电子计算机以(　　)作为基本电子元件。

A. 大规模集成电路　　　　　　　B. 电子管

C. 晶体管　　　　　　　　　　　D. 中小规模集成电路

69. 第四代电子计算机以(　　)作为基本电子元件。

A. 小规模集成电路　　　　　　　B. 中规模集成电路

C. 大规模集成电路　　　　　　　D. 大规模、超大规模集成电路

70. 第一台电子计算机 ENIAC 诞生于(　　)年。

A. 1927　　　　　B. 1936　　　　　C. 1946　　　　　D. 1951

71. 电子计算机的工作原理可概括为(　　)。

A. 程序设计　　　　　　　　　　B. 运算和控制

C. 执行指令　　　　　　　　　　D. 存储程序和程序控制

72. 电子计算机的算术/逻辑单元、控制单元合称为(　　)。

A. CPU　　　　　B. 外设　　　　　C. 主机　　　　　D. 辅助存储器

73. 电子计算机技术发展至今,仍采用(　　)提出的存储程序方式进行工作。

A. 牛顿　　　　　B. 爱因斯坦　　　C. 爱迪生　　　D. 冯·诺依曼

74. 电子计算机可直接执行的指令所包含的两部分是(　　)。

A. 数字和文字　　　　　　　　　B. 操作码和操作对象

C. 数字和运算符号　　　　　　　D. 源操作数和目的操作数

75. 电子计算机与其他计算工具的本质区别是(　　)。

A. 能进行算术运算　　　　　　　　B. 运算速度快

C. 计算精度高　　　　　　　　　　D. 存储并自动执行程序

76. 电子计算机之所以能够快速、自动、准确地按照人们意图进行工作,其最主要的原因是(　　　)。

A. 存储程序　　　　　　　　　　　B. 采用逻辑器件

C. 总线结构　　　　　　　　　　　D. 识别控制代码

77. 电子数字计算机能够自动地按照人们的意图进行工作的最基本的思想是程序存储,这个思想是(　　　)提出来的。

A. 爱因斯坦　　　B. 图灵　　　　C. 冯·诺依曼　　　D. 布尔

78. 读写速度最快的存储器是(　　　)。

A. 光盘　　　　B. 内存储器　　　C. 软盘　　　　D. 硬盘

79. 断电会使存储数据丢失的存储器是(　　　)。

A. RAM　　　　B. 硬盘　　　　　C. 软盘　　　　D. ROM

80. 对补码的叙述,(　　　)不正确。

A. 负数的补码是该数的反码最右加 1　　B. 负数的补码是该数的原码最右加 1

C. 正数的补码就是该数的原码　　　　　D. 正数的补码就是该数的反码

81. 对软件的态度为(　　　)。

A. 可以正确使用盗版软件　　　　　B. 系统软件不需要备份

C. 购买商品软件时要购买正版　　　D. 软件不需要法律保护

82. 冯·诺依曼为现代计算机的结构奠定了基础,他的主要设计思想是(　　　)。

A. 采用电子元件　　B. 数据存储　　C. 虚拟存储　　　D. 程序存储

83. 负责对 I/O 设备的运行进行全程控制的是(　　　)。

A. I/O 接口　　　　　　　　　　　B. CPU

C. I/O 设备控制器　　　　　　　　D. 总线

84. 负责管理计算机的硬件和软件资源,为应用程序开发和运行提供高效率平台的软件是(　　　)。

A. 操作系统　　　　　　　　　　　B. 数据库管理系统

C. 编译系统　　　　　　　　　　　D. 专用软件

85. 高速缓存的英文为(　　　)。

A. CACHE　　　　　B. VRAM　　　C. ROM　　　　　D. RAM

86. 关于高速缓冲存储器 Cache 的描述,不正确的是(　　　)。

A. Cache 是介于 CPU 和内存之间的一种可高速存取信息的芯片

B. Cache 越大,效率越高

C. Cache 用于解决 CPU 和 RAM 之间速度冲突问题

D. 存放在 Cache 中的数据使用时存在命中率的问题

87. 关于基本输入输出系统(BIOS)及 CMOS 存储器,下列说法中错误的是(　　　)。

A. BIOS 存放在 ROM 中,是非易失性的

B. CMOS 中存放着基本输入输出设备的驱动程序及其设置参数

C. BIOS 是 PC 机软件最基础的部分,包含 CMOS 设置程序等

D. CMOS 存储器是易失性的

88. 关于微型计算机的知识叙述正确的是(　　　)。

A. 外存储器中的信息不能直接进入 CPU 进行处理

B. 每次使用软盘前,都要进行格式化

C. 软盘驱动器和软盘属于外部设备

D. 如果将软盘的写保护打开,磁盘上的信息将只能读,不能写

89. 光笔属于(　　　)。

A. 控制设备　　　　　B. 输入设备　　　　　C. 输出设备　　　　　D. 通信设备

90. 光盘刻录机的一项重要性能指标是(　　　)。

A. 抗光性　　　　　B. 光盘尺寸　　　　　C. 刻录速度　　　　　D. 密闭性

91. 光盘驱动器通过激光束来读取光盘上的数据时,光学头与光盘(　　　)。

A. 直接接触　　　　　　　　　B. 不直接接触

C. 播放 VCD 时接触　　　　　D. 有时接触,有时不接触

92. 光驱的倍速越大,(　　　)。

A. 数据传输越快　　　　　　　B. 纠错能力越强

C. 播放 VCD 效果越好　　　　D. 所能读取光盘的容量越大

93. 和外存储器相比,内存储器的特点是(　　　)。

A. 容量大、速度快、成本低　　　　B. 容量大、速度慢、成本高

C. 容量小、速度快、成本高　　　　D. 容量小、速度慢、成本低

94. 微机系统中存储容量最大的部件是(　　　)。

A. 硬盘　　　　　B. 主存储器　　　　　C. 高速缓存器　　　　　D. 软盘

95. 基于冯·诺依曼思想而设计的计算机硬件系统包括(　　　)。

A. 主机、输入设备、输出设备

B. 控制器、运算器、存储器、输入设备、输出设备

C. 主机、存储器、显示器

D. 键盘、显示器、打印机、运算器

96. 集成电路具有体积小、重量轻、可靠性高的特点,其工作速度主要取决于(　　　)。

A. 晶体管的数目　　　　　　　　B. 逻辑门电路的大小

C. 组成逻辑门电路的晶体管的尺寸　　D. 集成电路的质量

97. 集成电路是微电子技术的核心。它的分类标准有很多种,其中通用集成电路和专用集成电路是按照(　　　)来分类的。

A. 集成电路包含的晶体管数目　　　　B. 晶体管结构、电路和工艺

C. 集成电路的功能　　　　　　　　　D. 集成电路的用途

98. 计算机的 CPU 主要由运算器和(　　　)组成。

A. 控制器　　　　　B. 存储器　　　　　C. 寄存器　　　　　D. 编辑器

99. 计算机的 CPU 每执行一个(　　　)就完成一步基本运算或判断。

A. 语句　　　　　B. 指令　　　　　C. 程序　　　　　D. 软件

100. 计算机的内存储器比外存储器(　　)。

A. 更便宜　　　　　　　　　　B. 存储容量更大

C. 存取速度快　　　　　　　　D. 虽贵但能存储更多的信息

101. 计算机的软件系统包括(　　)。

A. 操作系统　　　　　　　　　B. 编译软件和连接程序

C. 各种应用软件包　　　　　　D. 系统软件和应用软件

102. 计算机的软件系统分为(　　)。

A. 程序和数据　　　　　　　　B. 工具软件和测试软件

C. 系统软件和应用软件　　　　D. 系统软件和测试软件

103. 计算机的硬件系统由五大部分组成,其中(　　)是整个计算机的指挥中心。

A. 运算器　　　　B. 控制器　　　　C. 接口电路　　　　D. 系统总线

104. 计算机的指令集合称为(　　)。

A. 机器语言　　　　B. 高级语言　　　　C. 程序　　　　D. 软件

105. 计算机的指令主要存放在(　　)中。

A. 存储器　　　　B. 微处理器　　　　C. CPU　　　　D. 键盘

106. 计算机的主机指的是(　　)。

A. 计算机的主机箱　　　　　　B. CPU 和内存储器

C. 运算器和控制器　　　　　　D. 运算器和输入/输出设备

107. 计算机可分为主机和(　　)两部分。

A. 外设　　　　B. 软件　　　　C. 键盘　　　　D. 显示器

108. 计算机可执行的指令一般都包含(　　)。

A. 数字和文字两部分　　　　　B. 数字和运算符号两部分

C. 操作码和地址码两部分　　　D. 源操作数和目的操作数两部分

109. 计算机内存储器比外存储器更优越,其特点为(　　)。

A. 便宜　　　　　　　　　　　B. 存取速度快

C. 贵且存储信息少　　　　　　D. 存储信息多

110. 计算机软件包括(　　)。

A. 程序和指令　　　　　　　　B. 程序和文档

C. 命令和文档　　　　　　　　D. 算法及数据结构

111. 计算机软件系统的组成是(　　)。

A. 系统软件与网络软件　　　　B. 应用软件与网络软件

C. 操作系统与应用软件　　　　D. 系统软件与应用软件

112. 计算机软件系统一般包括系统软件和(　　)。

A. 字处理软件　　　B. 应用软件　　　C. 管理软件　　　D. 科学计算软件

113. 计算机突然停电,则计算机(　　)中的数据会全部丢失。

A. 硬盘　　　　B. 光盘　　　　C. RAM　　　　D. ROM

114. 计算机图书管理系统中的图书借阅处理,属于(　　)处理系统。

A. 管理层业务　　　B. 操作层业务　　　C. 知识层业务　　　D. 决策层业务

115. 计算机系统的内部总线,主要可以分为(　　)、数据总线和地址总线。

A. DMA 总线　　　　B. 控制总线　　　　C. PCI 总线　　　　D. RS232

116. 计算机系统是由(　　)组成的。

A. 主机及外部设备　　　　　　　　B. 主机键盘显示器和打印机

C. 系统软件和应用软件　　　　　　D. 硬件系统和软件系统

117. 计算机系统中,若总线的数据线宽度为 16 位,总线的工作频率为 133MHZ,每个总线周期传输一次数据,则总线带宽为(　　)。

A. 133MB/s　　　　B. 2128MB/s　　　　C. 266MB/s　　　　D. 16MB/s

118. 计算机系统中的存储器系统是指(　　)。

A. 主存储器　　　B. ROM 存储器　　　C. RAM 存储器　　　D. 主存储器和外存储器

119. 计算机向使用者传递计算处理结果的设备称为(　　)。

A. 输入设备　　　B. 输出设备　　　C. 存储器　　　D. 微处理器

120. 计算机应用中通常所讲的 OA 代表(　　)。

A. 辅助设计　　　B. 辅助制造　　　C. 科学计算　　　D. 办公自动化

121. 计算机应用最广泛的领域是(　　)。

A. 科学计算　　　B. 信息处理　　　C. 过程控制　　　D. 人工智能

122. 计算机应由五个基本部分组成,(　　)不属于这五个基本组成。

A. 运算器　　　　　　　　　　B. 控制器

C. 总线　　　　　　　　　　　D. 存储器、输入设备和输出设备

123. 计算机硬件一般包括(　　)和外部设备。

A. 运算器和控制器　　　　　　B. 存储器

C. 主机　　　　　　　　　　　D. 中央处理器

124. 计算机硬件中,没有(　　)。

A. 控制器　　　　B. 存储器　　　C. 输入/输出设备　　D. 文件夹

125. 计算机正在运行的程序存放在(　　)。

A. ROM　　　　B. RAM　　　　C. 显示器　　　　D. CPU

126. 计算机指令通常由两部分组成,即(　　)和操作数。

A. 原码　　　　B. 机器码　　　C. 操作码　　　D. 内码

127. 计算机中 RAM 因断电而丢失的信息待再通电后(　　)恢复。

A. 能全部　　　B. 不能全部　　　C. 能部分　　　D. 一点不能

128. 计算机中的地址是指(　　)。

A. CPU 中指令编码　　　　　　B. 存储单元的有序编号

C. 软盘的磁道数　　　　　　　D. 数据的二进制编码

129. 计算机中的应用软件是指(　　)。

A. 所有计算机上都应使用的软件　　B. 能被各用户共同使用的软件

C. 专门为某一应用目的而编制的软件　D. 计算机上必须使用的软件

130. 计算机中的运算器能进行(　　)运算。

A. 算术　　　　B. 字符处理　　　C. 逻辑　　　　D. 算术和逻辑

131. 计算机中对数据进行加工与处理的部件,通常称为(　　)。

A. 运算器　　　　B. 控制器　　　　C. 显示器　　　　D. 存储器

132. 计算机中既可作为输入设备又可作为输出设备的是(　　)。

A. 打印机　　　　B. 显示器　　　　C. 鼠标　　　　D. 磁盘

133. 计算机中配置高速缓冲存储器(Cache)是为了解决(　　)。

A. 内存与外存之间速度不匹配问题　　B. 主机与外部设备之间速度不匹配问题

C. CPU 与外存之间速度不匹配问题　　D. CPU 与内存之间速度不匹配问题

134. 计算机中软件与硬件的关系是(　　)。

A. 相互独立　　　　　　　　　　B. 软件离不开硬件

C. 硬件离不开软件　　　　　　　D. 互相支持

135. 计算机中运算器的作用是(　　)。

A. 控制数据的输入/输出　　　　B. 控制主存与辅存间的数据交换

C. 完成各种算术运算和逻辑运算　　D. 协调和指挥整个计算机系统的操作

136. 计算机主要由(　　)、存储器、输入设备和输出设备等部件构成。

A. 硬盘　　　　　B. 软盘　　　　　C. 键盘　　　　　D. CPU

137. 计算机字长取决于(　　)总线的宽度。

A. 数据总线　　　　B. 地址总线　　　　C. 控制总线　　　　D. 通信总线

138. 将一部分软件永恒地存于只读内存中称之为(　　)。

A. 硬件　　　　　B. 软件　　　　　C. 固化　　　　　D. 辅助内存

139. 静态 RAM 的特点是(　　)。

A. 在不断电的条件下,其中的信息保持不变,因而不必定期刷新

B. 在不断电的条件下,其中的信息不能长时间保持,因而必须定期刷新才不致丢失信息

C. 其中的信息只能读不能写

D. 其中的信息断电后也不会丢失

140. 就工作原理而论,世界上不同型号的计算机,一般认为是基于匈牙利籍的科学家冯·诺依曼提出的(　　)原理。

A. 二进制数　　　B. 布尔代数　　　C. 开关电路　　　D. 存储程序

141. 决定微机性能的主要是(　　)。

A. 价格　　　　　B. CPU　　　　　C. 控制器　　　　D. 质量

142. 决定显示器分辨率的主要因素是(　　)。

A. 显示器的尺寸　　B. 显示器的种类　　C. 显示器适配器　　D. 操作系统

143. 可从(　　)中随意读出或写入数据。

A. PROM　　　　B. ROM　　　　C. RAM　　　　D. EPROM

144. 两个软件都属于系统软件的是(　　)。

A. DOS 和 Excel　　B. DOS 和 UNIX　　C. UNIX 和 WPS　　D. Word 和 Linux

145. 某微型计算机的内存储器容量是 128MB,这里的 1MB 是(　　)。

A. 1024×1024 个字节　　　　　B. 1024 个二进制位

　　C. 1000 个字节　　　　　　　　　　　　D. 1～1000 个字节

146. 某微型计算机使用 Pentium－Ⅲ800 的芯片,其中的 800 是指(　　)。

　　A. 内存容量　　　　B. 主板型号　　　　C. CPU 型号　　　　D. CPU 的主频

147. 目前,DVD 盘上的信息是(　　)。

　　A. 可以反复读和写　　　　　　　　　B. 只能读出

　　C. 可以反复写入　　　　　　　　　　D. 以上都可以

148. 目前,制造计算机所用的电子器件是(　　)。

　　A. 电子管　　　　B. 晶体管　　　　C. 集成电路　　　　D. 超大规模集成电路

149. 目前普遍使用的微型计算机,所采用的逻辑元件是(　　)。

　　A. 电子管　　　　　　　　　　　　　B. 大规模和超大规模集成电路

　　C. 晶体管　　　　　　　　　　　　　D. 小规模集成电路

150. 目前使用的大多数打印机是通过(　　)接口与计算机连接的。

　　A. 串行　　　　B. 并行口　　　　C. IDE　　　　D. SCSI

151. 目前使用的光盘存储器中,可对写入信息进行改写的是(　　)。

　　A. CD－RW　　　　B. CD－R　　　　C. CD－ROM　　　　D. DVD－ROM

152. 目前世界上不同型号的计算机,就其工作原理而言,一般都认为是基于冯·诺依曼提出的(　　)。

　　A. 二进制原理　　　　B. 布尔代数原理　　　　C. 摩尔定律　　　　D. 存储程序控制原理

153. 目前微机所用的系统总线标准有多种,下面给出的四个缩写名中不属于描述总线标准的是(　　)。

　　A. VGA　　　　B. USB　　　　C. ISA　　　　D. PCI

154. 目前在台式 PC 上最常用的 I/O 总线是(　　)。

　　A. ISA　　　　B. PCI　　　　C. EISA　　　　D. VL－BUS

155. 内存按工作原理可以分为(　　)这几种类型。

　　A. RAM 和 BIOS　　　　　　　　　　B. BIOS 和 ROM

　　C. CMOS 和 BIOS　　　　　　　　　　D. ROM 和 RAM

156. 内存储器是用来存储正在执行的程序和所需的数据,(　　)属于内存储器。

　　A. 半导体存储器　　　　　　　　　　B. 磁盘存储器

　　C. 磁带存储器　　　　　　　　　　　D. 软盘驱动器

157. 内存储器中每一个存储单元被赋予唯一的一个序号,该序号称为(　　)。

　　A. 容量　　　　B. 内容　　　　C. 标号　　　　D. 地址

158. 内存的大部分由 RAM 组成,其中存储的数据在断电后(　　)丢失。

　　A. 不会　　　　B. 部分　　　　C. 完全　　　　D. 不一定

159. 内存中每个基本单位都被赋予唯一的序号,称为(　　)。

　　A. 地址　　　　B. 字节　　　　C. 编号　　　　D. 容量

160. 能描述计算机的运算速度的是(　　)。

　　A. 二进制位　　　　B. MIPS　　　　C. MHz　　　　D. MB

161. 能直接与 CPU 交换信息的功能单元是(　　)。

A. 硬盘　　　　B. 控制器　　　　C. 主存储器　　　　D. 运算器

162. 配置高速缓冲存储器(Cache)是为了解决(　　)。

A. 内存与辅助存储器之间速度不匹配问题

B. CPU 与辅助存储器之间速度不匹配问题

C. CPU 与内存储器之间速度不匹配问题

D. 主机与外设之间速度不匹配问题

163. 人们根据特定的需要预先为计算机编制的指令序列称为(　　)。

A. 软件　　　　B. 文件　　　　C. 程序　　　　D. 集合

164. 人们通常说的计算机的内存,指的是(　　)。

A. ROM　　　　B. CMOS　　　　C. CPU　　　　D. RAM

165. 扫描仪是属于(　　)。

A. CPU　　　　B. 存储器　　　　C. 输入设备　　　　D. 输出设备

166. 输入设备是(　　)。

A. 从磁盘上读取信息的电子线路　　　　B. 磁盘文件等

C. 键盘、鼠标器和打印机等　　　　D. 从计算机外部获取信息的设备

167. 输入输出装置和外接的辅助存储器统称为(　　)。

A. CPU　　　　B. 存储器　　　　C. 操作系统　　　　D. 外围设备

168. 数据一旦存入后,非经特别处理,不能改变其内容,所存储的数据只能读取,但无法将新数据写入,所以叫作(　　)。

A. 磁芯　　　　B. 只读存储器　　　　C. 硬盘　　　　D. 随机存取内存

169. 速度快、分辨率高的打印机类型是(　　)。

A. 非击打式　　　　B. 激光式　　　　C. 击打式　　　　D. 点阵式

170. 所谓的 64 位机是指该计算机所用的 CPU (　　)。

A. 同时能处理 64 位二进制数　　　　B. 具有 64 位寄存器

C. 只能处理 64 位二进制定点数　　　　D. 有 64 个存储器

171. 通常将运算器和(　　)合称为中央处理器,即 CPU。

A. 存储器　　　　B. 输入设备　　　　C. 输出设备　　　　D. 控制器

172. 通常所说的 PC 机是指(　　)。

A. 单板计算机　　　　B. 小型计算机　　　　C. 个人计算机　　　　D. 微型计算机

173. 外存储器中的信息,必须首先调入(　　),然后才能供 CPU 使用。

A. RAM　　　　B. 运算器　　　　C. 控制器　　　　D. ROM

174. 外存与内存有许多不同之处,外存相对于内存来说以下叙述(　　)不正确。

A. 外存不怕停电,信息可长期保存

B. 外存的容量比内存大得多,甚至可以说是海量的

C. 外存速度慢,内存速度快

D. 内存和外存都是由半导体器件构成

175. 完整的计算机系统包括(　　)。

A. 硬件系统和软件系统　　　　B. 主机和外部设备

C. 主机和程序　　　　　　　　　　　　D. 人和机器

176. 完整的计算机硬件系统一般包括外部设备和(　　　)。

A. 运算器的控制器　　　　　　　　　B. 存储器

C. 主机　　　　　　　　　　　　　　D. 中央处理器

177. 微处理器处理的数据基本单位为字。一个字的长度通常是(　　　)。

A. 16 个二进制位　　　　　　　　　B. 32 个二进制位

C. 64 个二进制位　　　　　　　　　D. 与微处理器芯片的型号有关

178. 微机的硬件由(　　　)五部分组成。

A. CPU、总线、主存、辅存和 I/O 设备

B. CPU、运算器、控制器、主存和 I/O 设备

C. CPU、控制器、主存、打印机和 I/O 设备

D. CPU、运算器、主存、显示器和 I/O 设备

179. 微机系统中存取容量最大的部件是(　　　)。

A. 硬盘　　　　　B. 主存储器　　　　C. 高速缓存　　　　D. 软盘

180. 微机硬件系统中地址总线的宽度(位数)对(　　　)影响最大。

A. 存储器的访问速度　　　　　　　B. CPU 可直接访问的存储器空间大小

C. 存储器的字长　　　　　　　　　D. 存储器的稳定性

181. 微机硬件系统中最核心的部件是(　　　)。

A. 内存储器　　　　B. 输入输出设备　　　C. CPU　　　　　D. 硬盘

182. 微机在工作中,由于断电或突然"死机"而重新启动后,则计算机(　　　)中的信息将全部消失。

A. ROM 和 RAM　　B. ROM　　　　　C. 硬盘　　　　　D. RAM

183. 微机中,主机是由微处理器与(　　　)组成。

A. 运算器　　　　B. 磁盘存储器　　　C. 软盘存储器　　　D. 内存储器

184. 微机中的硬盘是(　　　)。

A. 内存(主存储器)　　　　　　　　B. 大容量内存

C. 辅助存储器　　　　　　　　　　D. CPU 的一部分

185. 微型计算机必不可少的输入/输出设备是(　　　)。

A. 键盘和显示器　　　　　　　　　B. 键盘和鼠标

C. 显示器和打印机　　　　　　　　D. 鼠标和打印机

186. 微型计算机常用的输入设备和输出设备分别是(　　　)。

A. 键盘和打印机　　　　　　　　　B. 鼠标器和显示器

C. 键盘、显示器和打印机　　　　　D. 显示器和打印机

187. 微型计算机存储器系统中的 Cache 是(　　　)。

A. 只读存储器　　　　　　　　　　B. 高速缓冲存储器

C. 可编程只读存储器　　　　　　　D. 可擦除可再编程只读存储器

188. 微型计算机的存储系统一般指主存储器和(　　　)。

A. 累加器　　　　B. 辅助存储器　　　C. 寄存器　　　　D. RAM

189. 微型计算机的发展是以( )的发展为表征的。

A. 微处理器　　　　B. 软件　　　　　　C. 主机　　　　　　D. 控制器

190. 微型计算机的分类通常以微处理器的( )来划分的。

A. 规格　　　　　　B. 芯片名　　　　　C. 字长　　　　　　D. 寄存器数目

191. 微型计算机的基本组成是( )。

A. 主机、输入设备、存储器　　　　　　B. 微处理器、存储器、输入输出设备

C. 主机、输出设备、显示器　　　　　　D. 键盘、显示器、打印机、运算器

192. 微型计算机的性能主要取决于( )的性能。

A. 内存储器　　　　B. CPU　　　　　　C. 外部设备　　　　D. 外存储器

193. 微型计算机的硬件系统包括( )。

A. 主机、键盘和显示器

B. 主机、存储器、输入设备和输出设备

C. 微处理器、输入设备和输出设备

D. 微处理器、存储器、总线、接口和外部设备

194. 微型计算机的运算器、控制器及内存储器统称为( )。

A. CPU　　　　　　B. ALU　　　　　　C. 主机　　　　　　D. GPU

195. 微型计算机没有的总线是( )。

A. 地址总线　　　　B. 信号总线　　　　C. 控制总线　　　　D. 数据总线

196. 微型计算机内存储器( )。

A. 按二进制数编址　　　　　　　　　　B. 按字节编址

C. 按字长编址　　　　　　　　　　　　D. 根据微处理器不同而编址不同

197. 以下不属于扫描设备的是( )。

A. 光学字符阅读器　　　　　　　　　　B. 条形码阅读

C. 喷墨打印机　　　　　　　　　　　　D. 磁墨识别设备

198. 在表示存储器的容量时,M 的准确含义是( )。

A. 1 米　　　　　　B. 1024K　　　　　C. 1024 字节　　　　D. 1024

199. 在操作系统中,存储管理主要是对( )。

A. 外存的管理　　　　　　　　　　　　B. 内存的管理

C. 辅助存储器的管理　　　　　　　　　D. 内存和外存的统一管理

200. 在多任务处理系统中,一般而言,( ),CPU 响应越慢。

A. 任务数越少　　　B. 任务数越多　　　C. 硬盘容量越小　　D. 内存容量越大

201. 在关机后,( )中存储的内容就会丢失。

A. ROM　　　　　　B. RAM　　　　　　C. EPROM　　　　　D. 硬盘数据

202. 在计算机系统中,根据与 CPU 联系的密切程度,可把存储器分为( )。

A. 光盘和磁盘　　　B. 软盘和硬盘　　　C. 内存和外存　　　D. RAM 和 ROM

203. 在计算机系统中,使用显示器时一般需配有( )。

A. 网卡　　　　　　B. 声卡　　　　　　C. 图形加速卡　　　D. 显示卡

204. 在计算机中,BUS 是指( )

A. 基础用户系统   B. 公共汽车   C. 大型联合系统   D. 总线

205. 在计算机中,CRT 是指(   )

A. 显示器   B. 终端   C. 控制器   D. 键盘

206. 在计算机中,既可作为输入设备又可作为输出设备的是(   )。

A. 显示器   B. 磁盘驱动器   C. 键盘   D. 图形扫描仪

207. 在计算机中,图像显示的清晰程度主要取决于显示器的(   )。

A. 亮度   B. 尺寸   C. 分辨率   D. 对比度

208. 在使用计算机时,如果发现计算机频繁的读写硬盘,可能存在的问题是(   )。

A. 中央处理器的速度太慢   B. 硬盘的容量太小

C. 内存的容量太小   D. 软盘的容量太小

209. 在微机的配置中常看到"处理器 Pentium111/667"字样,其数字 667 表示(   )。

A. 处理器的时钟主频是 667MHz

B. 处理器的运算速度是 667MIPS

C. 处理器的产品设计序号是第 667 号

D. 处理器与内存间的数据交换速率是 667KB/s

210. 在微机中,SVGA 指(   )。

A. 微机型号   B. 键盘型号   C. 打印机型号   D. 显示适配器型号

211. 在微型计算机的主要性能指标中,内存容量通常指(   )。

A. ROM 的容量   B. RAM 的容量

C. CD−ROM 的容量   D. RAM 和 ROM 的容量之和

212. 在微型计算机系统中,一般有三种总线,即地址总线、控制总线和(   )。

A. 总线结构   B. 信息总线   C. 数据总线   D. 分类总线

213. 在微型计算机中,CMOS 属于(   )。

A. 顺序存储器   B. 只读存储器

C. 高速缓冲存储器   D. 随机读写存储器

214. 在微型计算机中,ROM 是(   )。

A. 顺序读写存储器   B. 随机读写存储器

C. 只读存储器   D. 高速缓冲存储器

215. 在微型计算机中,应用最普遍的字符编码是(   )。

A. BCD 码   B. ASCII 码   C. 汉字编码   D. 二进制

216. 在微型计算机中,运算器和控制器合称为(   )。

A. 逻辑部件   B. 算术运算部件   C. 微处理器   D. 算术和逻辑部件

217. 在下列各种设备中,读取数据快慢的顺序为(   )。

A. RAM、Cache、硬盘、软盘   B. Cache、RAM、硬盘、软盘

C. Cache、硬盘、RAM、软盘   D. RAM、硬盘、软盘、Cache

218. 在下列设备中,属于输出设备的是(   )。

A. 键盘   B. 绘图仪   C. 鼠标   D. 扫描仪

219. 在下列设备中,属于输入设备的是(　　)。

A. 音箱　　　　　　B. 绘图仪　　　　　C. 麦克风　　　　　D. 显示器

220. 在下列有关 USB 接口的说法中,正确的是(　　)。

A. USB 接口的外观为一圆形

B. USB 接口可用于热拔插场合的接插

C. USB 接口的最大传输距离为 5 米

D. USB 采用并行接口方式,数据传输率很高

221. 在下面 4 种存储器中,易失性存储器是(　　)。

A. RAM　　　　　　B. PROM　　　　　C. ROM　　　　　D. CD-ROM

222. 在一般情况下,外存中存放的数据,在断电后(　　)丢失。

A. 不会　　　　　　B. 少量　　　　　C. 完全　　　　　D. 多数

223. 在一条计算机指令中规定其执行功能的部分称为(　　)。

A. 地址码　　　　　B. 操作码　　　　　C. 目标地址码　　　　　D. 数据码

224. 只读存储器(ROM)和随机存储器(RAM)的主要区别是(　　)。

A. ROM 是内存储器,RAM 是外存储器

B. RAM 是内存储器,ROM 是外存储器

C. 断电后,ROM 的信息会保存,而 RAM 则不会

D. 断电后,RAM 的信息可以长时间保存,而 ROM 中的信息将丢失

225. 只读光盘的简称是(　　)。

A. MO　　　　　　B. WORM　　　　　C. WO　　　　　D. CD-ROM

226. 指挥、协调计算机工作的设备是(　　)。

A. 输入设备　　　　B. 输出设备　　　　C. 存储器　　　　D. 控制器

227. 指令是控制计算机执行的命令,它由(　　)和地址码组成。

A. 内存地址　　　　B. 接口地址　　　　C. 操作码　　　　D. 寄存器

228. 中央处理器的英文缩写是(　　)。

A. CAD　　　　　　B. CAI　　　　　C. CAM　　　　　D. CPU

229. 中央处理器由(　　)组成。

A. 控制器和运算器　　　　　　　　　B. 控制器和内存储器

C. 控制器和辅助存储器　　　　　　　D. 运算器和存储器

230. 主存储器与外存储器的主要区别为(　　)。

A. 主存储器容量小,速度快,价格高,而外存储器容量大,速度慢,价格低

B. 主存储器容量小,速度慢,价格低,而外存储器容量大,速度快,价格高

C. 主存储器容量大,速度快,价格高,而外存储器容量小,速度慢,价格低

D. 区别仅仅是因为一个在计算机里,一个在计算机外

231. 主机板上 CMOS 芯片的主要用途是(　　)。

A. 管理内存与 CPU 的通讯

B. 增加内存的容量

C. 储存时间、日期、硬盘参数与计算机配置信息

D. 存放基本输入输出系统程序、引导程序和自检程序

232. 最基础最重要的系统软件是（　　　）。

A. WPS 和 Word　　B. 操作系统　　　C. 应用软件　　　D. Excel

233. （　　　）可以把模拟声音信号转换成数字声音信号。

A. R/D　　　　　B. I/O　　　　　C. D/A　　　　　D. A/D

234. 以下关于 CPU，说法（　　　）是错误的。

A. CPU 是中央处理单元的简称

B. CPU 能直接为用户解决各种实际问题

C. CPU 的档次可粗略地表示微机的规格

D. CPU 能高速、准确地执行人预先安排的指令

235. 以下关于打印机的说法中不正确的是（　　　）。

A. 如果打印机图标旁有了复选标记，则已将该打印机设置为默认打印机

B. 可以设置多台打印机为默认打印机

C. 在打印机管理器中可以安装多台打印机

D. 在打印时可以更改打印队列中尚未打印文档的顺序

236. 以下描述（　　　）不正确。

A. 内存与外存的区别在于内存是临时性的，而外存是永久性的

B. 内存与外存的区别在于外存是临时性的，而内存是永久性的

C. 平时说的内存是指 RAM

D. 从输入设备输入的数据直接存放在内存

237. 以下属于系统软件的是（　　　）。

A. 公式编辑器　　B. 电子表格软件　　C. 查病毒软件　　D. 语言处理系统

238. 以下说法中最合理的是（　　　）。

A. 硬盘上的数据不会丢失

B. 只要防止误操作，就能防止硬盘上数据的丢失

C. 只要没有误操作，并且没有病毒的感染，硬盘上的数据就是安全的

D. 不管怎么小心，硬盘上的数据都有可能读不出

239. 硬盘存储器的特点是（　　　）。

A. 由于全封闭，耐震性好，不易损坏

B. 耐震性差，搬运时要注意保护

C. 没有易碎件，在搬运时不像显示器那样要注意保护

D. 不用时应套入纸套，防止灰尘进入

240. 硬盘存储器是一种（　　　）。

A. 外存储器　　　B. 内存储器　　　C. 主机的一部分　　D. 数据通信设备

241. 硬盘在工作时，应特别注意避免（　　　）。

A. 光线直射　　　B. 噪音　　　　　C. 强烈震荡　　　D. 卫生环境不好

242. 用 MIPS 来衡量的计算机性能是指计算机的（　　　）。

A. 传输速率　　　B. 存储容量　　　C. 字长　　　　　D. 运算速度

243. 用户可以多次向其中写入信息的光盘是(   )。

A. CD－ROM   B. CD－R   C. CD－RW   D. DVD－ROM

244. 运行应用程序时,如果内存容量不够,只有通过(   )来解决。

A. 扩充硬盘容量

B. 增加内存

C. 把软盘由单面单密度换为双面高密度

D. 把软盘换为光盘

245. 运算器的主要功能是(   )。

A. 控制计算机各部件协同动作进行计算

B. 进行算术和逻辑运算

C. 进行运算并存储结果

D. 进行运算并存取数据

246. 运算器为计算机提供了计算与逻辑功能,因此称它为(   )。

A. CPU   B. EPROM   C. ALU   D. CTU

247. 运算器又称为(   )。

A. ALU   B. ADD   C. 逻辑器   D. 减法器

248. 在 PC 机中,各类存储器的速度由高到低的次序是(   )。

A. 主存、Cache、硬盘、软盘   B. 硬盘、Cache、主存、软盘

C. Cache、硬盘、主存、软盘   D. Cache、主存、硬盘、软盘

249. 在 PC 机中负责各类 I/O 设备控制器、CPU 与存储器之间相互交换信息、传输数据的一组公用信号线称为(   )。

A. I/O 总线   B. CPU 总线   C. 存储器总线   D. 前端总线

250. 微型计算机一般按(   )进行分类。

A. 字长   B. 运算速度   C. 主频   D. 内存

251. 下列有关存储器读写速度的排列,正确的是(   )。

A. RAM＞Cache＞硬盘＞软盘   B. Cache＞RAM＞硬盘＞软盘

C. Cache＞硬盘＞RAM＞软盘   D. RAM＞硬盘＞软盘＞Cache

252. 下列有关软件的描述中,说法不正确的是(   )。

A. 软件就是为方便使用计算机和提高使用效率而组织的程序以及有关文档

B. 所谓"裸机",其实就是没有安装软件的计算机

C. dBASEⅢ,FoxPro,Oracle 属于数据库管理系统,从某种意义上讲也是编程语言

D. 通常,软件安装的越多,计算机的性能就越先进

253. 下面对计算机硬件系统组成的描述,不正确的一项是(   )。

A. 构成计算机硬件系统的都是一些看得见、摸得着的物理设备

B. 计算机硬件系统是由运算器、控制器、存储器、输入设备和输出设备组成

C. 软盘属于计算机硬件系统中的存储设备

D. 操作系统属于计算机的硬件系统

254. 下面关于 ROM 的说法中,不正确的是(   )。

A. CPU 不能向 ROM 随机写入数据

B. ROM 中的内容在断电后不会消失

C. ROM 是只读存储器的英文缩写

D. ROM 是只读的,所以它不是内存而是外存

255. 下面关于比特的叙述中,错误的是(　　)。

A. 比特是组成信息的最小单位

B. 比特只有"0"和"1"两个符号

C. 比特"0"小于比特"1"

D. 比特即可以表示数值,也可以表示图像和声音

256. 下面关于基本输入/输出系统 BIOS 的描述,不正确的是(　　)。

A. 是一组固化在计算机主板上一个 ROM 芯片内的程序

B. 它保存着计算机系统中最重要的基本输入/输出程序,系统设置信息

C. 即插即用与 BIOS 芯片有关

D. 对于定型的主板,生产厂家不会改变 BIOS 程序

257. 下面关于内存储器(也称为主存)的叙述中,正确的是(　　)。

A. 内存储器和外存储器是统一编址的,字是存储器的基本编址单位

B. 内存储器与外存储器相比,存取速度慢、价格便宜

C. 内存储器与外存储器相比,存取速度快、价格贵

D. RAM 和 ROM 在断电后信息将全部丢失

258. 下面关于通用串行总线 USB 的描述,不正确的是(　　)。

A. USB 接口为外设提供电源

B. USB 设备可以起集线器作用

C. 可同时连接 127 台输入/输出设备

D. 通用串行总线不需要软件控制就能正常工作

259. 下面关于虚拟存储器的说明中,正确的是(　　)。

A. 是提高计算机运算速度的设备

B. 由 RAM 加上高速缓存组成

C. 其容量等于主存加上 Cache 的存储器

D. 由物理内存和硬盘上的虚拟内存组成

260. 下面关于总线描述,不正确的是(　　)。

A. IEEE 1394 是一种连接外部设备的机外总线,按并行方式通信

B. 内部总线用于连接 CPU 的各个组成部件,它位于芯片内部

C. 系统总线指连接微型计算机中各大部件的总线

D. 外部总线则是微机和外部设备之间的总线

261. 下面几种总线中,(　　)是 PC 机上最早使用的标准结构总线。

A. EISA　　　　　B. VESA　　　　　C. PCI　　　　　D. ISA

262. 下面列出的四种存储器中,易失性存储器是(　　)。

A. CD－ROM　　　　B. RAM　　　　　C. ROM　　　　　D. PROM

263. 下面叙述正确的是（　　）。

A. 由于机器语言执行速度快,所以现在人们还是喜欢用机器语言编写程序

B. 使用了面向对象的程序设计方法就可以扔掉结构化程序设计方法

C. GOTO 语句控制程序的转向方便,所以现在人们在编程时还是喜欢使用 GOTO 语句

D. 使用了面向对象的程序设计方法,在具体编写代码时仍需要使用结构化编程技术

264. 下面有关计算机的叙述中,正确的是（　　）。

A. 计算机的主机只包括 CPU

B. 计算机程序必须装载到内存中才能执行

C. 计算机必须具有硬盘才能工作

D. 计算机键盘上字母键的排列方式是随机的

265. 显示器必须与（　　）配合使用。

A. 显示卡　　　　　B. 打印机　　　　　C. 声卡　　　　　D. 光驱

266. 显示器的显示效果与（　　）有关。

A. 显示卡　　　　　B. 中央处理器　　　C. 内存　　　　　D. 硬盘

267. 显示器的性能指标不包括（　　）。

A. 屏幕大小　　　　B. 点距　　　　　　C. 带宽　　　　　D. 图像

268. 显示器的重要技术指标是（　　）。

A. 对比度　　　　　B. 灰度　　　　　　C. 分辨率　　　　D. 色彩

269. 显示器的主要性能参数是分辨率,一般用（　　）来表示。

A. 显示屏的尺寸　　　　　　　　　　B. 显示屏上光栅的列数×行数

C. 可以显示的最大颜色数　　　　　　D. 显示器的刷新速率

270. 芯片组是系统主板的灵魂,它决定了主板的结构及 CPU 的使用。芯片有"南桥"和"北桥"之分,"南桥"芯片的功能是（　　）。

A. 负责与 CPU 的联系

B. 负责 I/O 接口以及 IDE 设备(硬盘等)的控制等

C. 控制内存

D. AGP,PCI 数据在芯片内部传输

271. 选择网卡的主要依据是组网的拓扑结构、网络段的最大长度、节点之间的距离和（　　）。

A. 接入网络的计算机种类　　　　　　B. 使用的传输介质的类型

C. 使用的网络操作系统的类型　　　　D. 互联网络的规模

272. 液晶显示器(LCD)作为计算机的一种图文输出设备,已逐渐普及,下列关于液晶显示器的叙述中错误的是（　　）。

A. 液晶显示器是利用液晶的物理特性来显示图像的

B. 液晶显示器内部的工作电压大于 CRT 显示器

C. 液晶显示器功耗小,无辐射危害

D. 液晶显示器便于使用大规模集成电路驱动

273. 一般说主存储器和外存储器的主要区别在于(　　　)。

A. 主存储器容量小,速度快,价格高,而外存储器容量大,速度慢,价格低

B. 主存储器容量小,速度慢,价格低,而外存储器容量大,速度快,价格高

C. 主存储器容量大,速度快,价格高,而外存储器容量小,速度慢,价格低

D. 区别仅仅是因为一个在计算机里,一个在计算机外

274. 一个完整的计算机系统包括(　　　)。

A. 主机、键盘、显示器　　　　　　　B. 计算机及其外部设备

C. 系统软件与应用软件　　　　　　　D. 计算机的硬件系统和软件系统

275. 一个完整的计算机系统是由(　　　)组成的。

A. 主机及外部设备　　　　　　　　　B. 主机、键盘、显示器和打印机

C. 系统软件和应用软件　　　　　　　D. 硬件系统和软件系统

276. 一台计算机可能会有多种多样的指令,这些指令的集合就是(　　　)。

A. 指令系统　　　　B. 指令集合　　　　C. 指令群　　　　D. 指令包

277. 一台计算机主要由运算器、控制器、存储器、(　　　)及输出设备等部件构成。

A. 屏幕　　　　　　B. 输入设备　　　　C. 磁盘　　　　　D. 打印机

278. 一条指令必须包括(　　　)。

A. 操作码和地址码　　　　　　　　　B. 信息和数据

C. 时间和信息　　　　　　　　　　　D. 以上都不是

279. 以程序存储和程序控制为基础的计算机结构是由(　　　)提出的。

A. 布尔　　　　　　B. 冯·诺依曼　　　C. 图灵　　　　　D. 帕斯卡

280. 以二进制和程序控制为基础的计算机结构是由(　　　)最早提出的。

A. 布尔　　　　　　B. 卡诺　　　　　　C. 冯·诺依曼　　　D. 图灵

281. 下列不属于微机总线的是(　　　)。

A. 地址总线　　　　B. 通信总线　　　　C. 控制总线　　　D. 数据总线

282. 下列存储器中,存取速度最快的是(　　　)。

A. 内存　　　　　　B. 硬盘　　　　　　C. 光盘　　　　　D. 寄存器

283. 下列关于计算机硬件组成的描述中,错误的是(　　　)。

A. 计算机硬件包括主机与外设

B. 主机通常指的就是 CPU

C. 外设通常指的是外部存储设备和输入/输出设备

D. CPU 的结构通常由运算器、控制器和寄存器组三部分组成

284. 下列关于微机硬件构成的正确说法是(　　　)。

A. 微机由 CPU 和 I/O 设备构成

B. 微机由主存储器、外存储器和 I/O 设备构成

C. 微机由主机和外部设备构成

D. 微机由 CPU、显示器、键盘和打印机构成

285. 下列关于系统软件的四条叙述中,正确的一条是(　　　)。

A. 系统软件的核心是操作系统

B. 系统软件是与具体硬件逻辑功能无关的软件

C. 系统软件是使用应用软件开发的软件

D. 系统软件并不具体提供人机界面

286. 下列关于硬件系统的说法中,错误是(　　　)。

A. 键盘、鼠标、显示器等都是硬件

B. 硬件系统不包括存储器

C. 硬件是指物理上存在的机器部件

D. 硬件系统包括运算器、控制器、存储器、输入设备和输出设备

287. 下列关于指令、指令系统和程序的叙述中错误的是(　　　)。

A. 指令是可被 CPU 直接执行的操作命令

B. 指令系统是 CPU 能直接执行的所有指令的集合

C. 可执行程序是为解决某个问题而编制的一个指令序列

D. 可执行程序与指令系统没有关系

288. 下列关于总线的说法中,错误的是(　　　)。

A. ISA、PCI 和 USB 都是扩展总线

B. 总线一次能传送的比特数目称为总线宽度

C. 系统总线是指 CPU 与各外部设备连接的总线

D. 总线的类型分为内部总线、系统总线和扩展总线

289. 下列几种存储器访问速度最快的是(　　　)。

A. 硬盘　　　　　B. CD－ROM　　　C. RAM　　　　　D. 软盘

290. 下列哪个不是存储器的存储容量单位(　　　)。

A. 位　　　　　　B. 字节　　　　　C. 字　　　　　D. 升

291. 下列软件中(　　　)一定是系统软件。

A. 自编的一个 C 程序,功能是求解一个一元二次方程

B. Windows 操作系统

C. 用汇编语言编写的一个练习程序

D. 存储有计算机基本输入输出系统的 ROM 芯片

292. 下列软件中,具有系统软件功能的是(　　　)。

A. 数学软件包　　　　　　　　B. 人事档案管理程序

C. Windows　　　　　　　　　D. Office 2000

293. 下列设备中,(　　　)不能作为微机的输出设备。

A. 打印机　　　B. 显示器　　　C. 键盘和鼠标　　D. 绘图仪

294. 下列设备中,(　　　)都是输入设备。

A. 键盘、打印机、显示器　　　　B. 扫描仪、鼠标、光笔

C. 键盘、鼠标、绘图仪　　　　　D. 绘图仪、打印机、键盘

295. 下列设备中不能作为输出设备的是(　　　)。

A. 键盘　　　　　B. 显示器　　　　C. 绘图仪　　　　D. 打印机

296. 下列设备中既是输入设备又是输出设备的是(　　　)。

　　A. 内存储器　　　　　B. 外存储器　　　　　C. 键盘　　　　　D. 打印机

297. 下列设备中属于可反复刻录的设备是(　　　)。

　　A. CD－ROM　　　B. DVD－ROM　　　C. CD－R　　　　D. CD－RW

298. 下列设备中属于输入设备的是(　　　)。

　　A. 鼠标器　　　　　B. 显示器　　　　　C. 打印机　　　　D. 绘图仪

299. 下列说法不正确的是(　　　)。

　　A. 比特是事物存在的一种状态　　　　B. 数据就是信息

　　C. 信息可以具有与数据相同的形式　　D. 数据是人或机器能识别并处理的符号

300. 下列说法中,错误的是(　　　)。

　　A. 集成电路是微电子技术的核心

　　B. 硅是制造集成电路常用的半导体材料

　　C. 集成电路按用途可分为通用和专用两大类,微处理器和存储器芯片都属于专用集成电路

　　D. 现在 PC 机使用的微处理器芯片属于超大规模和极大规模集成电路

301. 下列说法中正确的是(　　　)。

　　A. CD－ROM 是一种只读存储器但不是内存储器

　　B. CD－ROM 驱动器是计算机的基本部分

　　C. 只有存放在 CD－ROM 盘上的数据才称为多媒体信息

　　D. CD－ROM 盘上最多能够存储大约 350 兆字节的信息

302. 下列四条叙述中,属 RAM 特点的是(　　　)。

　　A. 可随机读写数据,断电后数据不会丢失

　　B. 可随机读写数据,断电后数据将全部丢失

　　C. 只能顺序读写数据,断电后数据将部分丢失

　　D. 只能顺序读写数据,断电后数据将全部丢失

303. 下列四条叙述中,属 ROM 特点的是(　　　)。

　　A. 可随机读写数据,断电后数据不会丢失

　　B. 可随机读写数据,断电后数据将全部丢失

　　C. 只能顺序读写数据,断电后数据将部分丢失

　　D. 只能顺序读写数据,断电后数据将全部丢失

304. 下列四条叙述中,正确的一条是(　　　)。

　　A. 计算机系统是由主机、外设和系统软件组成的

　　B. 计算机系统是由硬件系统和应用软件组成的

　　C. 计算机系统是由硬件系统和软件系统组成的

　　D. 计算机系统是由微处理器、外设和软件系统组成的

305. 下列叙述中正确的是(　　　)。

　　A. 系统软件是买来的,而应用软件是自己编写的

　　B. 外存储器可以和 CPU 直接交换数据

　　C. 微型计算机主机就是微型计算机系统

D. 磁盘必须格式化后才能使用

306. 下列有关 Moore 定律正确叙述的是（　　）。

A. 单块集成电路的集成度平均每 8～14 个月翻一番

B. 单块集成电路的集成度平均每 18～24 个月翻一番

C. 单块集成电路的集成度平均每 28～34 个月翻一番

D. 单块集成电路的集成度平均每 38～44 个月翻一番

307. 微型计算机硬件系统的基本组成是（　　）。

A. 主机、输入设备、存储器　　　　B. CPU、存储器、输入设备、输出设备

C. 主机、输出设备、显示器　　　　D. 键盘、显示器、打印机、运算器

308. 微型计算机硬件系统的性能主要取决于（　　）。

A. 微处理器　　　B. 内存储器　　　C. 显示适配卡　　　D. 硬磁盘存储器

309. 微型计算机硬件系统是由（　　）组成的。

A. 主机和外部设备　　　　　　　　B. 主机和操作系统

C. CPU 和输入输出设备　　　　　　D. 内存、外存和输入输出设备

310. 微型计算机硬件系统中最核心的部件是（　　）。

A. 主板　　　　　B. CPU　　　　　C. 内存储器　　　　D. I/O 设备

311. 微型计算机硬件系统主要包括存储器、输入设备、输出设备和（　　）。

A. 中央处理器　　B. 运算器　　　　C. 控制器　　　　D. 主机

312. 微型计算机中，RAM 的中文名字是（　　）。

A. 随机存储器　　　　　　　　　　B. 只读存储器

C. 高速缓冲存储器　　　　　　　　D. 可编程只读存储器

313. 微型计算机中，控制器的基本功能是（　　）。

A. 存储各种控制信息　　　　　　　B. 传输各种控制信号

C. 产生各种控制信息　　　　　　　D. 控制系统各部件正确地执行程序

314. 微型计算机中，运算器的主要功能是进行（　　）。

A. 逻辑运算　　　　　　　　　　　B. 算术运算

C. 算术运算和逻辑运算　　　　　　D. 复杂方程的求解

315. 微型计算机中使用的打印机是连接在（　　）。

A. 并行接口上　　B. 串行接口上　　C. 显示器接口上　　D. 键盘接口上

316. 我们通常说的内存条即指（　　）。

A. ROM　　　　　B. EPROM　　　　C. PPROM　　　　D. RAM

317. 系统软件中主要包括操作系统、语言处理程序和（　　）。

A. 用户程序　　　B. 实时程序　　　C. 实用程序　　　D. 编辑程序

318. 下边哪一个属于计算机的外存储器（　　）？

A. 磁盘　　　　　B. RAM　　　　　C. ROM　　　　　D. 虚拟盘

319. 下边设备名中哪一个是指空设备（　　）？

A. NUL：　　　　B. CON：　　　　C. COM2：　　　　D. LPT1：

320. 下列（　　）不是 PC 机主板上的部件。

A. CMOS 存储器　　B. CCD 芯片　　　　C. PCI 总线槽　　　　D. CPU 插座

321. 下列( )类不是常见的集成电路的封装形式。

A. 单列直插式　　　B. 双列直插式　　　C. 三列直插式　　　D. 阵列式

322. 下列( )指标可以帮助衡量计算机运行速度。

A. 主频　　　　　　　　　　　　　B. 硬盘大小

C. 安装的操作系统　　　　　　　　D. 显示器分辨率

323. 下列不能用作存储容量单位的是( )。

A. Byte　　　　　B. MIPS　　　　C. KB　　　　　D. GB

324. 下列不属于微机主要性能指标的是( )。

A. 字长　　　　　B. 内存容量　　　C. 软件数量　　　D. 主频

二、多项选择题

1. 常见的鼠标器有( )。

A. 一键鼠标　　　B. 二键鼠标　　　C. 三键鼠标　　　D. 四键鼠标

2. 关于软件系统,下面哪一个说法是正确的( )?

A. 系统软件的功能之一是支持应用软件的开发和运行

B. 操作系统由一系列功能模块所组成,专门用来控制和管理全部硬件资源

C. 如不安装操作系统,仅安装应用软件,则计算机只能做一些简单的工作

D. 应用软件处于软件系统的最外层,直接面向用户,为用户服务

3. 光盘的主要特点有( )。

A. 读盘速度快　　　B. 写盘速度慢　　　C. 造价低　　　D. 保存时间长

4. 微型计算机的主板上安装的主要部件有( )。

A. 处理器　　　　　　　　　　　　B. 内存条

C. 处理输入输出的芯片　　　　　　D. 一些扩展槽

5. 下列部件中,属于输出设备的有( )。

A. 显示器　　　　　　　　　　　　B. 光笔

C. 扫描仪　　　　　　　　　　　　D. 打印机

E. 鼠标

6. 下列部件中,属于输入设备的有( )。

A. RAM　　　　　　　　　　　　　B. ROM

C. 键盘　　　　　　　　　　　　　D. 只读光盘

E. 条形码阅读器

7. 下列各项设备在计算机突然断电时不丢失已保存的数据的是( )。

A. ROM　　　　　B. RAM　　　　C. CPU　　　　D. 硬盘

8. 下列软件中( )是系统软件。

A. 用 C 语言编写的求解圆面积的程序　　　　　B. Unix

C. 用汇编语言编写的一个练习程序　　　　　　D. Windows

9. 下列软件中,属于应用软件的有(　　)。

A. Windows 操作系统　　　　　　　B. 汇编程序

C. Word　　　　　　　　　　　　　D. 编译程序

E. Excel　　　　　　　　　　　　　F. 考试系统

10. 下列属于微型计算机主要技术指标的是(　　)。

A. 字长　　　　　　B. PIII　　　　　　C. IDE　　　　　　D. 主频

11. 下列说法中,(　　)是不正确的。

A. ROM 是只读存储器,其中的内容只能读一次,下次再读就读不出来了

B. 硬盘通常安装在主机箱内,所以硬盘属于内存

C. CPU 不能直接与外存打交道

D. 任何存储器都有记忆能力,即其中的信息不会丢失

12. 下列说法中,正确的是(　　)。

A. 计算机的工作就是执行存放在存储器中的一系列指令

B. 指令是一组二进制代码,它规定了计算机执行的最基本的一组操作

C. 指令系统有一个统一的标准,所有计算机的指令系统都相同

D. 指令通常由地址码和操作数构成

13. 下列四条叙述中,不正确的是(　　)。

A. 字节通常用英文单词"bit"来表示

B. 目前广泛使用的 Pentium 机,其字长为 5 个字节

C. 计算机存储器中将 8 个相邻的二进制位作为一个单位,这种单位称为字节

D. 微型计算机的字长并不一定是字节的倍数

14. 下列叙述中正确的是(　　)。

A. 硬盘上的文件删除后可以恢复

B. 软盘上的文件被删除后不可以恢复

C. 如果重新启动系统,硬盘上的被删除的文件就不能恢复了

D. 软盘上的文件删除后部分可以恢复

15. 在下列四条描述中,选出正确的两条(　　)。

A. CPU 管理和协调计算机内部的各个部件的操作

B. 主频是衡量 CPU 处理数据快慢的重要指标

C. CPU 可以存储大量的信息

D. CPU 直接控制显示器的显示

习题三　　多媒体技术

1. (　　　)是属于传输信号的信道。

A. 电话线、电源线、接地线　　　　　　B. 电源线、双绞线、接地线

C. 双绞线、同轴电缆、光纤　　　　　　D. 电源线、光纤、双绞线

2. (　　　)用于压缩静止图像。

A. JPEG　　　　　　B. MPFG　　　　　　C. H. 261　　　　　　D. 以上均不能

3. A/D 转换的功能是将(　　　)。

A. 模拟量转换为数字量　　　　　　　　B. 数字量转换为模拟量

C. 声音转换为模拟量　　　　　　　　　D. 数字量和模拟量的混合处理

4. MIDI 是指(　　　)。

A. 应用程序接口　　　　　　　　　　　B. 媒体控制接口

C. 音乐设备数字接口　　　　　　　　　D. 字符用户界面

5. Modem 的功能是实现(　　　)。

A. 数字信号的整形　　　　　　　　　　B. 模拟信号与数字信号的转换

C. 数字信号的编码　　　　　　　　　　D. 模拟信号的放大

6. Modem 的中文名称是(　　　)。

A. 计算机网络　　　B. 鼠标器　　　　　C. 电话　　　　　　D. 调制解调器

7. Modem 的作用是(　　　)。

A. 实现计算机的远程联网　　　　　　　B. 在计算机之间传送二进制信号

C. 实现数字信号与模拟信号的转换　　　D. 提高计算机之间的通信速度

8. MP3 音乐所采用的声音数据压缩编码的标准是(　　　)。

A. MPEG－4　　　B. MPEG－1　　　C. MPEG－2　　　D. MPEG－3

9. MPEG 是压缩全动画视频的一种标准,它包括三个部分。下列各项中,(　　　)项不属于三个部分之一。

A. MPEG－Video　B. MPEG－Radio　C. MPEG－Audio　D. MPEG－System

10. Novell 网采用的网络操作系统是(　　　)。

A. Unix　　　　　　B. Windows NT　　C. Windows 2000　D. Net Ware

11. 按制作技术可以将显示器分为(　　　)。

A. CRT 显示器和 LCD 显示器　　　　　B. CRT 显示器和等离子显示器

C. 平面直角显示器和等离子显示器　　　D. 等离子显示器和 LCD 显示器

12. 不同的图像文件格式往往具有不同的特性,有一种格式具有图像颜色数目不多、数据量不大、能实现累进显示、支持透明背景和动画效果、适合在网页上使用等特性,这种图像文件格式是(　　　)。

A. TIF   B. GIF   C. BMP   D. JPEG

13. 对带宽为 $300\sim3400Hz$ 的语音,若采样频率为 $8kHz$、量化位数为 8 位、单声道,则其未压缩时的码率约为(　　)。

A. $64kb/s$ B. $64kB/s$ C. $128kb/s$ D. $128kB/s$

14. 多媒体计算机必须包括的设备是(　　)。

A. 软盘驱动器   B. 网卡   C. 打印机   D. 声卡

15. 多媒体计算机是指安装了(　　)部件的计算机。

A. 高速 CPU 及高速缓存   B. 光驱及音频卡

C. 光驱及视频卡   D. 光驱及 TV 卡

16. 多媒体计算机中所说的媒体是指(　　)。

A. 存储信息的载体   B. 信息的表示形式

C. 信息的编码方式   D. 信息的传输介质

17. 多媒体技术除了必备的计算机外,还必须配有(　　)。

A. 电视机、声卡、录像机   B. 声卡、光盘驱动器、光盘应用软件

C. 光盘驱动器、声卡、录音机   D. 电视机、录音机、光盘驱动器

18. 多媒体技术是(　　)。

A. 一种图像和图形处理技术   B. 文本和图形处理技术

C. 超文本处理技术   D. 对多种媒体进行处理的技术

19. 多媒体中的首要技术就是(　　)和声频卡。

A. 软驱   B. 硬盘   C. 通信技术   D. CD-ROM

20. 计算机的多媒体技术,就是计算机能接收、处理和表现由(　　)等多种媒体表示的信息的技术。

A. 中文、英文、日文和其他文字   B. 硬盘、软盘、键盘和鼠标

C. 文字、声音和图像   D. 拼音码、五笔字型和自然码

21. 计算机的多媒体技术是以计算机为工具,接受、处理和显示由(　　)等表示的信息技术。

A. 中文、英文、日文   B. 图像、动画、声音、文字和影视

C. 拼音码、五笔字型码   D. 键盘命令、鼠标器操作

22. 具有多媒体功能的微机系统目前常用 CD-ROM 作外存储器,它是一种(　　)。

A. 只读存储器   B. 只读光盘   C. 只读硬盘   D. 只读大容量软盘

23. 具有多媒体功能的微型计算机系统中,常用的 CD-ROM 是指(　　)。

A. 大容量硬盘   B. 只读光盘   C. 随机存储盘   D. 闪盘

24. 目前计算机还不能表示和处理的信息是(　　)。

A. 声音   B. 图像   C. 香味   D. 数学运算

25. 声音获取时,影响数字声音码率的因素有三个,下面(　　)不是影响声音码率的因素。

A. 取样频率   B. 声音的类型   C. 量化位数   D. 声道数

26. 声音信号数字化的过程包括(　　)。

A. 扫描、取样、量化   B. 解码、数模转换、插值

C. 取样、量化、编码   D. 扫描、分色、量化

27. 使用计算机生成假想景物的图像,其主要步骤是(   )。

A. 扫描、取样   B. 绘制、建模

C. 取样、A/D 转换   D. 建模、绘制

28. 视频文件的内容包括视频数据和(   )数据。

A. 音频   B. 视频   C. 动画   D. 图形

29. 数据的(   )是多媒体发展的一项关键技术。

A. 编辑与播放   B. 压缩及还原   C. 数字化   D. 传播

30. 所谓媒体是指(   )。

A. 表示和传播信息的载体   B. 各种信息的编码

C. 计算机的输入输出信息   D. 计算机屏幕显示的信息

31. 图像压缩编码方法很多,以下(   )不是评价压缩编码方法优劣的主要指标。

A. 压缩倍数的大小   B. 压缩编码的原理

C. 重建图像的质量   D. 压缩算法的复杂程度

32. 为了区别于通常的取样图像,计算机合成图像也称为(   )。

A. 点阵图像   B. 光栅图像   C. 矢量图形   D. 位图图像

33. 下列各项中不属于多媒体部件的是(   )。

A. 声卡   B. 视频卡   C. 网卡   D. 光盘驱动器

34. 下列关于计算机合成图像(计算机图形)的应用中,错误的是(   )。

A. 可以用来设计电路图

B. 可以用来生成天气图

C. 计算机只能生成实际存在的具体景物的图像,不能生产虚拟景物的图像

D. 可以制作计算机动画

35. 下列关于数字图书馆的描述中,错误的是(   )。

A. 它是一种拥有多种媒体、内容丰富的数字化信息资源

B. 它是一种能为读者方便、快捷地提供信息的服务机制

C. 它支持数字化数据、信息和知识的整个生命周期的全部活动

D. 现有图书馆的藏书全部数字化并采用计算机管理就实现了数字图书馆

36. 下列描述中不正确的是(   )。

A. 多媒体技术最主要的两个特点是集成性和交互性

B. 所有计算机的字长都是固定不变的,都是 8 位

C. 通常计算机的存储容量越大,性能就越好

D. 各种高级语言的翻译程序都属于系统软件

37. 下列设备中,多媒体计算机所特有的设备是(   )。

A. 打印机   B. 键盘   C. 扫描仪   D. 视频卡

38. 下列项中,属于多媒体软件的有(   )。

A. 多媒体压缩/解压缩软件   B. 多媒体通信协议

C. 多媒体声像同步软件　　　　　　　　D. 多媒体功能卡

39. 下列中系统不属于多媒体系统的是(　　)。

A. 字处理系统　　　　　　　　　　　　B. 具有编辑和播放功能的开发系统

C. 以播放为主的教育系统　　　　　　　D. 家用多媒体系统

40. 下面关于多媒体系统的描述中,(　　)是不正确的。

A. 多媒体系统也是一种多任务系统

B. 多媒体系统的最关键技术是数据压缩与解压缩

C. 多媒体系统只能在微机上运行

D. 多媒体系统是对文字、图形、声音、活动图像等信息及资源进行管理的系统

41. 下面关于声卡的叙述中,正确的是(　　)。

A. 利用声卡只能录制人的说话声,不能录制自然界中的鸟鸣声

B. 利用声卡可以录制 VCD 影碟中的伴音,但不能录制电视机和收音机里的声音

C. 利用声卡可以录制 WAVE 格式的音乐,也能录制 MIDI 格式的音乐

D. 利用声卡只能录制 WAVE 格式的音乐,不能录制 MIDI 格式的音乐

42. 显示器、音响设备可以作为计算机中多媒体的(　　)。

A. 感觉媒体　　　　B. 存储媒体　　　　C. 显示媒体　　　　D. 表现媒体

43. 要把普通 PC 机升级为多媒体计算机,至少应增加下列(　　)硬件。

A. 声卡　　　　　　　　　　　　　　　B. CD−ROM 和音箱

C. CD−ROM、声卡和音箱　　　　　　　D. 视卡、CD−ROM、声卡和音箱

44. 要通过口述的方式向计算机输入汉字,必须配备的辅助设备是(　　)。

A. 声卡、麦克风　　　　　　　　　　　B. 麦克风、扫描仪

C. 扫描仪、声卡　　　　　　　　　　　D. 扫描仪、手写笔

45. 要想使计算机能够很好地处理三维图形,我们的做法是(　　)。

A. 使用支持 2D 图形的显示卡　　　　　B. 使用支持 3D 图形的显示卡

C. 使用大容量的硬盘　　　　　　　　　D. 使用大容量的软盘

46. 以下关于多媒体计算机的说法中,不正确的是(　　)。

A. 多媒体计算机是指符合或超过 MPC 标准的计算机

B. 多媒体计算机是指能够综合处理多种媒体信息,并在它们之间建立逻辑关系,使之集成为一个交互式系统的计算机

C. 多媒体计算机是指能够设置多种文本格式的计算机

D. 多媒体计算机系统由硬件系统和软件系统两部分构成

47. 以下属于多媒体技术应用范畴的是(　　)。

A. 教育培训　　　　B. 虚拟现实　　　　C. 商业服务　　　　D. 以上都对

48. 以下文件格式中,不属于声音文件的是(　　)。

A. WAV　　　　　　B. BMP　　　　　　C. MIDI　　　　　　D. AIF

49. 以下文件类型中,不属于图形图像文件的是(　　)。

A. txt　　　　　　　B. bmp　　　　　　C. gif　　　　　　　D. jpg

50. 以下文件类型中,不属于音频文件的是(　　)。

A. avi　　　　　　　B. wav　　　　　　　C. mp3　　　　　　　D. midi

51. 有一个数值 152,它与十六进制 6A 相等,那么该数值是(　　　)。

A. 二进制数　　　　B. 八进制数　　　　C. 十进制数　　　　D. 四进制数

52. 在 Windows 中,录音机程序的文件扩展名是(　　　)。

A. MID　　　　　　B. WAV　　　　　　C. AVl　　　　　　　D. HTM

53. 在声音的数字化过程中,采样频率越高,声音的(　　　)越高。

A. 保真度　　　　　B. 失真度　　　　　C. 噪声　　　　　　D. 频率

54. 帧是视频图像或动画的(　　　)组成单位。

A. 唯一

B. 最小

C. 基本

D. 最大

习题四　计算机安全

一、单项选择题

1. CIH 病毒的类型为（　　　）。

A. 引导区型病毒　B. 文件型病毒　　　C. 混合型病毒　　　D. 宏病毒

2. 病毒程序进入计算机（　　　）并得到驻留是它进行传染的第一步。

A. 外存　　　　　B. 内存　　　　　C. 硬盘　　　　　　D. 软盘

3. 在下列四条叙述中，正确的是（　　　）。

A. 不联网的微型计算机也会传染上病毒

B. 微型计算机一般只具有定点运算功能

C. 微型计算机的内存容量不能超过 32MB

D. 微型计算机 CPU 的主频在使用时是可以随时调整的

4. 病毒通过什么途径传播到您的计算机上（　　　）？

A. 通过受感染的软盘　　　　　　　　B. 通过打开受感染的电子邮件附件

C. 通过在网络上共享受感染的文档　　D. 以上全部

5. 抵御计算机病毒的最重要措施是什么（　　　）？

A. 使用防病毒软件　　　　　　　　　B. 吃感冒药

C. 禁止其他人使用您的计算机　　　　D. 使用 Microsoft Update

6. 发现计算机病毒后，最佳的清除方式是（　　　）。

A. 用反病毒软件处理　　　　　　　　B. 格式化磁盘

C. 用酒精涂擦计算机　　　　　　　　D. 删除磁盘文件

7. 防病毒件（　　　）所有病毒。

A. 是有时间性的，可以消除　　　　　B. 是一种专门工具，可以消除

C. 有的功能很强，但不能保证消除　　D. 有的功能很弱，不能消除

8. 防止软盘感染病毒的有效方法是（　　　）。

A. 不要和有毒的软盘放在一起　　　　B. 保持机房清洁

C. 在写保护口上贴上胶条　　　　　　D. 定期对软盘格式化

9. 非法接收者试图从密文分析出明文的过程称为（　　　）。

A. 破译　　　　　B. 解密　　　　　C. 读取　　　　　　D. 翻译

10. 个人微机之间"病毒"传染媒介是（　　　）。

A. 键盘输入　　　B. 硬盘　　　　　C. 电磁波　　　　　D. 软盘

11. 何为安全更新（　　　）？

A. 与计算机大师的首次约会

B. 用于抵御最新的已知安全威胁的软件修补程序

C. 网站上可获得安全新闻的区域

D. 对计算机时钟的重置,旨在确保您不错过重要的邮件

12. 计算机病毒(　　)。

A. 不影响计算机的运行速度

B. 造成计算机器件的永久性失效

C. 不影响计算机的运算结果

D. 影响程序的执行,破坏用户数据与程序

13. 计算机病毒不可能侵入(　　)。

A. 硬盘　　　　　　　B. 计算机网络　　　　C. ROM　　　　　　D. RAM

14. 计算机病毒的传播途径有(　　)。

A. 磁盘　　　　　　　B. 空气　　　　　　　C. 内存　　　　　　D. 患病的试用者

15. 计算机病毒的传染性是指可以(　　)。

A. 破坏计算机硬件系统　　　　　　　B. 进行自我复制

C. 侵占内存　　　　　　　　　　　　D. 格式化硬盘

16. 计算机病毒的特点是具有(　　)。

A. 传播性、潜伏性、破坏性　　　　　　B. 传播性、破坏性、易读性

C. 潜伏性、破坏性、易读性　　　　　　D. 传播性、潜伏性、安全性

17. 计算机病毒的危害性表现在(　　)。

A. 能造成计算机器件永久性失效

B. 影响程序的执行,破坏用户数据与程序

C. 不影响计算机的运行速度

D. 不影响计算机的运算结果,不必采取措施

18. 计算机病毒的主要危害是(　　)。

A. 破坏信息,损坏 CPU　　　　　　　B. 干扰电网,破坏信息

C. 占用资源,破坏信息　　　　　　　D. 更改 Cache 芯片中的内容

19. 计算机病毒对于操作计算机的人(　　)。

A. 只会感染,不会致病　　　　　　　B. 会感染致病

C. 不会感染　　　　　　　　　　　　D. 会有厄运

20. 计算机病毒破坏的主要对象是(　　)。

A. 磁盘片　　　　　B. 磁盘驱动器　　　C. CPU　　　　　　D. 程序和数据

21. 计算机病毒是(　　)。

A. 一段计算机程序或一段代码　　　　B. 细菌

C. 害虫　　　　　　　　　　　　　　D. 计算机炸弹

22. 计算机病毒是可以造成机器故障的一种(　　)。

A. 计算机设备　　　B. 计算机程序　　　C. 计算机部件　　　D. 计算机芯片

23. 计算机病毒是一种(　　)。

A. 机器部件　　　　　　　　　　　B. 计算机文件

C. 微生物"病原体"　　　　　　　　D. 程序

24. 计算机病毒是一种程序片段,通常它隐藏在(　　)。

A. 计算机的 CPU 中　　　　　　　B. 计算机的内存储器中

C. 磁盘的所有文件中　　　　　　　D. 可执行文件中

25. 计算机病毒是指(　　)。

A. 编制有错误的计算机程序

B. 设计不完善的计算机程序

C. 已被破坏的计算机程序

D. 以危害系统为目的的特殊计算机程序

26. 计算机病毒通常分为引导区型、(　　)、混合型和宏病毒等四类。

A. 恶性　　　　B. 扩展名　　　　C. 文件型　　　　D. 潜伏型

27. 计算机病毒通常分为引导型、文件型和(　　)。

A. 外壳型　　　B. 复合型　　　　C. 内码型　　　　D. 操作系统型

28. 计算机病毒种类繁多,人们根据病毒的特征或危害性给病毒命名,下面(　　)不是病毒名称。

A. 震荡波　　　　B. 千年虫　　　　C. 欢乐时光　　　　D. 冲击波

29. 计算机病毒主要是造成(　　)损坏。

A. 磁盘　　　　　　　　　　　　　B. 磁盘驱动器

C. 磁盘和其中的程序和数据　　　　D. 程序和数据

30. 计算机感染上了病毒,可用下列哪个软件进行检查和清除(　　)。

A. Office　　　　B. DOS　　　　C. KV300　　　　D. WPS

31. 计算机运行时若发现病毒,应如何处理(　　)。

A. 重新启动机器　　　　　　　　　B. 使用清屏命令

C. 运行杀病毒软件　　　　　　　　D. 停机一天再用

32. 密码学中,发送方要发送的消息称作(　　)。

A. 原文　　　　　B. 密文　　　　　C. 明文　　　　　D. 数据

33. 目前常用的保护计算机网络安全的技术性措施是(　　)。

A. 防火墙　　　　　　　　　　　　B. 防风墙

C. KV300 杀毒软件　　　　　　　　D. 使用 Java 程序

34. 目前常用的加密方法主要有(　　)两种。

A. 密钥密码体系和公钥密码体系　　B. DES 和密钥密码体系

C. RES 和公钥密码体系　　　　　　D. 加密密钥和解密密钥

35. 目前使用的防杀病毒软件的作用是(　　)。

A. 检查计算机是否感染病毒,清除已感染的任何病毒

B. 杜绝病毒对计算机的侵害

C. 检查计算机是否感染病毒,清除部分已感染的病毒

D. 查出已感染的任何病毒,清除部分已感染的病毒

36. 你购买了一个具有版权的软件时,就获得了这个软件的(　　)。

　A. 复制权　　　　　B. 修改权　　　　　C. 出售权　　　　　D. 使用权

37. 您会在下列哪种情况下从受信任的发布者列表中删除证书(　　)。

　A. 使用完文件或代码

　B. 列表变得太长了,您只能同时信任 10 个发布者

　C. 证书无效

38. 如果发现某张软盘已染上病毒,则应(　　)。

　A. 将该软盘销毁

　B. 将该软盘上的文件复制到另外的软盘上使用

　C. 换一台计算机使用该软盘上的文件,使病毒慢慢消失

　D. 用反病毒软件清除该软盘上的病毒或在安装有防病毒卡的计算机上格式化该软盘

39. 若同一单位的很多用户都需要安装使用同一软件时,则应购买该软件相应的(　　)。

　A. 许可证　　　　　B. 专利　　　　　C. 著作权　　　　　D. 多个拷贝

40. 为了保护计算机软件著作权人的权益,国务院颁布实施了(　　)。

　A.《中华人民共和国著作权法》　　　　B.《软件著作保护法规》

　C.《计算机软件保护条例》　　　　　　D.《中华人民共和国软件保护法》

41. 为了防止别人非法的使用计算机,可以通过(　　)为计算机设置口令。

　A. CPU　　　　　B. CMOS　　　　　C. HDD　　　　　D. FDD

42. 为了提高安全性,应培养以下哪些习惯(　　)?

　A. 打开电子邮件附件时应谨慎

　B. 从不打开电子邮件附件

　C. 将计算机放置在封闭的房间里,且不设置 Internet 连接

　D. 每六个月更新一次防病毒软件

43. 文件型病毒传染的对象主要是(　　)类文件。

　A. . DBF　　　　　　　　　　　　B. . DOC

　C. . COM 和 . EXE　　　　　　　D. . EXE 和 . DOC

44. 文件型病毒是文件传染者,也被称为寄生病毒。它运作在计算机的(　　)里。

　A. 网络　　　　　B. 显示器　　　　　C. 打印机　　　　　D. 存储器

45. 下列安全措施中,(　　)用于辨别用户(或其他系统)的真实身份。

　A. 身份认证　　　　B. 数据加密　　　　C. 访问控制　　　　D. 审计管理

46. 下列关于计算机病毒的说法,不正确的是(　　)。

　A. 计算机病毒是人为制造的能对计算机安全产生重大危害的一种程序

　B. 计算机病毒具有传染性、破坏性、潜伏性和变种性等

　C. 计算机病毒的发作只是破坏存储在磁盘上的数据

　D. 用管理手段和技术手段的结合能有效地防止病毒的传染

47. 下列关于计算机病毒的说法中,正确的是(　　)。

A. 杀病毒软件可清除所有病毒

B. 计算机病毒通常是一段可运行的程序

C. 加装防病毒卡的计算机不会感染病毒

D. 病毒不会通过网络传染

48. 下列软件中,不属于杀毒软件的是(　　)。

A. KV300　　　　　B. 金山毒霸　　　　C. fl2002　　　　D. KILL

49. 下列软件中不是杀毒软件的是(　　)。

A. KV300　　　　　B. KILL　　　　　C. AV95　　　　D. WinZip

50. 下列属于杀毒软件的是(　　)。

A. CIH　　　　　B. DOS　　　　　C. KV300　　　　D. BIOS

51. 下列说法中正确的是(　　)。

A. 一张软盘经反病毒软件检测和清除病毒后,该软盘就为没有病毒的干净盘

B. 若发现软盘带病毒,立即将盘上所有文件复制到一张干净盘上,然后将原有软盘格式化

C. 若软盘上存放有文件和数据,且没有病毒,则只要将该软盘写保护就不会感染上病毒

D. 如果一张软盘上没有可执行文件,则不会传染上病毒

52. 下列叙述中,(　　)是不正确的。

A. 黑客是指黑色的病毒　　　　　B. 计算机病毒是程序

C. CIH 是一种病毒　　　　　D. 防火墙是一种被动式防卫软件技术

53. 下列叙述中,正确的是(　　)。

A. 计算机病毒只能传染给可执行文件

B. 计算机软件是指存储在软盘中的程序

C. 硬盘虽然装在主机箱内,但它属于外存

D. RAM 中的信息在关机后不会丢失

54. 下列选项中,(　　)不是黑客行为特征的表现形式。

A. 恶作剧型　　　B. 隐蔽攻击型　　　C. 定时炸弹型　　　D. 解决矛盾型

55. 下列选项中,(　　)不是计算机病毒的特点。

A. 可执行性　　　B. 破坏性　　　　C. 遗传性　　　　D. 潜伏性

56. 下列选项中,(　　)不是计算机犯罪的特点。

A. 犯罪智能化　　B. 犯罪目的专一　C. 犯罪手段隐蔽　D. 跨国性

57. 下列选项中,(　　)不是网络信息安全的技术特征。

A. 可靠性　　　　B. 可用性　　　　C. 保密性　　　　D. 可行性

58. 下列选项中,(　　)不是网络信息安全所面临的自然威胁。

A. 自然灾害　　　　　　　　B. 恶劣的场地环境

C. 电磁辐射和电磁干扰　　　　D. 偶然事故

59. 下面是有关计算机病毒的叙述,正确的是(　　)。

A. 计算机病毒是指计算机长期使用后,计算机自动生成的程序

B. 计算机病毒是指计算机长期未使用后，计算机自动生成的程序

C. 计算机病毒容易传染给长期使用计算机的人

D. 计算机病毒是人为编制的一种带恶意的程序

60. 下面四项中，不属于计算机病毒特征的是（　　）。

A. 潜伏性　　　　　　B. 破坏性　　　　　　C. 传染性　　　　　　D. 免疫性

61. 下面有关计算机病毒的说法（　　）是正确的。

A. 计算机病毒是一个 MIS 程序

B. 计算机病毒是对人体有害的传染病

C. 计算机病毒是一个能够通过自身复制传染，起破坏作用的计算机程序

D. 计算机病毒是一段程序，但对计算机无害

62. 下述（　　）不属于计算机病毒的特征。

A. 传染性、隐蔽性　　　　　　　　　B. 侵略性、破坏性

C. 潜伏性、自灭性　　　　　　　　　D. 破坏性、传染性

63. 信息安全是对数据的（　　）进行保护。

A. 安全性　　　　　　B. 可用性　　　　　　C. 可靠性　　　　　　D. 完整性

64. 以下关于计算机病毒的叙述，病毒是（　　）的说法是不正确。

A. 一段程序　　　　　　　　　　　　B. 能够扩散

C. 由计算机系统运行混乱造成　　　　D. 可以预防和消除

65. 以下关于计算机病毒的叙述，正确的是（　　）。

A. 若删除盘上所有文件则病毒也会删除

B. 若用杀毒软盘清毒后，感染文件可完全恢复原来状态

C. 计算机病毒是一段程序

D. 为了预防病毒侵入，不要运行外来软盘或光盘

66. 以下是四种加密算法，其中（　　）不是公钥加密算法。

A. RSA　　　　　　B. ElGamal　　　　　　C. DES　　　　　　D. Knapsack

67. 引导型病毒程序存放在（　　）。

A. 最后 1 扇区中　　　　　　　　　　B. 第 2 物理扇区中

C. 数据扇区中　　　　　　　　　　　D. 引导扇区中

68. 预防软盘感染病毒的有效措施是（　　）。

A. 定期对软盘进行格式化　　　　　　B. 不要把软盘和有病毒软盘放在一起

C. 保持软盘的清洁　　　　　　　　　D. 给软盘加上写保护

二、多项选择题

1. 对于计算机病毒必须以预防为主，采用有效的预防措施。切断病毒的传播途径，做到防患于未然。下面行之有效的防范措施有（　　）。

A. 对新购置的计算机、计算机软件等，应该首先用检测病毒软件检查病毒

B. 在保证硬盘无病毒的情况下，能用硬盘引导启动的，不要用软盘启动

C. 定期或不定期地进行磁盘文件备份工作,不要等到由于病毒破坏、机器硬件或软件故障使数据受到损伤时再去急救

D. 重要的数据应及时进行备份,并且备份前要保证没有病毒

E. 任何情况下,应保留一张无病毒的系统启动软盘,用于清除病毒和维护系统

F. 为系统安装一个具有实时在线防御、在线升级功能的杀毒软件

2. 关于计算机病毒,下面哪一个说法是正确的(　　)?

A. 一台计算机能用A盘启动,但不能用B盘启动,则计算机一定感染了病毒

B. 有些计算机病毒并不破坏程序和数据,而是占用磁盘存储空间

C. 计算机病毒不会损坏硬件

D. 可执行文件的长度变长,则该文件有可能被病毒感染

3. 计算机病毒具有的特点是(　　)。

A. 可执行性　　　　　　　　B. 传染性

C. 潜伏性　　　　　　　　　D. 遗传性

E. 衍生性

4. 人们借用生物学中的"病毒"来形容计算机病毒的理由有(　　)。

A. 两者都有一定时期的潜伏期

B. 两者都有感染性,只是受感染的对象不同而已

C. 两者感染的途径都是一样的

D. 计算机病毒可以破坏计算机系统,而生物病毒破坏的是生物的肌体

5. 文件型病毒是寄生病毒,运行在计算机存储器中,通常感染(　　)类型扩展名的文件。

A. .EXE　　　　B. .TXT　　　　C. .COM　　　　D. .SYS

6. 下面哪些现象不属于计算机犯罪行为(　　)?

A. 利用计算机网络破坏或窃取他人的信息资源

B. 某公司职员早上上班时,机器启动后不久就没有动静了

C. 某公司会计利用工作之便修改财务系统的数据,侵吞公款

D. 由于操作不小心,把计算机内的一些重要资料给删除掉了

7. 下面哪些现象属于计算机系统的安全问题(　　)?

A. 计算机的程序和数据被非法修改

B. 计算机内的数据受到病毒的破坏

C. 计算机的通信线路被人盗用

D. 停电了,还没有来得及存盘的电脑资料再也找不回来了

8. 信息安全包括的要素有(　　)。

A. 技术　　　　B. 制度　　　　C. 流程　　　　D. 人

9. 以下各项工作,属于计算机病毒的预防工作的是(　　)。

A. 不使用盗版的光盘

B. 建立数据备份制度

C. 建立微机局域网

D. 备份重要的系统参数

习题五　Word 2010 文字处理软件

一、单项选择题

1. Word 表格功能相当强大，把插入点放在表的最后一行的最后一个单元格时，按 Tab 键将（　　）。

A. 在同一单元格里建立一个文本新行

B. 产生一个新列

C. 产生一个新行

D. 插入点移到第一行的第一个单元格

2. Word 在表格计算时对运算结果进行刷新，可使用以下哪个功能键（　　）？

A. F8　　　　　　　B. F9　　　　　　　C. F5　　　　　　　D. F7

3. Word 中若要在表格的某个单元格中产生一条对角线，应该使用（　　）。

A. 表格和边框工具栏中的"绘制表格"工具按钮

B. 插入菜单中的"符号"命令

C. 表格菜单中的"拆分单元格"命令

D. 绘图工具栏中的"直线"按钮

4. 关于插入表格命令，下面说法中错误的是（　　）。

A. 插入表格只能是 2 行 3 列　　　　　B. 插入表格能够套用格式

C. 插入表格不能调整列宽　　　　　　D. 插入表格可自定义表格的行和列数

5. 绘制图形时，如果画一条水平、垂直或者 15 度角的直线，在拖动鼠标时，需要按下列（　　）键。

A. Ctrl　　　　　　B. Tab　　　　　　C. Shift　　　　　　D. F4

6. 设 Word 中有一个 6 行 5 列的表格，当插入点在第三行最右边的单元格时按 Tab 键，插入点将移动到（　　）。

A. 上一行左边第一个单元格　　　　　B. 上一行右边第一个单元格

C. 下一行左边第一个单元格　　　　　D. 下一行右边第一个单元格

7. 使用快速创建表格的方法能创建的最大表格为（　　）。

A. 8 列 10 行　　　　B. 10 列 8 行　　　　C. 11 列 9 行　　　　D. 10 行 9 列

8. 用（　　）菜单中的插入表格命令可在一篇文档中插入表格。

A. 插入　　　　　　B. 表格　　　　　　C. 工具　　　　　　D. 格式

9. 用表格菜单中的绘制表格按钮绘制表格可以用（　　）删除框线。

A. Backspace 键　　　　　　　　　　B. Del 键

C. 擦除按钮　　　　　　　　　　　D. 表格菜单中的删除框线命令

10. 专业水平的文档由以下哪几个部分组成(　　)?

A. 文字、照片以及页眉和页脚　　　B. 文字、目录和封面

C. 文字、快速样式和文本框　　　　D. 以上全部

11. 在 Word 表格中若要计算某列的总计值可以用到的统计函数为(　　)。

A. SUM　　　　　B. TOTAL　　　　C. AVERAGE　　　D. COUNT

12. 在 Word 的编辑状态,选择了整个表格,执行了表格菜单中的"删除行"命令,则(　　)。

A. 整个表格被删除　　　　　　　　B. 表格中一行被删除

C. 表格中一列被删除　　　　　　　D. 表格中没有被删除的内容

13. 在 Word 的表格操作中,改变表格的行高与列宽可用鼠标操作,方法是(　　)。

A. 当鼠标指针在表格线上变为双箭头形状时拖动鼠标

B. 双击表格线

C. 单击表格线

D. 单击"拆分单元格"按钮

14. 在 Word 中,关于表格单元格的叙述,不正确的是(　　)。

A. 单元格中可以包含多个段　　　　B. 单元格的内容可以是图形

C. 单元格可以被分割　　　　　　　D. 同一行的单元格的格式相同

15. 在编辑表格的过程中如何在改变表格中某列宽度的时候不影响其他列的宽度(　　)?

A. 直接拖动某列的右边线

B. 直接拖动某列的左边线

C. 拖动某列右边线的同时按住 Shift 键

D. 拖动某列右边线的同时按住 Ctrl 键

16. (　　)可使站点有一个协调的外观,它带有背景图像、按钮、项目符号、文本颜色等。

A. 样式　　　　　B. 背景　　　　　C. 主题　　　　　D. 模板

17. Word 给选定的段落、表格单元、图文框等添加的背景称为(　　)。

A. 图文框　　　　B. 阴影　　　　　C. 底纹　　　　　D. 边框

18. Word 文档中,每个段落都有自己的段落标记,段落标记的位置在(　　)。

A. 段落的首部　　　　　　　　　　B. 段落的结尾处

C. 段落的中间位置　　　　　　　　D. 段落中,但用户找不到的位置

19. Word 中的段落是一个格式化单位,以下不属于段落的格式是(　　)。

A. 对齐方式　　　　B. 缩进　　　　　C. 动态效果　　　D. 制表符

20. 把插入到文档中的图形剪掉一部分用(　　)中的裁剪命令。

A. 图片工具栏　　　B. 工具菜单　　　C. 插入菜单　　　D. 表格菜单

21. 插入点位于某段落的某个字符前时,从"格式工具栏"的"样式"框中选择了某种样式。这种样式对(　　)起作用。

A. 该字符　　　 B. 字符所在行　　 C. 当前段落　　　 D. 所有段落

22. 插入文本框时,自动切换到(　　)视图。

A. 页面　　　　　 B. 普通　　　　　 C. 大纲　　　　　 D. 版式联机

23. 插入硬分页符的命令是(　　)。

A. 格式|字体　　　　　　　　　　 B. 插入|页码

C. 插入|分隔符　　　　　　　　　 D. 插入|特殊符号

24. 单击"绘图"工具栏中的(　　)按钮,可为艺术字设置边线颜色。

A. 字体颜色　　 B. 填充色　　　 C. 线条颜色　　　 D. 三维效果

25. 单击艺术字,其周围出现 8 个小方块和一个黄色小菱形,它们的作用分别是(　　)。

A. 小方块用于缩放艺术字,而黄色小菱形用来移动艺术字

B. 小方块用于改变艺术字的变形幅度,而黄色小菱形用来缩放艺术字

C. 小方块用于移动艺术字,而黄色小菱形用来缩放艺术字

D. 小方块用于缩放艺术字,而黄色小菱形用来改变艺术字的变形幅度

26. 当对某段进行"首字下沉"操作后,再选中该段进行分栏操作,这时"格式"|"分栏"命令无效,原因是(　　)。

A. 首字下沉,分栏操作不能同时进行,也就是进行了设置首字下沉,就不能分栏

B. 分栏只能对文字操作,不能作用于图形,而首字下沉后的字具有图形的效果,只要不选中下沉的字,就可进行分栏

C. 计算机有病毒,先清除病毒,再分栏

D. Word 软件有问题,重新安装 Word,再分栏

27. 当您要更改文档的整个外观时该应用什么(　　)?

A. 页面边框　　　 B. 段落底纹　　　 C. 主题

28. 当新插入的剪贴画遮挡住原来的对象时,下列(　　)说法不正确。

A. 可以调整剪贴画的大小

B. 可以调整剪贴画的位置

C. 只能删除这个剪贴画,更换大小合适的剪贴画

D. 调整剪贴画的叠放次序,将被遮挡的对象提前

29. 段落标记是在输入什么之后产生的(　　)?

A. 句号　　　　 B. Enter 键　　　 C. Shift+Enter　 D. 分页符

30. 段落对齐方式中的"两端对齐"指的是(　　)。

A. 左右两端都要对齐,字符少的将加大间隔,把字符分散开以便两端对齐

B. 左右两端都要对齐,字符少的将靠左对齐

C. 或者左对齐或者右对齐,统一即可

D. 在段落的第一行右对齐,末行左对齐

31. 段落形成于(　　)。

A. 按了 Enter(回车)键

B. 按了 Shift+Enter 键

C. 有空行作为分隔

D. 输入字符到达一定行宽就自动转入下一行

32. 对编辑文本设置首字下沉,应(　　　),然后用格式菜单中的首字下沉命令。

A. 使光标位于该段任意位置　　　　　B. 使用鼠标选中该段

C. 使光标位于该段字首　　　　　　　D. 使光标位于该页

33. 对图表对象的编辑,下面叙述不正确的是(　　　)。

A. 图例的位置可以在图表区的任何处

B. 对图表区对象的字体改变,将同时改变图表区内所有对象的字体

C. 鼠标指向图表区的八个方向控制点之一拖放,可进行对图表的缩放

D. 不能实现将嵌入图表与独立图表的互转

34. 对页眉、页脚的操作,以下叙述正确的是(　　　)。

A. 要将页眉居中显示,可使用"格式"工具栏的"居中"按钮

B. 要改变页眉或页脚的字体,可使用"格式"|"单元格"命令或"格式"工具栏对应的按钮

C. 要取消页眉,可在"页眉或页脚"对话框单击"自定义页眉"按钮后直接删除页眉,也可在页眉下拉式列表框选择"无"

D. 以上叙述均不正确

35. 对字符串带格式查找时,应再单击(　　　)按钮。

A. 格式　　　　　　B. 特殊字符　　　　C. 不限定格式　　　D. 常规

36. 改变某一段文本字体时必须(　　　),然后使用格式工具栏中的字体栏。

A. 把光标移到该段所在的节　　　　　B. 把光标移到该段

C. 把光标移到该段所在的页　　　　　D. 选中该段文本

37. 改变图形对象大小时,如果要保持图形的比例,拖动拐角句柄的同时要按下(　　　)键。

A. Ctrl　　　　　　B. Ctrl+Shift　　　　C. Shift　　　　　　D. Tab

38. 改变艺术字的颜色的方法是:先选择艺术字,(　　　)。

A. 单击"绘图"工具栏的"填充颜色"按钮

B. 单击"艺术字"工具栏的"设置艺术字格式"按钮,在出现的"设置艺术字格式"对话框中设置颜色

C. 单击"艺术字"工具栏的"重新着色"按钮

D. 单击"图片"工具栏的"重新着色"按钮

39. 格式工具栏中字体大小列表中的中文字号是(　　　)。

A. 都不正确　　　　　　　　　　　　B. 字号小对应的字符小

C. 字号大对应的字符大　　　　　　　D. 字号大对应的字符小

40. 格式刷的作用是快速复制格式,其操作技巧是(　　　)。

A. 单击可以连续使用　　　　　　　　B. 双击可以使用一次

C. 双击可以连续使用　　　　　　　　D. 右击可以连续使用

41. 更改多级列表的设计时,您有(　　　)选项。

A. 各个级别的项目符号　　　　　　　B. 各个级别的编号

C. 各个级别的字母　　　　　　　　　D. 项目符号、编号与字母的组合

E. 以上全部

42. 更改拼写错误的步骤是(　　　)。

A. 双击,然后选择菜单上的某个选项

B. 右键单击,然后选择菜单上的某个选项

C. 单击,然后选择菜单上的某个选项

43. 关闭"修订"有(　　　)作用。

A. 删除修订和批注　　　　　　　　　B. 隐藏现有的修订和批注

C. 停止标记修订

44. "减少缩进量"和"增加缩进量"调整的是段落的(　　　)。

A. 左缩进　　　　B. 右缩进　　　　C. 段落左缩进　　　　D. 所有缩进

45. 将插入点移到文档结束位置,按(　　　)键。

A. Ctrl+End　　　　B. Home　　　　C. Ctrl+Home　　　　D. Alt+Home

46. 将插入点置于设置了首字下沉的段落后,打开"首字下沉"对话框,单击(　　　),再单击"确定"按钮,取消首字下沉。

A. 无　　　　B. 下沉　　　　C. 悬挂　　　　D. 取消

47. 将某一文本段的格式复制为另一文本段的格式,先选择源文本,单击(　　　)按钮后才能进行格式复制。

A. 格式刷　　　　B. 复制　　　　C. 重复　　　　D. 保存

48. 将一页从中间分成两页,正确的操作是(　　　)。

A. 格式菜单中的"字体"　　　　　　　B. 插入菜单中的"页码"

C. 插入菜单中的"分隔符"　　　　　　D. 插入菜单中的"自动图文集"

49. 将一个段落的段落标记删除后,原段落内容所采用的编排格式是(　　　)编排。

A. 删除前的段落标记确定的格式　　　B. 原后一段落的格式

C. 原前一段落的格式　　　　　　　　D. 以上都不是

50. 可用 Word 的(　　　)工具栏改变字体的大小。

A. 格式　　　　B. 常用　　　　C. 绘图　　　　D. 表格与边框

51. 您想向已键入的一些字词文本添加强调效果。第一步是(　　　)。

A. 在浮动工具栏上单击"加粗"

B. 选择要设置格式的文本

C. 在"开始"选项卡上的"字体"组中单击"加粗"

52. 您要更改您刚才应用的艺术字中的字体,从哪里开始(　　　)?

A. 在"插入"选项卡上单击"艺术字"

B. 突出显示艺术字文字,然后在"字体"对话框中选择一个不同的字体

C. 单击以选择艺术字文字(使其具有虚线边框),然后单击"艺术字工具"下的"格式"选项卡

53. 您要在插入的图片周围添加发光效果,(　　　)可以找到该效果。

A. 在"绘图工具"中的"格式"选项卡上

B. 在"图片工具"中的"格式"选项卡上

C. 在"SmartArt 工具"中的"格式"选项卡上

54. 如果您的文档中有一个圆形需要应用渐变填充。第一步是（　　）。

A. 单击"插入"选项卡　　　　　　B. 选择圆

C. 单击"形状填充"按钮

55. 如果想把多个图形一次移动到其他位置,首先应（　　）,然后再拖动图形到目标位置。

A. 依次单击各图形

B. 按 Ctrl 键依次单击各图形

C. 按 Shift 键依次单击各图形

D. 按 Ctrl 键依次单击各图形,并单击"绘图"工具栏的"绘图"工具的"组合"命令

56. 如果要将艺术字"学习中文 Word"更改为"学习 MS—Office",单击艺术字工具栏的（　　）按钮,打开编辑"艺术字"文字对话框。

A. 编辑文字　　　B. 艺术字格式　　　C. 艺术字库　　　D. 艺术字形状

57. 如果要利用"设置文本框格式"对话框改变文本框大小,应在对话框中单击（　　）标签。

A. 大小　　　　　B. 文本框　　　　　C. 位置　　　　　D. 图片

58. 如果要调整行距,单击"段落"对话框中的（　　）标签。

A. 缩进和间距　　B. 换行和分段　　　C. 其他　　　　　D. 度量值

59. 如果在 Word 的主窗口中显示常用工具栏按钮,应使用菜单（　　）。

A. 工具菜单　　　B. 视图菜单　　　　C. 格式菜单　　　D. 窗口菜单

60. 如文档中某一段与其前后两段之间要留有较大间隔,一般应（　　）。

A. 在两行之间用按回车键的办法添加空行

B. 在两段之间用按回车键的办法添加空行

C. 用段落格式设定来增加段距

D. 用字符格式设定来增加间距

61. 三维效果在（　　）工具栏中。

A. 常用　　　　　B. 格式　　　　　　C. 绘图　　　　　D. 图片

62. 使用 Word 制作两页的个人简历,文件可能的大小是（　　）字节。

A. 46K　　　　　B. 46M　　　　　　C. 46G　　　　　D. 46T

63. 在"打印机"窗口中有一正被打印的文档,选择"文档"菜单项中的（　　）项可暂停打印。

A. 取消　　　　　B. 暂停　　　　　　C. 查看　　　　　D. 删除

64. 输入页眉、页脚内容的选项所在的菜单是（　　）。

A. 文件　　　　　B. 插入　　　　　　C. 视图　　　　　D. 格式

65. 调整图片大小可以用鼠标拖动图片四周任一控制点,但只要拖动（　　）控制点,才能使图片等比例缩放。

A. 左或右   B. 上或下   C. 四个角之一   D. 均不可以

66. 调整图片大小时,为什么要确保选中"锁定纵横比"选项(   )?

A. 它可以使图片保持在幻灯片上的原位置

B. 它能确保提供最佳的颜色

C. 它可以使图片在调整大小过程中保持比例

67. 为输入的文本加边框时,应单击(   )按钮。

A. 编号   B. 项目符合   C. 字符边框   D. 绘图

68. 为文本加可选线型边框时,应单击(   )。

A. 格式—段落   B. 字符边框按钮

C. 字符底纹按钮   D. 格式—边框和底纹

69. 为在 Word 文档中获得艺术字的效果,可以选用下列哪种方法(   )。

A. 单击"常用"工具栏中的"绘图"按钮

B. Windows 中的"画图"程序

C. 单击"格式"菜单中的"字体"命令

D. 执行"插入"菜单的"图片"命令

70. 文本编辑的目的是使文本正确、清晰、美观,从严格意义上讲,下列(   )操作属于文本编辑操作。

A. 统计文本中字数   B. 文本压缩

C. 添加页眉和页脚   D. 识别并提取文本中的关键词

71. 我希望 SmartArt 图形呈现三维效果。可以在(   )上找到此样式。

A. "设计"选项卡   B. "SmartArt 工具"中的"设计"选项卡

C. "SmartArt 工具"中的"格式"选项卡

72. 下边说法中正确的是(   )。

A. 可只删除图文框,也可只删除图文框里的内容

B. 只能删除图文框中的内容,不能删除图文框

C. 只能删除图文框,不能删除其中的内容

D. 必须将图文框和其中的内容一起删除

73. 下列不属于"行号"编号方式的是(   )。

A. 每页重新编号   B. 每段重新编号

C. 每节重新编号   D. 连续编号

74. 下列说法中正确的是(   )。

A. 一组艺术字中的不同字符可以有不同字体

B. 一组艺术字中的不同字符可以有不同字号

C. 一组艺术字中的不同字符可以有不同字体、字号

D. 以上三种说法均不正确

75. 下列叙述不正确的是(   )。

A. 删除自定义样式 Word 将从模板中取消该样式

B. 删除内建的样式 Word 将保留该样式的定义样式并没有真正删除

C. 内建的样式中"正文、标题"是不能删除的

D. 一个样式删除后 Word 将对文档中的原来使用的样式的段落文本一并删除

76. 下面哪个不是 SmartArt 图形中的一种主要布局类型(　　)?

A. 射线图　　　　　B. 循环图　　　　　C. 矩阵图

77. 向右拖动标尺上的(　　)缩进标志,插入点所在的整个段落向右移动。

A. 左　　　　　　　B. 右　　　　　　　C. 首行　　　　　　D. 悬挂

78. 向左拖动标尺上的右缩进标志,(　　)向左移动。

A. 插入点所在段落除第一行外全部　　B. 插入点所在段落

C. 插入点所在段落第一行　　　　　　D. 整篇文档

79. 项目编号的作用是(　　)。

A. 为每个标题编号　　　　　　　　　B. 为每个自然段编号

C. 为每行编号　　　　　　　　　　　D. A,B,C 都正确

80. 要将在 Windows 其他软件下制作的图片复制到当前 Word 文档中,下列说法中正确的是(　　)。

A. 不能将其他软件中制作的图片复制到当前 Word 文档中

B. 可以通过剪贴板将其他软件的图片复制到当前 Word 文档中

C. 先在屏幕上显示要复制的图片,当打开 Word 文档时便可以使图片复制到文档中

D. 先打开 Word 文档,然后直接在 Word 环境下显示要复制的图片

81. 要在幻灯片中插入表格、图片、艺术字、视频、音频等元素时,应在(　　)选项卡中操作。

A. 文件　　　　　B. 开始　　　　　　C. 插入　　　　　　D. 设计

82. 以下哪一项是使用文字效果(如艺术字)的最佳方案(　　)?

A. 适当使用　　　　　　　　　　　　B. 多样性会产生最佳效果

83. 艺术字对象实际上是(　　)。

A. 文字对象　　　　　　　　　　　　B. 图形对象

C. 链接对象　　　　　　　　　　　　D. 既是文字对象也是图形对象

84. 与选择普通文本不同,单击艺术字时,选中(　　)。

A. 艺术字整体　　　　　　　　　　　B. 一行艺术字

C. 一部分艺术字　　　　　　　　　　D. 文档中所有插入的艺术字

85. 在 Word 2010 中"分节符"位于(　　)选项下。

A. 开始　　　　　　B. 插入　　　　　C. 页面布局　　　　D. 视图

86. 在 Word 中,您要向 Web 文档添加背景。单击"页面布局"选项卡上的(　　)命令。

A. 水印　　　　　　B. 页面颜色　　　C. 页面背景

87. 在 Word 中,在页面设置选项中,系统默认的纸张大小是(　　)。

A. A4　　　　　　　B. B5　　　　　　C. A3　　　　　　　D. 16 开

88. 在 Word 2010 中想打印 1、3、8、9、10 页,应在"打印范围"中输入(　　)。

A. 138-10　　　　　　　　　　　　B. 1、3、8-10

C. 1—3—8—10   D. 1、3、8、9、10

89. 在 Word 2010 中,可以通过(   )功能区对不同版本的文档进行比较和合并。

A. 页面布局   B. 引用   C. 审阅   D. 视图

90. 在 Word 2010 中,通过(   )功能区对所选内容添加批注。

A. 插入   B. 页面布局   C. 引用   D. 审阅

91. 在 Word 中,(   )不是段落的格式。

A. 缩进   B. 行距   C. 字距   D. 段距

92. 在 Word 中,\\h 这个 TOC 域开关有(   )的作用。

A. 将目录项转变为超链接   B. 从目录项中删除超链接

C. 在某个目录项中包括页码   D. 从某个目录项中删除页码

93. 在 Word 中,除了"格式"工具栏上的字体、字号、粗体、下划线按钮之外,(   )具有更为丰富的字体格式设置功能。

A. "格式"菜单中的"字体"命令   B. "常用"工具栏中的"字体"按钮

C. "视图"菜单中的"字体"命令   D. "控制面板"中"字体"选项

94. 在 Word 中,单击某个按钮可找到用于打开和保存文件的命令,该按钮在(   )。

A. 第一个选项卡上   B. 左上角中

C. 功能区的底部

95. 在 Word 中,对标尺、缩进等格式设置除了使用以厘米为度量单位外,还增加了字符为度量单位,这通过(   )显示的对话框中的有关复选框来进行度量单位的选取。

A. 工具|选项命令的"常规"标签   B. 工具|选项命令的"编辑"标签

C. 格式|段落命令   D. 工具|自定义命令的"选项"标签

96. 在 Word 中,(   )为多级列表。

A. 包含一个以上列表项的列表

B. 既包含编号又包含项目符号的列表

C. 主列表中各个列表项下有子列表的列表

D. 包含多个列表的文档

97. 在 Word 中,(   )为域。

A. 一种文档属性

B. 一个 Microsoft Visual Basic for Applications(VBA)宏

C. 域包含一组代码,指示 Word 在文档中自动插入信息或执行操作

D. 奶牛生活的地方

98. 在 Word 中,进行字体设置后,按新设置显示的文字是(   )。

A. 插入点所在行的所有文字   B. 插入点所在段落的所有文字

C. 文档中被选定的文字   D. 文档中的全部文字

99. 在 Word 中,可用标尺直接设置页边距,下列叙述错误的是(   )。

A. 水平标尺用于设置左右(内外)边距 B. 垂直标尺用于设置顶端和底部边距

C. 标尺上的灰色区域表示页边距   D. 标尺上的白色区域表示页边距

100. 在 Word 中,每个段落(　　　),即段落结束标记的位置总在段尾。

A. 以句号结束 　　　　　　　　　　 B. 以空格结束

C. 由用户键入回车键结束 　　　　　　 D. 由 Word 自动设定结束

101. 在 Word 中,模板与文档的显著差别是(　　　)。

A. 模板包含样式 　　　　　　　　　 B. 它包含 Word 主题

C. 它可以将其自身的副本作为新文档打开

102. 在 Word 中,目录标识符是(　　　)。

A. 如果您有两个(或更多)目录,可以使用字母值对它们进行标识,例如,目录 A、目录 B 和目录 C

B. 它是一个按顺序为文档中的每个表格分配的数值

C. 它是一个向导,告诉您哪一种目录才能以最佳效果呈现您的信息

103. 在 Word 中,水印的主要目的是(　　　)。

A. 验证打印文档为原始文档 　　　　　 B. 向打印文档添加带斑纹的水状装饰

C. 传达有用信息或为打印文档增添视觉趣味,而不会影响正文文字

104. 在 Word 中,为了保证字符格式的显示效果和打印效果一致,应设定的视图方式是(　　　)。

A. 普通视图 　　　 B. 页面视图 　　　 C. 大纲视图 　　　 D. 全屏幕视图

105. 在 Word 中,为了将自定义水印添加到水印库,首先必须在页面上选择它。应如何操作(　　　)?

A. 单击它 　　　　　　　　　 B. 打开"页眉和页脚"视图,然后单击水印

106. 在 Word 中,新文档的默认模板为(　　　)。

A. 通用模板 　　　　　　　　　 B. 标准商务信函模板

C. 传真封面模板 　　　　　　　　 D. 备忘录模板

107. 在 Word 中,要取消文档中某句话的粗体格式,应(　　　)。

A. 选中这句话,单击格式工具条中的粗体按钮

B. 直接单击格式工具条中的粗体按钮

C. 选中这句话,单击格式工具条中的非粗体按钮

D. 单击格式工具条中的非粗体按钮

108. 在 Word 中,要显示或隐藏"常用工具栏",应使用(　　　)菜单。

A. 工具 　　　 B. 格式 　　　 C. 视图 　　　 D. 窗口

109. 在 Word 中,要显示页边距中的所有内容,应选择(　　　)。

A. 页面视图 　　 B. 普通视图 　　 C. 大纲视图 　　 D. 主控文档视图

110. 在 Word 中,要向页面或文字添加边框或底纹,从(　　　)开始。

A."绘图工具"下的"格式"选项卡 　　 B."插入"选项卡

C."页面布局"选项卡

111. 在 Word 中,要写入一个形如 $\sum_{i=1}^{n} Ai$ 的式子,最好是使用 Word 附带的(　　　)。

A. 画图 　　　 B. 公式编辑器 　　　 C. 图像生成器 　　　 D. 剪贴板

112. 在 Word 中,要自动创建一个使用黑点作为项目符号设计的项目符号列表,您应该键入(   )。

　　A. 1. 和一个空格　　　　　　　　B. @和一个空格

　　C. a. 和一个空格　　　　　　　　D. ＊和一个空格

113. 在 Word 中,应该如何排列一个新段落,以使其中文本的缩进量与上面的项目符号列表项的缩进量相同(   )?

　　A. 结束列表,然后使用标尺上的缩进对齐新段落的开始位置

　　B. 添加一个新列表项,然后按 Backspace 删除该项目符号

　　C. 添加一个新列表项,然后按两次 Backspace

　　D. 添加一个新列表项,然后再次按 Enter

114. 在 Word 中,应该在什么时候使用书签目录(   )?

　　A. 在文档中,不同目录的目录项分散在整个文档的各个部分

　　B. 文档中包括多个连续章节,而您希望为每个章节制作一个目录

　　C. 在文档中,为每个不同目录的目录项指定了不同的标题样式

115. 在 Word 中,在(   )中可以改变文档字体的大小。

　　A. 格式工具栏　　　　　　　　　B. 常用工具栏

　　C. 绘图工具栏　　　　　　　　　D. 数据库工具栏

116. 在 Word 中可以建立几乎所有的复杂公式,通过下列哪种方法实现(   )?

　　A. 执行"插入"菜单中的"符号"命令

　　B. Excel 公式

　　C. 执行"插入"菜单的"对象"命令中选择公式编辑器

　　D. 执行"格式"菜单中的"符号"命令

117. 在 Word 中每个段落的段落标记在(   )。

　　A. 段落中无法看到　　　　　　　B. 段落的结尾处

　　C. 段落的中部　　　　　　　　　D. 段落的开始处

118. 在 Word 中某一段落的行距如果不特别设置则由 Word 根据该字符的大小自动调整,此行距称为(   )行距。

　　A. 1.5 倍行距　　　B. 单倍行距　　　C. 固定值　　　D. 最小值

119. 在 Word 中提供了单倍、多倍、固定行距等(   )种行间距选择。

　　A. 5　　　　　　　B. 6　　　　　　　C. 7　　　　　　　D. 8

120. 在 Word 中选定某一段文字后,连击两次工具栏中的"倾斜"按钮后,这一段文字(   )。

　　A. 将呈左斜体格式　　　　　　　B. 将呈右斜体格式

　　C. 附近有出错信息弹出　　　　　D. 格式不变

121. 在设置文本格式时,(   )的设置只能在"字体"对话框中进行。

　　A. 字符间距　　　B. 字体效果　　　C. 字形　　　　D. 字体

122. Word 2010 文档的扩展名是(   )。

　　A. doc　　　　　　B. docx　　　　　　C. dot　　　　　　D. txt

123. 在"打印"对话框中"页面范围"下的"当前页"项是指(　　)。

A. 当前光标所在页　　　　　　B. 当前窗口显示的页

C. 第一页　　　　　　　　　　D. 最后一页

124. Word 2010 所认为的字符不包括(　　)。

A. 汉字　　　　　B. 数字　　　　　C. 特殊字符　　　　D. 图片

125. Word 2010 文档的类型是(　　)。

A. DOC　　　　　B. DOCS　　　　C. DOCX　　　　D. DOT

126. Word 2010 中在文档中选取间隔的多个文本对象按下(　　)键。

A. Alt　　　　　B. Shift　　　　C. Ctrl　　　　D. Ctrl＋Shift

127. Word 在文档中文字下有蓝色下划线,这是怎么回事(　　)?

A. 存在语法错误　　B. 单词拼写正确,但在句子中使用不当

C. 专有名称拼写错误

128. Word 中插入图片的默认版式为(　　)。

A. 嵌入型　　　　　B. 紧密型　　　　C. 浮于文字上方　　D. 四周型

129. Word 窗口"文件"菜单底部的若干文件名表明(　　)。

A. 这些文件目前均处于打开状态

B. 这些文件目前正排队等待打印

C. 这些文件最近用 Word 处理过

D. 这些文件是当前目录中扩展名为 .DOC 的文件

130. Word 窗口中的(　　)可根据需要进行隐藏或再现。

A. 状态栏　　　　　B. 所有部分　　　C. 标题栏　　　　D. 编辑区

131. Word 的最大特点是(　　)。

A. 有丰富的字体　　　　　　　B. 所见即所得

C. 强大的制表功能　　　　　　D. 图文混排

132. Word 环境下,可同时看到(　　)文档的内容。

A. 多个　　　　　B. 一个　　　　　C. 二个　　　　D. 三个

133. Word 启动后将自动打开一个名为(　　)的文档。

A. BOOK1　　　　B. NONAME　　　C. 文档1　　　　D. 文件1

134. Word 属于(　　)。

A. 操作系统　　　　　　　　　B. 字处理软件

C. 语言编译软件　　　　　　　D. 图形处理软件

135. Word 提供四种显示文档方式,其中所见即所得的显示效果方式是(　　)。

A. 页面视图　　　B. 普通视图　　　C. 大纲视图　　　D. 打印视图

136. Word 文本编辑中,文字的输入方式有插入和改写两种方式,要将插入方式转换为改写方式可按(　　)。

A. Ctrl 键　　　　B. Delete 键　　　C. Insert 键　　　D. Shift 键

137. Word 文件菜单底端列出的几个文件名是(　　)。

A. 用于文件的切换　　　　　　B. 被 Word 处理的文件名

C. 这些文件已打开　　　　　　　　D. 正在打印的文件名

138. Word 中,当前已打开一个文件,若想打开另一文件则(　　)。

A. 首先关闭原来的文件,才能打开新文件

B. 打开新文件时,系统会自动关闭原文件

C. 两个文件可以同时打开

D. 新文件的内容将会加入原来打开的文件

139. Word 中的标尺不可以用于(　　)。

A. 设置段落的缩进或制表位　　　　B. 改变左右边界

C. 改变分栏的栏宽或表格的栏宽　　D. 设置首字下沉

140. 边界"左缩进""右缩进"是指段落的左右边界(　　)。

A. 以纸张边缘为基准向内缩进

B. 以"页边距"的位置为基准向内缩进

C. 以"页边距"的位置为基准,都向左移动或都向右移动

D. 以纸张的中心位置为基准,分别向左、向右移动

141. 撤销上一次操作命令的方法是(　　)。

A. Ctrl+A　　　　　B. Ctrl+X　　　　　C. Ctrl+G　　　　　D. Ctrl+Z

142. 窗口菜单中的某个命令对应的快捷键(　　)。

A. 可以在工具栏中查到

B. 可以在鼠标右键单击该命令后出现的快捷菜单中查到

C. 是指该命令名右边不加括弧的按键或按键组合

D. 是指该命令名旁括弧中带下划线的字母

143. 窗口的移动可通过鼠标选取(　　)后按住左键不放,至任意处放开来实现。

A. 标题栏　　　　　B. 工具栏　　　　　C. 状态栏　　　　　D. 菜单栏

144. 窗口最顶行是(　　)。

A. 标题栏　　　　　B. 状态栏　　　　　C. 菜单栏　　　　　D. 任务栏

145. 打开 Word 文档一般是指(　　)。

A. 从内存中读文档的内容并显示出来

B. 为指定文件开设一个新的、空的文档窗口

C. 把文档的内容从磁盘调入内存并显示出来

D. 显示并打印出指定文档的内容

146. 打开一个文档,是将文档调入(　　)中,并显示。

A. 内存　　　　　B. 剪贴板　　　　　C. 硬盘　　　　　D. 软盘

147. 当前活动窗口是文档 d1.doc 的窗口,单击该窗口的"最小化"按钮后(　　)。

A. 在窗口中不显示 d1.doc 文档内容,但 d1.doc 文档并未关闭

B. 该窗口和 d1.doc 文档都被关闭

C. d1.doc 文档未关闭,且继续显示其内容

D. 关闭了 d1.doc 文档但当前活动窗口并未关闭

148. 当前使用的 Office 文件名显示在(　　)中。

A. 标题栏　　　　　B. 菜单栏　　　　　C. 常用工具栏　　　D. Web 工具栏

149. 多数 Office Open XML 格式文件的扩展名是使用旧版 Microsoft Office 文件扩展名（例如，Word 文档的文件扩展名 .doc，再在扩展名末尾添加字母"x"或"m"，例如 .docx 或 .docm）。字母"x"和"m"表示什么（　　　）？

A. 字母"x"表示该文件为 XML 文件，字母"m"表示该文件不是基于 XML 的文件

B. 字母"x"表示文件不启用宏，字母"m"表示文件启用宏

C. 字母"x"表示文件不能存储宏，字母"m"表示文件可以存储宏

150. 关于 Word 正确的叙述是（　　　）。

A. 可以同时打开多个文档窗口，但只有一个文档窗口是活动窗口

B. 可以同时激活多个文档窗口

C. 只能打开一个文档窗口

D. 可以同时打开多个文档窗口，但只有一个文档窗口是可见的

151. 快捷菜单是用鼠标（　　　）目标调出的。

A. 左键单击　　　　B. 左键双击　　　　C. 右键单击　　　　D. 右键双击

152. 利用 Word 工具栏上的显示比例按钮，可以实现（　　　）。

A. 字符的放大　　　　　　　　　　B. 字符的缩小

C. 改变全文的显示比例　　　　　　D. 字符的缩放

153. 列表框中列出的各项内容，用户可（　　　）。

A. 追加新内容　　　　　　　　　　B. 选定其中一项

C. 修改其中一项内容　　　　　　　D. 删除其中一项内容

154. 默认情况下，在 Word 中，欲成比例地调整选定的图片的大小，可拖动其（　　　）的控点。

A. 四个角上　　　B. 上下边上　　　C. 左右边　　　　D. 任意位置上

155. 如果输入字符后，单击"撤销"按钮，执行（　　　）操作。

A. 删除输入的字符　　　　　　　　B. 复制输入的字符

C. 将字符复制到任意位置　　　　　D. 恢复字符

156. 以下关于 Word 2010 页面布局的功能说法错误的是（　　　）。

A. 页面布局功能可以为文档设置特定主题效果

B. 页面布局功能可以设置文档分隔符

C. 页面布局功能可以设置稿纸效果

D. 页面布局功能不能设置段落的缩进与间距

157. 用 Word 编辑完一个文件后，想知道其打印效果，可选择 Word 的（　　　）功能。

A. 打印预览　　　B. 模拟打印　　　C. 提前打印　　　D. 屏幕打印

158. 您从一台高屏幕分辨率的计算机转为使用一台低分辨率的计算机，您看不到某个组中的命令，应该（　　　）。

A. 单击"视图"选项卡　　　　　　B. 单击"视图"工具栏

C. 单击该组上的箭头

159. 如果删除字符后，单击"撤销"按钮，再单击"重复"按钮，则（　　　）。

A. 在原位置恢复输入的字符　　　　B. 删除字符

C. 在任意位置恢复输入的字符　　　D. 将字符存入剪贴板

160. 欲编辑页眉和页脚可单击(　　)菜单。

A. 文件　　　　B. 编辑　　　　C. 插入　　　　D. 视图

161. 如果用户想保存一个正在编辑的文档,但希望以不同文件名存储,可用(　　)命令。

A. 保存　　　　B. 另存为　　　　C. 比较　　　　D. 限制编辑

162. 如何查看文件的以前版本(　　)?

A. 将鼠标指标放在文件上,单击显示的向下箭头,然后单击"在 Microsoft Word 中编辑"命令,当文件打开时,浏览文档以查看每个版本日期,单击某个日期,程序将滚动到包含该版本的单独页面

B. 将鼠标指标放在文件上,单击显示的向下箭头,然后单击"版本历史记录",在下一页上,单击顶部的版本日期,系统将询问要打开的版本,单击某个日期

C. 将鼠标指标放在文件上,单击显示的向下箭头,然后单击"版本历史记录",在下一页上,单击以前的某个版本日期

D. 将鼠标指标放在文件上,单击显示的向下箭头,然后单击"历史实体",在下一页上,单击"管理副本",然后单击以前的日期

163. 如何将以前版本还原为当前版本(　　)?

A. 将鼠标指针放在文档库中的文件上,单击显示的向下箭头,在显示的菜单中,将出现可还原到的日期的列表,选择一个日期,然后单击"确定"

B. 将鼠标指标放在文件上,单击显示的向下箭头,然后单击"版本历史记录",将鼠标指针放在不处于列表顶部的任何版本日期上,单击向下箭头,然后从菜单中单击"还原"

C. 将鼠标指标放在文件上,单击显示的向下箭头,然后单击"版本历史记录",在下一页上,将鼠标指针悬停在顶部版本上,单击向下箭头,然后从菜单中单击"还原"

D. 将鼠标指标放在文件上,单击显示的向下箭头,然后单击"查看属性",在下一页上,单击"管理副本",您将看到具有日期的版本的列表

164. 如何了解文档库是否存储版本(　　)?

A. 将鼠标指针放在文件上,单击显示的向下箭头,然后查看"次要和主要版本"是否可用

B. 将鼠标指针放在文件上,单击显示的向下箭头,然后查看"版本历史记录"是否可用

C. 将鼠标指针放在文件上,单击显示的向下箭头,然后查看"版本历史记录"是否可用

D. 将鼠标指针放在文件上,单击显示的向下箭头,然后查看"管理版本"是否可用

165. 如何让老版本的 Office 可以识别 Office 2010 所建立的各种文件(　　)?

A. 将文档的扩展名修改为 doc、xls、ppt 等

B. 安装 IE 7 等工具,使其支持 XML 格式的文件

C. 运行老版本 Office 的升级功能进行升级

D. 到微软网站下载 Microsoft Office Word、Excel 和 PowerPoint 2010 文件格式兼容包

166. 若在下拉菜单中选择命令,错误的操作是(　　)。

A. 同时按住 Ctrl 键和该命令选项后括号中带有下划线的字母

B. 直接按住该命令选项后括号中带有下划线的字母

C. 用鼠标双击该命令选项

D. 用鼠标单击该命令选项

167. 设 Windows 处于系统默认状态,在 Word 编辑状态下,移动鼠标至文档行首空白处(文本选定区)连击左键三下,结果会选择文档的(　　)。

A. 一句话　　　　B. 一行　　　　C. 一段　　　　D. 全文

168. 设置自动保存的时间间隔时,数据范围必须是(　　)之间的整数。

A. 1～120　　　　B. 1～60　　　　C. 0～100　　　　D. 0～60

169. 使用只读方式打开文档,修改之后若要保存,可以使用的方法是(　　)。

A. 更改文件属性

B. 选择"保存"标签中的"保存备份"

C. 用"另存为"命令为文档另起一个名字

D. 保存当前版本

170. 输入结束后按回车,Tab 键或用鼠标单击编辑栏的(　　)按钮均可确认输入。

A. Esc　　　　B. √　　　　C. ×　　　　D. Tab

171. 所有常用的 Ctrl＋快捷方式在以下程序中起作用(　　)。

A. Word　　　　　　　　B. Excel

C. PowerPoint　　　　　D. 以上全对

E. 以上全错

172. 文件下拉菜单底部所显示的文件名是(　　)。

A. 正在使用的文件　　　　B. 正在打印的文件名

C. 扩展名为 .doc　　　　D. 最近被 Word 处理的文件名

173. 下列哪项不属于 Word 2010 的文本效果(　　)。

A. 轮廓　　　　B. 阴影　　　　C. 发光　　　　D. 三维

174. 下列文件类型中,不属于丰富格式文本的文件类型是(　　)。

A. DOC 文件　　B. PDF 文件　　C. HTML 文件　　D. TXT 文件

175. 下列文件名正确的是(　　)。

A. abc,xls　　B. file18\\2　　C. file－1　　D. test:a

176. 下面说法正确的是(　　)。

A. 按键提示非常好,因为您无须记住相关的字母

B. 按键提示涉及同时按下组合键

C. 您必须在使用选项卡,然后按键提示才会出现

177. 下面有关 Word 2010 表格功能的说法不正确的是(　　)。

A. 可以通过表格工具将表格转换成文本

B. 表格的单元格中可以插入表格

C. 表格中可以插入图片

D. 不能设置表格的边框线

178. 下面有关 Word 的描述中,错误的选项为(　　　)。

A. Word 默认文档类型为 DOC

B. 可以将 Word 文档保存为 TXT 类型

C. 可以将 Word 文档保存为 BMP 类型

D. 可以将 Word 文档保存为 HTML 类型

179. 选择菜单选项可以使用 Alt 键和菜单选项中(　　　)。

A. 带删除号字母　　　　　　　　　B. 大写字母

C. 小写字母　　　　　　　　　　　D. 有下划线字母

180. 以下关于 Word 2010 和 Word 2003 文档说法正确的是(　　　)。

A. Word 2003 程序兼容 Word 2010 文档

B. Word 2010 程序兼容 Word 2003 文档

C. Word 2010 文档与 Word 2003 文档类型完全相同

D. Word 2010 文档与 Word 2003 文档互不兼容

181. 以下关于 Word 2010 的主文档说法正确的是(　　　)。

A. 当打开多篇文档子文档可再拆分

B. 对长文档可再拆分

C. 对长文档进行有效的组织和维护

D. 创建子文档时必须在主控文档视图中

182. 以下关于 Word 的说法中,错误的是(　　　)。

A. 在普通视图方式下,分页位置仅显示出一条虚线

B. 在文档中不能使用非数字形式的页码

C. 在 Word 中可以对文档进行等栏宽分栏,也可以进行不等栏宽分栏

D. Word 文档中插入的图形对象同样可作删除、剪切、复制、粘贴等操作

183. 以下关于 Word 的说法中,错误的是(　　　)。

A. 在文档内容的输入和编辑过程中,系统永远处于插入状态

B. 在段落中进行插入、删除等操作后,文本会自动按左右边界进行调整

C. 在 Word 中删除分页符、分节符和删除一般字符的方法一样

D. 双击一文档窗口滚动条上的拆分块,可以将该窗口一分为二或合二为一

184. 以下哪个 Office 2010 应用程序可以创建和编辑具有专业外观的文档,如信函、论文、报告和小册子等(　　　)?

A. PowerPoint 2010　　　　　　　B. OneNote 2010

C. Publisher 2010　　　　　　　　D. Word 2010

185. 以下说法不正确的是(　　　)。

A. 用鼠标右键单击某个对象可打开与这个对象相关的快捷菜单

B. 任务栏的快速启动工具栏中有已经打开的文件的对应图标

C. 应用程序窗口和文件夹窗口均有相应的控制菜单,可用来关闭窗口

D. 在 Windows 中格式化软盘时,可以从软盘快捷菜单中选择"格式化"命令

186. 以下所列各项中,(　　　)不是 Word 提供的视图方式。

A. 页面视图　　　　B. 打印预览　　　　C. 合并视图　　　　D. 大纲视图

187. 以下选定文本方法正确的是(　　　)。

A. 将鼠标指针放在目标处,按住鼠标左键拖动

B. 将鼠标指针放在目标处,双击鼠标右键

C. Ctrl+左右箭头

D. Alt+左右箭头

188. 以下用鼠标选定文本的方法,正确的是(　　　)。

A. 若要选定一个段落,则把鼠标放在该段落上,连续击三下

B. 若要选定一篇文档,则把鼠标指针放在选定区,双击

C. 选定一列时,Ctrl+鼠标指针移动

D. 选定一行时,把鼠标指针放在该行中,双击

189. 以下有关菜单的论述,(　　　)是错误的。

A. 菜单分为下拉菜单和快捷菜单

B. 左单击菜单栏中的某一菜单即可得出下拉菜单

C. 右单击某一位置或选中的对象,一般均可得到快捷菜单

D. 右单击菜单栏中的某一菜单,即可得出下拉菜单

190. 应在何时保存文档(　　　)?

A. 开始工作之后不久　　　　　　　B. 在键入完毕后保存

C. 无关紧要

191. 有什么办法可以找到以前版本的命令在 Word 2010 中的位置(　　　)?

A. 在"审阅"选项卡中

B. 按 F1 键打开帮助,选择"新增内容",再选择"参考:Word 2003 命令在 Word 2010 中的位置"

C. 在"引用"选项卡中

D. 在"开始"选项卡中

192. 通过单击"引用"选项卡上的"目录"命令创建目录之前,您必须(　　　)。

A. 为该目录创建一个新目录　　　　B. 添加页码

C. 将光标置于您要创建目录的位置　　D. 添加一个空白页

193. 在 Word 2010 中下面哪个视图方式是默认的视图方式(　　　)?

A. 普通视图　　　B. 页面视图　　　C. 大纲视图　　　D. Web 版式视图

194. 显示的文档样式与打印出来的效果样式几乎相同的视图是(　　　)。

A. 文档结构图　　B. 普通视图　　　C. 页面视图　　　D. 大纲视图

195. 要求打印文档时每一页上都有页码(　　　)。

A. 由 Word 根据纸张大小分页时自动加上

B. 应由用户执行"插入"菜单中的"页码"选项加以指定

C. 应由用户执行"文件"菜单中的"页面设置"选项加以指定

D. 应由用户在每一页的文字中自行输入

196. 在 Word 2010 中,文档文件和模板文件之间的一个差异会体现在文件名的扩展名(句点之后的字母)中。模板文件的文件扩展名是什么(　　)?

A. .docx
B. .dotx

C. .docm
D. .dott

197. 一篇文档设置页码后,页码可用(　　)修改。

A. 视图菜单中的页眉页脚命令
B. 普通视图中的改写命令

C. 页面视图中的改写命令
D. 格式菜单中的页码命令

198. 在哪里获得文档库(　　)?

A. 您可以在 Word 2010、Excel 2010 或 PowerPoint 2010 副本中获得文档库

B. 只有当您的公司拥有 Microsoft Office SharePoint Server 时,才可以获得文档库

C. 您可以在 Microsoft Windows SharePoint Services 网站或 Microsoft Office SharePoint Server 网站上获得文档库

D. 您可以在任何可用的网络服务器上获得文档库

199. 在下拉菜单里的各个操作命令项中,有一类被选中执行时会弹出子菜单,这类命令项的显示特点是(　　)。

A. 命令项的右面标有一个实心三角
B. 命令项的右面标有省略号(…)

C. 命令项本身以浅灰色显示
D. 命令项位于一条横线以上

200. 在用键盘切换输入法时,用(　　)可以在中、英文输入法之间切换;用(　　)可以在安装的全部输入法之间切换。

A. <Ctrl>+<空格>、<Ctrl>+<Shift>

B. <Ctrl>+<Shift>、<Ctrl>+<空格>

C. <Ctrl>+<Shift>、<Ctrl>+<回车>

D. <Ctrl>+<回车>、<Shift>+<回车>

201. Word 的查找和替换功能很强,不属于其中之一的是(　　)。

A. 能够查找和替换带格式或样式的文本

B. 能够查找图形对象

C. 能够用统配字符进行快速、复杂的查找和替换

D. 能够查找和替换文本中的格式

202. Word 水平标尺左端的倒三角形按钮能实现的排版功能是(　　)。

A. 悬挂缩进　　　B. 首行缩进　　　C. 段落左缩进　　　D. 段落右缩进

203. Word 文档中如果想选中一句话,则应按住(　　)键单击句中任意位置。

A. 左 Shift　　　B. 右 Shift　　　C. Ctrl　　　D. Alt

204. Word 应用程序窗口中的各种工具栏可以通过(　　)进行增减。

A. "文件"菜单的"属性"命令
B. "工具"菜单的"选项"命令

C. "视图"菜单的"工具栏"命令
D. "文件"菜单的"页面设置"命令

205. Word 中的粘贴命令是将(　　)中的内容粘贴到(　　)。

A. 硬盘,插入点　　　　　　　　　B. 剪贴板,插入点

C. 软盘,插入点　　　　　　　　　D. 剪贴板,内存

206. Word 中提供了多种显示文档的视图方式,有"所见即所得"的显示效果的方式是(　　)。

A. 普通视图　　B. 页面视图　　C. 大纲视图　　D. 文档结构图

207. Word 中字符数据的录入原则是(　　)。

A. 可任意加空格、回车键　　　　　B. 可任意加空格,但不可以任意加回车键

C. 不任意加空格、回车键　　　　　D. 不可任意加空格,但可以任意加回车键

208. 按(　　)键之后,可删除光标位置前的一个字符。

A. Insert　　　　B. Del　　　　　C. Backspace　　　D. Delete

209. 按 Esc 键或单击编辑栏的(　　)按钮可取消输入。

A. ×　　　　　　B. √　　　　　　C. Esc　　　　　　D. Tab

210. 编辑文本时,插入字符和替换字符两种功能进行切换的键是(　　)键。

A. Insert　　　　B. Del　　　　　C. End　　　　　　D. Home

211. 不能进行中英文切换的操作是(　　)。

A. 用鼠标左键单击中英文切换按钮　　B. 用 Ctrl+空格键

C. 用语言指示器菜单　　　　　　　　D. 用 Shift+空格键

212. 插入特殊字符时,应在"插入"选项卡下的(　　)功能区中操作。

A. 符号　　　　B. 特殊符号　　C. 文本　　　　　D. 编号

213. 查找替换过程中,如果只替换文档中的部分字符串,应先单击(　　)按钮。

A. 查找下一处　　B. 替换　　　　C. 常规　　　　　D. 格式

214. 查找以字母 a 开始的所有 Word 文档使用的通配符是(　　)。

A. a*　　　　　　B. a?.docx　　C. a*.docx　　　D. a&.docx

215. 带通配符查找时,应选中(　　)复选框。

A. 使用通配符和区分全/半角　　　　B. 使用通配符

C. 区分全/半角　　　　　　　　　　D. 区分大小写

216. 单击"查找下一处"按钮,找到源字符串后,单击(　　)按钮,替换一个字符串。

A. 常规　　　　　B. 查找下一处　　C. 取消　　　　　D. 替换

217. 单击格式工具栏中的右对齐按钮,(　　)向标尺右边对齐。

A. 任意文本　　　　　　　　　　　B. 插入点所在段落

C. 仅段落的最后一行　　　　　　　D. 段落的第一行

218. 当插入点在文本框中时,(　　)中的内容进行查找。

A. 既可对文本框又可对文档　　　　B. 只能对文档

C. 只能对文本　　　　　　　　　　D. 不能对任何部分

219. 当一页内容已满而文档文字仍然继续被输入,Word 将插入(　　)。

A. 硬分页符　　B. 硬分节符　　C. 软分页符　　　D. 软分节符

220. Word 2010 中,如果要将文件另存为模板,指向"Office 按钮"下的菜单中的"另存为",然后单击什么(　　)?

A. "Word 模板"   B. "Word 文档"

221. 对话框的组成中不包含(   )。

A. 选项卡、命令按钮   B. 单选钮、复选框、列表框、文本框

C. 滑竿、增量按钮   D. 菜单条

222. 对话框用于显示或输入对话信息,选择菜单中带(   )命令时即出现。

A. 右边带省略号   B. 右边带朝右箭头

C. 左边带黑圆点   D. 右边带组合键

223. 对话框中的单选按钮被选中时,在该按钮左侧的符号是(   )。

A. 方框中有一个"√"   B. 方框中有一个"●"

C. 圆圈中有一个"√"   D. 圆圈中有一个"●"

224. 对话框中的文本框可以(   )。

A. 显示文本信息   B. 输入文本信息

C. 编辑文本信息   D. 显示、输入、编辑文本信息

225. 对正在编辑中的 Office 文档可以执行的操作是(   )。

A. 在资源管理器或"打开"对话框中,对该文档进行删除操作

B. 在资源管理器或"打开"对话框中,对该文档进行更名操作

C. 在资源管理器或"打开"对话框中,对该文档再次执行打开操作

D. 执行"文件|另存为"命令

226. 关于 Word 常用工具栏的"新建"按钮与"文件|新建"命令,下列叙述(   )不正确。

A. 它们都可以建立新文档   B. 它们的作用完全相同

C. 新建按钮操作没有模板对话框 D. 文件新建命令有模板对话框

227. 关于选定文本内容的操作,以下叙述中不正确的是(   )。

A. 在文本选定区单击可选定一行

B. 可以通过鼠标、拖曳或键盘组合操作选定任何一块文本

C. 不可以选定两块不连续的内容

D. "编辑|全选"命令可以选定全部内容

228. 将当前视图切换到大纲视图的方法是(   )。

A. 单击"视图"菜单"切换"命令的"大纲"项

B. 单击"视图"菜单的"大纲"命令

C. 单击"视图"栏的"大纲视图"工具按钮

D. 单击"视图"菜单的"大纲视图"命令

229. 将剪切板上的内容粘贴到当前光标处,使用的快捷键是(   )。

A. Ctrl+X   B. Ctrl+V   C. Ctrl+C   D. Ctrl+A

230. 将文档中一部分文本内容复制到别处,先要进行的操作是(   )。

A. 粘贴   B. 复制   C. 选择   D. 剪切

231. 将选定的文字块从文档的一个位置复制到另一个位置,采用鼠标拖动时,需按住(   )键。若是移动字块,则无须按键。

A. Alt　　　　　　B. Shift　　　　　C. Enter　　　　　D. Ctrl

232. 可使用(　　)方法来访问字体选项。

A. 在"开始"选项卡上,在"字体"中单击"其他"箭头以打开"字体"对话框

B. 选择并右键单击文字,然后单击快捷菜单上的"字体"以打开"字体"对话框

C. 选择要更改的文字,并观察显示的浮动工具栏,指向它,然后单击所需的任何内容

D. 以上全部

233. 可以使用通配符(　　)来搜索名称相似的文字。

A. ♯　　　　　　B. *　　　　　　C. %　　　　　　D. $

234. 可以使光标快速移动到屏幕窗口的最后一行的方法是按组合键(　　)。

A. Ctrl+Home　　B. Ctrl+End　　C. Ctrl+PageUp　　D. Ctrl+PageDown

235. 切换到(　　)视图时,不显示插入的文本框。

A. 页面　　　　　B. 普通　　　　　C. 版式联机　　　D. 打印预览

236. 如果查找时要区分全/半角字母,应选中(　　)复选框。

A. 同音　　　　B. 区分大小写　　C. 查找下一处　　D. 区分全/半角

237. 如果当前打开了多个文档,单击 Word 窗口的关闭按钮,则(　　)窗口。

A. 关闭 Word 和所有文档　　　　　　B. 关闭当前文档

C. 只关闭所有文档　　　　　　　　　D. 关闭非当前文档

238. 如果您需要处理某个文档的时间超过 15 分钟,并且您要确保只有您一个人可以更改该文件,那么您应该(　　)。

A. 单击文件名,然后单击"编辑"。只要文件在您的计算机上打开,其他人将无法更改它

B. 单击文件名,然后单击"只读",此操作将对文件进行更改,其他人只能读取,但不能编辑

C. 将指针放在文件名上,单击向下箭头,然后单击"签出"

D. 将指针悬停在文件名上,单击向下箭头,然后单击"删除"

239. 如果要查询当前文档中包含的字符数(　　)。

A. 选择"工具|选项"命令　　　　　　B. 选择"文件|页面设置"命令

C. 选择"工具|字数统计"命令　　　　D. 无法实现

240. 如果要从当前插入点位置向文档末尾方向查找,应在搜索范围框内,选择(　　)选项。

A. 向上　　　　　B. 向下　　　　　C. 全部　　　　　D. 区分大小写

241. 如果要将文档中的"我们"字符串替换为"他们",应在(　　)框中输入"我们"。

A. 查找内容　　　B. 替换为　　　　C. 搜索范围　　　D. 同音

242. 如果要将一行标题居中显示,将插入点移到该标题,应单击(　　)按钮。

A. 居中　　　　　B. 减少缩进量　　C. 增加缩进量　　D. 分散对齐

243. 如果要删除文档中与查找内容框中相同的字符串,应在"替换为"框中(　　)。

A. 按 Del 键　　　　　　　　　　　B. 不输入任何内容,单击替换按钮

C. 按 Esc 键　　　　　　　　　　　D. 直接按回车键

244. 如果要在 Word 中设置定时自动保存文件的功能,应( )。

A. 利用"工具|自定义"命令

B. 利用"工具|选项"命令,然后在"保存"标签中设置

C. 利用"文件|保存"命令

D. 利用"文件|属性"命令

245. 如果在一篇文档中,所有的"大纲"二字都被录入人员误输为"大刚",如何最快捷地改正( )?

A. 用"定位"命令　　　　　　　　B. 用"撤销"和"恢复"命令

C. 用"编辑"菜单中的"替换"命令　D. 用插入光标逐字查找,分别改正

246. 如何从 Word 2010 中删除构建基块( )?

A. 您无法删除内置构建基块或创建的构建基块

B. 右键单击构建基块,然后单击"删除"

C. 在"构建基块管理器"中,选择要删除的构建基块,然后单击"删除"按钮

247. 若想全选某一自然段,需把光标放到此自然段的任意位置,然后( )。

A. 三击　　　　B. 单击　　　　C. 双击　　　　D. 四击

248. 删除文档中插入的图文框及其所有内容使用( )。

A. 选中后按 Del 键　　　　　　　B. 选中后按 Esc 键

C. 选中后按格式菜单中的图文框命令　D. 按 Insert 键

249. 设置字体的命令在( )菜单下。

A. 编辑　　　　B. 视图　　　　C. 格式　　　　D. 工具

250. 使用( )菜单中的标尺命令,可以显示或隐藏标尺。

A. 视图　　　　B. 格式　　　　C. 工具　　　　D. 窗口

251. 使用 Word 模板可以帮助您完成文档的内容元素是什么( )?

A. 设置为使用新内容填写且具有说明文字的区域,用于说明要键入的内容及位置

B. 颜色、字体类型以及可能包含页面边框或横幅的设计

C. 下拉日历,可非常轻松地为文档选择日期

D. 以上全部

252. 使用鼠标拖曳法在两个 Word 文档间移动或复制信息,这两个文档( )。

A. 必须都是活动文档　　　　　　B. 至少打开一个

C. 都无须打开　　　　　　　　　D. 必须同时打开

253. 输入数值时,需要注意的是所有符号应使用( )方式输入。

A. 全角　　　　B. 半角　　　　C. 任意　　　　D. 中文

254. 输入英文文章时,如果已将键盘锁定在小写字母状态,输入个别大写字母时,可借助( )键。

A. Alt　　　　B. Ctrl　　　　C. Shift　　　　D. Ctrl＋Shift

255. 鼠标在某行选定区时,( )操作可以选择该行所在的段落。

A. 单击左键　　B. 三击左键　　C. 双击左键　　D. 单击右键

256. 双击"格式刷"按钮可进行多次复制,按( )键退出格式复制。

A. Insert   B. Tab   C. Del   D. Esc

257. 双击鼠标左键一般表示( )。

A. "选中""打开"或"拖放"   B. "选中""指定"或"切换到"

C. "拖放""指定"或"启动"   D. "启动""打开"或"运行"

258. 退出 Word 可采用多种方式,下列( )方式不能退出 Word。

A. Esc 键   B. 双击窗口左上角 W

C. 右上角关闭按钮   D. 左上角控制菜单中关闭命令

259. 退出 Word 应用程序的键盘操作为( )。

A. Alt+F4   B. Shift+F4   C. Ctrl+F4   D. Ctrl+Esc

260. 退出数学公式编辑环境,只要单击( )就可以。

A. 公式外的文本区   B. 数学公式工具栏

C. 数学公式内容区   D. 任意区

261. 误操作后可以按( )键撤销。

A. Ctrl+X   B. Ctrl+Z   C. Ctrl+Y   D. Ctrl+D

262. 下列菜单中,含有设定字体的命令是( )。

A. 编辑   B. 格式   C. 工具   D. 视图

263. 下面哪一项是您签出文件的充分理由( )?

A. 当您需要确保在您签入文件之前只有您可以对文件进行更改时

B. 当您需要确保在您的上司签入文件之前只有他或她可以对文件进行更改时

C. 当您仅需要查看文件而完全不需要更改时

D. 当您想要多人同时更改文件时

264. 选定图形对象时,如选择多个图形,需要按下( )键,再用鼠标单击要选定的图形。

A. Shift   B. Ctrl+Shift   C. Tab   D. F1

265. 选定文本之后,若将其移动到另一处,使用的快捷键是( )。

A. Ctrl+X   B. Ctrl+V   C. Ctrl+C   D. Ctrl+A

266. 选定整个文档为文本块,可按快捷键( )。

A. Ctrl+A   B. Shift+A   C. Alt+A   D. Ctrl+Shift+A

267. 选择了文本后,按 Del 键,将选择的文本( )。

A. 删除并存入剪贴板   B. 删除

C. 不删除但存入剪贴板   D. 按复制按钮可恢复

268. 选择整个文档,下列不正确的是( )。

A. 在选定栏,三击鼠标左键   B. Ctrl+A

C. 编辑菜单的全选命令   D. 插入菜单的全选命令

269. 选中文本,并使用快捷键 Ctrl+B 之后,该文本字体( )。

A. 变成上标   B. 加下划线   C. 变成斜体   D. 变成粗体

270. 选中文本框后,文本框边界显示( )个控块。

A. 2   B. 4   C. 1   D. 8

271. 要将剪贴板中内容粘贴到插入点处,可使用快捷键(　　)。

A. Shift＋V　　　　　B. Ctrl＋V　　　　　C. Alt＋V　　　　　D. Ctrl＋Shift＋V

272. 要删除文本,首先要执行的操作是(　　)。

A. 按 Delete　　　　B. 按 Backspace　　C. 选择要删除的文本

273. 要在 Word 文档中插入数学公式,可利用(　　)命令。

A. 工具|选项　　　B. 编辑|粘贴　　　C. 插入|对象　　　D. 文件|打开

274. 要重复上一步进行过的格式化操作,可选择(　　)。

A. "撤销"按钮　　　　　　　　　B. "恢复"按钮

C. "编辑|复制"命令　　　　　　　D. "编辑|重复"命令

275. 以下关于 Word 2010 查找功能的"导航"侧边栏,说法错误的是(　　)。

A. 单击"编辑"功能区的"查找"按钮可以打开"导航"侧边栏

B. "查找"默认情况下对字母区分大小写

C. 在"导航"侧边栏中输入"查找：表格"即可实现对文档中表格的查找

D. 导航"侧边栏显示查找内容有三种显示方式分别是""浏览您文档中的标题""浏览您文档中的页面""浏览您当前搜索的结果"

276. 以下说法中不正确的是(　　)。

A. 在文本区工作时,用鼠标拖动滚动条可以移动"插入点"位置

B. 每个逻辑硬盘上的"回收站"的容量都可以分别设置

C. 对用户新建的文档,系统默认的属性为"存档"属性

D. 所有运行中的应用程序,在任务栏中都有对应的图标按钮

277. 用鼠标复制文本的方法是首先选中文本,然后(　　)的位置。

A. 按住 Ctrl 键,用鼠标将选中的文本拖到复制目标处

B. 用鼠标将选中的文本拖到要复制处

C. 按住 Shift 键,用鼠标将选中的文本拖到复制处

D. 按住 Alt 键,用鼠标将选中的文本拖到复制处

278. 用鼠标拖动复制某段文本时,必须同时按住(　　)键。

A. Alt　　　　　　B. Ctrl　　　　　　C. Shift　　　　　D. Ctrl＋Alt

279. 欲改变当前文档的保存类型时,应选择"文件|另存为"命令,并注意在(　　)中选择文件的类型。

A. 选项　　　　　B. 保存类型　　　C. 保存版本　　　D. 保存位置

280. 在 Word 2007 中,通过下列哪个过程可以选择自动更正和拼写设置(　　)?

A. 在"工具"菜单上,单击"选项"

B. 在通过"Office 按钮"打开的菜单上,单击"Word 选项"

C. 右键单击功能区上的任意位置,并选择"Word 选项"

D. 在"视图"选项卡上,单击"属性"

281. 在 Word 的智能剪贴状态,执行两次"复制"操作后,则剪贴板中(　　)。

A. 仅有第一次被复制的内容　　　B. 仅有第二次被复制的内容

C. 同时有两次被复制的内容　　　D. 无内容

282. 在 Word 文档中有一段被选取,当按 Delete 键后( )。

A. 删除此段落 B. 删除了整个文件

C. 删除了之后的所有内容 D. 删除了插入点以及其之间的所有内容

283. 在 Word 中,单击一次工具栏的"撤销"按钮,可以( )。

A. 将上一个输入的字符清除 B. 将最近一次执行的可撤销操作撤销

C. 关闭当前打开的文档 D. 关闭当前打开的窗口

284. 在 Word 中编辑一个文档,为保证屏幕显示与打印结果相同,应选择在( )视图。

A. 大纲 B. 普通 C. 联机 D. 页面

285. 在"查找和替换"对话框中,单击( )标签后才能进行替换操作。

A. 替换 B. 查找 C. 定位 D. 常规

286. 在"查找和替换"框的"查找内容"框中输入查找内容后,单击( )按钮,开始查找。

A. 格式 B. 取消 C. 查找下一处 D. 常规

287. 在 Office 的某一个文档窗口中,进行了很多次剪贴操作,当关闭该窗口后,剪切板中的内容为( )。

A. 第一次剪贴的内容 B. 最后一次剪贴的内容

C. 最后 12 次剪贴的内容 D. 空白

288. 在 Office 应用程序的文档中欲作复制操作,首先应( )。

A. 定位插入点 B. 按 Ctrl+C

C. 按 Ctrl+V D. 选择准备复制的对象

289. 在 Word 2010 中,按下哪个按键后,在菜单栏之上的按钮或菜单项就会显示各自的快捷方式( )?

A. Esc B. Shift C. Alt D. Ctrl

290. 在 Word 2010 中,可使用哪个功能键在程序的不同区域之间移动( )?

A. F4 B. F5 C. F6

291. 在 Word 2010 中,快速访问工具栏位于何处?应该什么时候使用它( )?

A. 它位于屏幕的左上角,应该使用它来访问您常用的命令

B. 它浮在文本的上方,应该在需要更改格式时使用它

C. 它位于屏幕的左上角,应该在需要快速访问文档时使用它

D. 它位于"开始"选项卡上,应该在需要快速启动或创建新文档时使用它

292. 在 Word 2010 中,哪里可找到文档构建基块( )?

A. 在功能区的各个库中

B. 在构建基块组中的"引用"选项卡中

C. 单击样张所示的按钮,再单击"Word 选项"

293. 在 Word 2010 中,如果您需要一段固定在文档中重用的免责声明,怎样才可以不用每次要使用时都要重新键入( )?

A. 在文档间进行复制和粘贴

B. 您不能这样操作,您必须在每次要使用此免责声明时重新键入

C. 选择要重用的文本,并将其保存到"文档部件库"

294. 在 Word 2010 中,如果通过"Office 按钮"打开的菜单上单击"转换"命令,会发生什么情况(　　　)?

A. Word 将现有文件升级到新文件格式,并将该文件从"document. doc"重命名为"Upgraded;document. doc"

B. Word 将现有文件升级到新文件格式,并将打开在 Word 新版本中可用的新功能

C. Word 将限制其功能,以便与文档的文件格式兼容

D. Word 将以安全、只读状态打开文档,以便您用新文件格式查看

295. 在 Word 2010 中,如何才能看到显示按键提示字母的标志(　　　)?

A. 按 Ctrl+S　　　　B. 按 Alt 键　　　　C. 按 Ctrl 键　　　　D. 按 Alt,然后按 S

296. 在 Word 2010 中,要使用键盘快捷方式来选择功能区上的选项卡,首先要按(　　　)。

A. Alt 键　　　　　　B. Shift 键　　　　　C. Ctrl 键

297. 在 Word 2010 中,以下哪些是键盘快捷方式的两种基本类型(　　　)?

A. 导航键和按键提示

B. 快捷键和按键提示

C. 用于启动命令的组合键以及用于在屏幕上的项目之间导航的访问键

D. 启动命令的组合键以及按键提示

298. 在 Word 2010 中,应该在哪里寻找曾经位于"文件"菜单上的项目(　　　)?

A. 在"开始"选项卡上　　　　　　　B. 在"Office 按钮"菜单上

C. 没有对等项目;它们分布在整个功能区上

299. 在 Word 2010 中,应将模板保存在"受信任模板"文件夹中的一个原因是什么(　　　)?

A. 这样您就可以在"新建文档"窗口中使用"我的模板"链接找到它

B. 这样会防止模板被其他人编辑

300. 在 Word 2010 中,在以下哪种情况下,功能区上会出现新选项卡(　　　)。

A. 单击"插入"选项卡上的"显示图片工具"命令

B. 选择一张图片

C. 右键单击一张图片并选择"图片工具"

D. 第一个或第三个选项

301. 在 Word 2010 中,在以下哪种情况下,会出现浮动工具栏(　　　)。

A. 双击功能区上的活动选项卡　　　　B. 选择文本

C. 选择文本,然后指向该文本　　　　　D. 以上说法都正确

302. 在 Word 2010 中,如果只要插入页码,最好从哪里开始(　　　)?

A."页码"按钮　　　B."页眉"按钮　　　C."页脚"按钮

303. 在 Word 2010 中,如何从文档中删除页眉或页脚构建基块(　　　)?

A. 如果已经从构建基块库中添加了页眉或页脚,请单击此库底端的"删除页眉"或

"删除页脚"

B. 浏览,选择每个页眉或页脚,然后一个一个地删除

C. 您不能从文档中删除页眉和页脚

304. 数字电子文本的输出展现过程包含许多步骤,( )不是步骤之一。

A. 对文本的格式描述进行解释 　　B. 对文本进行压缩

C. 传送到显示器或打印机输出 　　D. 生成文字和图表的映像

305. 在 Word 2010 中,1.5 倍行距的快捷键是( )。

A. Ctrl+1 　　B. Ctrl+2 　　C. Ctrl+3 　　D. Ctrl+5

306. 在 Word 2010 中,回车的同时按住( )键可以不产生新的段落。

A. Ctrl 　　B. Shift 　　C. Alt 　　D. 空格键

307. 在 Word 2010 中,若要检查文件中的拼写和语法错误可以执行下列哪个功能键( )。

A. F4 　　B. F5 　　C. F6 　　D. F7

308. 在 Word 2010 中,删除行、列或表格的快捷键是( )。

A. Backspace 　　B. Delete 　　C. 空格键 　　D. 回车键

309. 在 Word 2010 中,使用标尺可以直接设置段落缩进标尺顶部的三角形标记代表( )。

A. 首行缩进 　　B. 悬挂缩进 　　C. 左缩进 　　D. 右缩进

310. 在 Word 编辑状态下,若要调整光标所在段落的行距,首先进行的操作是( )。

A. 打开"编辑"下拉菜单 　　B. 打开"视图"下拉菜单

C. 打开"格式"下拉菜单 　　D. 打开"工具"下拉菜单

311. 在 Word 文档编辑中,使用哪个菜单中的"分隔符…"命令,可以在文档中指定位置强行分页( )?

A. 编辑 　　B. 插入 　　C. 格式 　　D. 工具

312. 在 Word 中,为什么使用分节符( )?

A. 分节符使您可以对文档的不同区域进行各种布局

B. 分节符使用可视方式将页与页之间的信息分开

313. 在 Word 2010 中,默认保存后的文档格式扩展名为( )。

A. *.dos 　　B. *.docx 　　C. *.html 　　D. *.txt

314. 在 Word 编辑状态下,当前输入的文字显示在( )。

A. 鼠标光标处 　　B. 插入点 　　C. 文件尾部 　　D. 当前行尾部

315. 在 Word 编辑状态下,复制某一段文本内容的顺序是( )。

A. 选中,粘贴,剪切 　　B. 剪切,选中,粘贴

C. 选中,复制,粘贴 　　D. 复制,选中,粘贴

316. 在 Word 编辑状态下,进行字体设置后,按新字体显示的文字是( )。

A. 插入点所在的段落 　　B. 文档中被选择的文字

C. 插入点所在的行 　　D. 文档中全部文字

317. 在 Word 编辑状态下,若要调整左右边界,比较直接、快捷的方法是(　　)。

A. 标尺　　　　　　B. 格式栏　　　　　　C. 菜单　　　　　　D. 工具栏

318. 在 Word 编辑状态下,要切换改写/插入方式,在状态栏的改写按钮处(　　)。

A. 单击鼠标左键　　　　　　　　B. 单击鼠标右键

C. 双击鼠标左键　　　　　　　　D. 按 Insert 键

319. 在 Word 编辑状态下,要统计文档的字数,需要使用的菜单是(　　)。

A. 文件　　　　　　B. 视图　　　　　　C. 格式　　　　　　D. 工具

320. 在 Word 编辑状态下,不能实现撤销操作的是(　　)。

A. 工具栏中的撤销按钮　　　　　　B. Ctrl+Z

C. Esc　　　　　　　　　　　　　　D. 编辑菜单的撤销命令

321. 在 Word 窗口下,若要将其他 Word 文档的内容插入到当前文档中,可以使用"插入"菜单中的(　　)。

A. 文件命令　　　　B. 图片命令　　　　C. 对象命令　　　　D. 符号命令

322. 在 Word 窗口下的(　　)位置单击鼠标右键不能出现快捷菜单。

A. 状态栏　　　　B. 工具栏空白处　　　C. 菜单栏空白处　　　D. 编辑区

323. 在 Word 窗口下的(　　)位置单击鼠标右键能出现快捷菜单。

A. 工具栏空白处　　　　　　　　B. 状态栏空白处

C. 标尺栏空白处　　　　　　　　D. 滚动条空白处

324. 在 Word 窗口中,当鼠标指针位于(　　)时,指针变成指向右上方的箭头形状。

A. 文本编辑区　　　　　　　　　B. 文本区左边的选定区

C. 文本区上面的标尺区　　　　　D. 文本区中插入的图片或图文框中

325. 在 Word 的"文件"菜单底部显示的文件名所对应的文件是(　　)。

A. 当前被操作的文件　　　　　　B. 当前已经打开的所有文件

C. 最近被操作过的文件　　　　　D. 扩展名为 DOC 的所有文件

326. 在 Word 编辑状态下,当前编辑的文档是 C 盘中的 D1. DOC 文档,要将该文件存储到软盘,应当使用的是(　　)。

A. 文件菜单中的"另存为"命令　　　B. 文件菜单中的"保存"命令

C. 文件菜单中的"新建"命令　　　　D. 插入菜单中的命令

327. 在 Word 编辑状态下,进行字体设置操作后,按新设置的字体显示的文字是(　　)。

A. 插入点所在段落中的文字　　　　B. 文档中被选择的文字

C. 插入点所在行中的文字　　　　　D. 文档的全部文字

328. 在 Word 编辑状态下,文档窗口显示出水平标尺,拖动水平标尺上边的"首行缩进"滑块,则(　　)。

A. 文档中各段落的首行起始位置都重新确定

B. 文档中被选择的各段落首行起始位置都重新确定

C. 文档中各行的起始位置都重新确定

D. 插入点所在行的起始位置被重新确定

329. 在 Word 编辑状态下,当执行编辑菜单中的复制命令后,( )。

A. 选择的内容被复制到剪贴板 B. 选择的内容被复制到插入点

C. 插入点所在的段被复制到剪贴板 D. 光标所在行的内容被复制到剪贴板

330. 在 Word 编辑状态下,关于编辑菜单中的复制命令错误的叙述是( )。

A. 使用复制命令,可将选中的文字和图片拷贝到剪贴板

B. 使用复制命令,可将全文拷贝到剪贴板

C. 使用复制命令,可将选中的表格中单元格内容拷贝到剪贴板

D. 使用复制命令,可将选中的内容拷贝到硬盘

331. 在 Word 编辑状态下,如果要调整段落的左右边界,快捷的方法是使用( )。

A. 格式栏 B. 格式菜单

C. 拖动标尺上的缩进标志 D. 常用工具栏

332. 在 Word 活动文档中,选定部分文本时按下了空格键,那么( )。

A. 选定的部分文本后增加了一个空格 B. 选定的部分文本前增加了一个空格

C. 选定的部分文本消失 D. 没有反应

333. 在 Word 文本中,当鼠标移动到正文左边,形成右向上箭头时,连续单击鼠标
( )次可以选定全文。

A. 4 B. 3 C. 2 D. 1

334. 在 Word 文档编辑中,复制文本使用的快捷键是( )。

A. Ctrl+C B. Ctrl+A C. Ctrl+Z D. Ctrl+V

335. 在 Word 文档编辑中,可以删除插入点前字符的按键是( )。

A. Del B. Ctrl+Del C. Backspace D. Ctrl+Backspace

336. 在 Word 文档编辑中,如果想在某一个页面没有写满的情况下强行分页,可以
插入( )。

A. 边框 B. 项目符号 C. 分页符 D. 换行符

337. 在 Word 文档窗口中,当"编辑"菜单中的"剪切"和"复制"命令项呈浅灰色而不
能被选择时,表示的是( )。

A. 选定的文档内容太长,剪贴板放不下

B. 剪贴板里已经有信息了

C. 在文档中没有选定任何信息

D. 正在编辑的内容是页眉或页脚

338. 在 Word 中,按 Enter 键将产生一个( )。

A. 分节符 B. 分页符 C. 段落结束符 D. 换行符

339. 在 Word 中,进行文本查找或替换的命令是属于( )菜单的命令。

A. 工具 B. 表格 C. 格式 D. 编辑

340. 在 Word 中,使用( )表示一个段落的结束。

A. 换行符 B. 分节符 C. 段落标记符 D. 制表符

341. 在 Word 中,使用插入菜单中的( )命令,可以实现两个文件的合并。

A. 文件 B. 合并 C. 对象 D. 文本框

342. 在 Word 中,使用什么键盘快捷方式可以看到文档中的所有域代码(   )?
A. Alt＋Shift＋O   B. F9   C. Alt＋F9

343. 在 Word 中,要把全文都选定,可用的快捷键为(   )。
A. Ctrl＋S   B. Ctrl＋A   C. Ctrl＋V   D. Ctrl＋C

344. 在 Word 中,选定内容并按 Delete 键,则(   )。
A. 相当于执行"编辑|剪切"命令
B. 相当于执行"编辑|清除"命令,但内容可被粘贴
C. 选定内容被清除,但不能用"撤销"命令恢复
D. 选定内容被清除

345. 在 Word 中,欲选定文档中的一个矩形区域,应在拖动鼠标前按下列哪个键不放(   )?
A. Ctrl   B. Alt   C. Shift   D. 空格

346. 在 Word 主窗口的右上角,可以同时显示的按钮是(   )。
A. 最小化、还原和最大化   B. 还原、最大化和关闭
C. 最小化、还原和关闭   D. 还原和最大化

347. 在 Word 状态的编辑状态下,执行"文件"菜单中的"保存"命令后(   )。
A. 将所有打开的文件存盘
B. 只能将当前文档存储在已有的原文件夹内
C. 可以将当前文档存储在已有的任意文件夹内
D. 可以先建立一个新文件夹,再将文档存储在该文件夹内

348. 在保存 Excel 工作簿文件的操作过程中,默认的工作簿文件保存格式为(   )。
A. HTML 格式   B. Microsoft Excel 工作簿
C. Microsoft Excel 5.0/95 工作簿   D. Microsoft Excel 97&95 工作簿

349. 在菜单操作时,各菜单项后有用括号括起来的大写字母,表示该项可通过(   )实现。
A. Alt＋＜字母＞   B. Ctrl＋＜字母＞
C. Shift＋＜字母＞   D. Space＋＜字母＞

350. 在菜单或对话框里,有下级菜单的选项上有一个(   )标记。
A. 黑三角   B. 三个圆点   C. 对钩   D. 单圆点

351. 在文档中创建标题的最佳方法是(   )。
A. 向其应用比正文大的字号
B. 通过单击浮动工具栏上的"加粗"按钮来添加加粗格式
C. 应用标题样式

352. 字数统计包含在哪个菜单中(   )。
A. 视图   B. 插入   C. 格式   D. 工具

353. 给每位家长发送一份《期末成绩通知单》,用(   )命令最简便。
A. 复制   B. 信封   C. 标签   D. 邮件合并

354. 以下哪一项不会导致创建版本（　　）？

A. 选择"放弃签出"时

B. 单击文件，选择"编辑并签出"，保存文件然后关闭时

C. 单击文件，选择"编辑"，保存文件然后关闭时

D. 将文件保存到文档库时

355. 以下哪一项是签出文件的充分理由（　　）？

A. 当您需要快速更改文件时（不超过五分钟）

B. 当您需要快速修复文件时（仅需要五秒钟）

C. 当您想要确保在您打开文档时其他人仍可对文档进行更改时

D. 当您需要更改文件且更改操作可能需要 15 分钟以上时

356. 若 Word 正处于打印预览状态，要打印文件，则（　　）。

A. 必须退出预览状态后才可以打印

B. 在打印预览状态也可以直接打印

C. 在打印预览状态不能打印

D. 只能在打印预览状态打印

357. 在 Word 2010 中，如何打开邮件合并向导（　　）？

A. 单击"Microsoft Office"按钮，然后单击"Word 选项"

B. 在"邮件"选项卡上，单击"开始邮件合并"

C. 在"插入"选项卡上，单击"文档部件"

358. 在 Word 2010 中，如何显示所有 Word 域（　　）？

A. 单击"Microsoft Office"按钮，然后单击"Word 选项"

B. 单击"邮件"选项卡

C. 依次单击"插入"选项卡、"文档部件"和"域"

359. 在 Word 2010 中，如何在功能区中显示邮件合并命令（　　）？

A. 单击"Microsoft Office"按钮，然后单击"Word 选项"

B. 单击"邮件"选项卡

C. 单击"插入"选项卡

360. 设定打印纸张大小时，应使用的命令是（　　）。

A. 文件菜单中的页面设置命令　　　　B. 文件菜单中的工具栏命令

C. 视图菜单中的工具栏　　　　　　　D. 视图菜单中的页面命令

361. 如果要打印行号和列标应该通过"页面设置"对话框中的（　　）选项卡进行设置。

A. 页面　　　　　B. 页边距　　　　　C. 页眉/页脚　　　　D. 工作表

362. 在 Word 的文档中，插入页眉和页脚，应使用菜单（　　）。

A. 工具菜单　　　　B. 插入菜单　　　　C. 格式菜单　　　　D. 视图菜单

363. 如何在新版本的 Word 2010 中选择打印选项（　　）？

A. 单击功能区上的"打印"按钮　　　　B. 单击快速访问工具栏上的"打印"按钮

C. 使用"Office"按钮　　　　　　　　D. 上述第一或第二个选项

364. 在 Word 2010 中使用邮件合并功能时,如何从邮件合并中排除某个人(　　　)?

A. 在收件人列表中删除此人的所有信息

B. 在您预览合并时,删除发送给此人的文档

C. 使用"邮件合并收件人"对话框中的复选框

365. 在 Word 2010 中使用邮件合并功能时,如何将域与主文档中的其他文本加以区分(　　　)?

A. 域的格式始终设置为粗体文本

B. 域为斜体

C. 域括在燕尾形符号(??)中

366. 在 Word 2010 中使用邮件合并功能时,什么是条件文本(　　　)?

A. 主文档必须是一种特定的页面布局才能开始邮件合并

B. 只有当符合特定条件时才会发生的操作,您可以设置此条件,例如使用"如果…那么…否则…"命令设置

C. 您使用样式设置格式的文本

367. 在 Word 2010 中要想对文档进行翻译,需执行以下哪项操作(　　　)?

A. "审阅"标签下"语言"功能区的"语言"按钮

B. "审阅"标签下"语言"功能区的"英语助手"按钮

C. "审阅"标签下"语言"功能区的"翻译"按钮

D. "审阅"标签下"校对"功能区的"信息检索"按钮

368. 在 Word 2010 中,可以通过(　　　)功能区中的"翻译"将文档内容翻译成其他语言。

A. 开始　　　　　　B. 页面布局　　　　　C. 引用　　　　　　D. 审阅

369. 在 Word 的邮件合并功能中,何为主文档(　　　)?

A. 开始时使用的文档,它包含在每个合并信函、信封等中都相同的文本以及唯一收件人信息的占位符

B. 已完成合并的文档集中的第一个文档

C. 仅包含在每个合并副本中都相同的文本的文档

370. 在 Word 中,如果在输入的文字或标点下面出现红色波浪线,表示(　　　),可用"审阅"功能区中的"拼写和语法"来检查。

A. 拼写和语法错误　　　　　　　　B. 句法错误

C. 错误　　　　　　　　　　　　　D. 其他错误

371. 在 Word 中,如何才能打开"标记目录项"对话框以插入一个 TC 域(　　　)?

A. 在"插入"选项卡上的"文本"组中,单击"文档部件",再单击"域"

B. 按 Alt+Shift+O

C. 在"插入"选项卡上的"链接"组中,单击"书签"

D. 按 Ctrl+F9

372. 在 Word 中使用邮件合并功能时,收件人列表与插入到主文档中的域之间的关系是什么(　　　)?

A. 没有任何关系　　　　　　　　B. 域相当于收件人列表中的列

C. 每个域代表收件人列表中的一个单元格

373. 在分发文档之前最后要做的一件事是什么(　　)？

A. 检查拼写和语法错误　　　　　B. 保存文档

C. 检查修订和批注

374. 如果当前纸张的默认值为 A4 规格,要想以 B5 规格纸张输出,应该进行的正确操作是(　　)。

A. 在"文件"菜单中选择"页面设置"对话框,然后选择"页边距"选项卡

B. 在"文件"菜单中选择"页面设置"对话框,然后选择"纸张来源"选项卡

C. 在"文件"菜单中选择"页面设置"对话框,然后选择"版面"选项卡

D. 在"文件"菜单中选择"页面设置"对话框,然后选择"纸型"选项卡

375. Word 具有分栏功能,下列关于分栏的说法中正确的是(　　)。

A. 最多可以设 4 栏　　　　　　　B. 各栏的宽度必须相同

C. 各栏的宽度可以不同　　　　　D. 各栏之间的间距是固定的

376. Word 文本编辑中,(　　)实际上应该在文档的编辑、排版和打印等操作之前进行,因为它对许多操作都将产生影响。

A. 页码设定　　　B. 打印预览　　　C. 字体设置　　　D. 页面设置

377. Word 中可使用标尺直接设置页边距,下列叙述错误的是(　　)。

A. 水平标尺用于设置左、右页边距

B. 垂直标尺用于设置上、下页边距

C. 标尺上的灰色区域表示页边距

D. 标尺上的白色区域表示页边距

378. 除了不能在普通视图中显示数学公式外,在(　　)视图中也不能显示数学公式。

A. 打印预览　　　B. 页面　　　　C. 版式联机　　　D. 大纲

379. 打印机不能打印文档的原因不可能是因为(　　)。

A. 没有连接打印机　　　　　　　B. 没有设置打印机

C. 没有经过打印预览查看　　　　D. 没有安装打印驱动程序

380. 打印页码 4—10,16,20 表示打印的是(　　)。

A. 第 4 页,第 10 页,第 15 页,第 20 页

B. 第 4 页至第 10 页,第 16 页至第 20 页

C. 第 4 页至第 10 页,第 16 页,第 20 页

D. 第 4 页至第 10 页,第 16 页,第 21 页

381. 单击"页眉和页脚"工具栏上的(　　)按钮可插入页码,Word 将把该域作为页眉和页脚文字的一部分插入。

A. 页眉和页脚　　　B. 日期域　　　C. 页码格式　　　D. 页码域

382. 当选定文档中的非最后一段,进行分栏操作后,必须在(　　)视图看到分栏的效果。

A. 普通　　　　　　B. 页面　　　　　　C. 大纲　　　　　　D. Web 版式

383. 关于 Word 中打印预览,下列说法正确的是(　　)。

A. 在打印预览状态中,可以编辑文档,也可以打印文档

B. 在打印预览状态中,不可以编辑文档,可以打印文档

C. 在打印预览状态中,可以编辑文档,不可以打印文档

D. 在打印预览状态中,既不可以编辑文档,也不可以打印文档

384. 关于编辑页眉、页脚,下列叙述中不正确的是(　　)。

A. 文档内容和页眉、页脚可在同一窗口编辑

B. 文档内容和页眉、页脚一起打印

C. 编辑页眉、页脚时不能编辑文档内容

D. 页眉、页脚中也可以进行格式设置和插入剪贴画

385. 关于工具栏上的打印图标,正确的是(　　)。

A. 可以设置打印份数　　　　　　　　B. 可以设置打印范围

C. 可以设置打印机属性　　　　　　　D. 点击后会立即打印一份

386. 您想要将项目符号列表转换为 SmartArt 图形。第一步该做什么呢(　　)?

A. 在项目符号列表中的任何位置处单击以将它选中,然后单击"开始"选项卡上的"转换为 SmartArt 图形"

B. 单击"插入"选项卡,然后单击"图示"组内的"SmartArt 图形"

C. 单击项目符号列表中的任意位置,然后单击"设计"选项卡

二、多项选择题

1. 以下关于 Word 2010 的"打印预览"窗口说法正确的有(　　)。

A. 是一种对文档进行打印前的预览窗口

B. 可以插入表格

C. 可以设置页边距

D. 不显示菜单栏不能打开菜单

2. 在 Word 2010 打印设置中可以进行以下哪些操作(　　)?

A. 打印到文件　　　　　　　　　　B. 手动双面打印

C. 按纸型缩放打印　　　　　　　　D. 设置打印页码

3. 在 Word 2010 的"页面设置"中,可以设置的内容有(　　)。

A. 打印的份数　　　　　　　　　　B. 打印的页数

C. 打印的纸张方向　　　　　　　　D. 页边距

4. 在 Word 中能调整页面大小的命令是(　　)。

A. "文件"菜单中"页面设置"命令中的"纸张大小"选项卡

B. "文件"菜单中"页面设置"命令中的"页边距"选项卡

C. 标尺

D. "文件"菜单中"页面设置"命令中的"版式"选项卡

5. Office 标准版 2010 包含哪些应用程序(　　)?

A. PowerPoint 2010　　　　　　　　B. Excel 2010

C. Outlook 2010　　　　　　　　　D. Word 2010

6. Word 具有强大的文档保护功能,可以做到(　　)。

A. 忘记口令也能打开文档

B. 可以隔一定的时间自动保存当前文档

C. 可以一次保存所有打开的文件、模板、目录及自动图文集

D. 可以用多种格式保存文件

7. Word 中的工作窗口(　　)。

A. 可任意移动和改变尺寸　　　　　B. 不可移动最大化窗口

C. 可同时激活两个窗口　　　　　　D. 只能在激活窗口中输入文字

8. 打开一个已有的 Word 文档的方法有(　　)。

A. 从"开始"菜单中的"文档"中选取其单击

B. 单击 Word 窗口中的"打开"工具按钮,从弹出的对话框中选取并确定

C. 单击 Word 窗口中的"文件"菜单中的"打开"项,从弹出的对话框中选取并确定

D. 在资源管理器窗口中找到该文档双击之

9. 关于"保存"与"另存为"命令,下列说法正确的是(　　)。

A. 在文件第一次保存的时候两者功能相同

B. 另存为是将文件另外再保存一份,可以重新起名、重新更换保存位置

C. 用另存为保存的文件不能与原文件同名

D. 两者在任何情况下都相同

10. 哪些 Office 2010 组件完全采用了新的用户界面(　　)?

A. PowerPoint 2010　　　　　　　　B. Excel 2010

C. Word 2010　　　　　　　　　　D. Access 2010

11. "全角、半角"方式的主要区别在于(　　)。

A. 全角方式下输入的英文字母与汉字输出时同样大小,半角方式下则为汉字的一半大

B. 无论是全角方式还是半角方式,均能输入英文字母或输入汉字

C. 全角方式下只能输入汉字,半角方式下只能输入英文字母

D. 半角方式下输入的汉字为全角方式下输入汉字的一半大

12. 建立文字超级链接的方法有(　　)。

A. 单击工具栏上的"链接"按钮　　　B. "插入"→"超级链接"

C. 按鼠标右键选择超级链接　　　　D. 按 Ctrl+K 键

13. 可在 Word 文档中插入的对象有(　　)。

A. Excel 工作表　　　　　　　　　B. 声音

C. 图像文档　　　　　　　　　　　D. 幻灯片

14. 若文档窗口中内容不能完全看见,可通过(　　)方式来查看更多的信息。

A. 鼠标左键单击文档窗口边框

B. 鼠标右键单击文档窗口边框

C. 用鼠标拖动窗口边框滚动条上滑块

D. 最大化文档窗口

15. 退出 Word 应用程序的方法有（　　）。

A. 双击位于窗口左上角的控制菜单图标

B. 单击位于窗口右上角的关闭按钮

C. 执行"文件"菜单中的关闭命令

D. 使用 Alt＋F4 快捷键

E. 执行"文件"菜单中的退出命令

16. 下列操作中,不能把图形插入 Word 文档的是（　　）。

A. 执行"视图"菜单中的相应命令

B. 执行"文件"菜单中的相应命令

C. 先后在图形相关的应用程序窗口和 Word 窗口里执行"复制""粘贴"命令

D. 先后在图形相关的应用程序窗口和 Word 窗口里执行 Ctrl＋C、Ctrl＋V 命令

17. 下列视图模式中属于 Word 2010 的视图模式有哪几种（　　）?

A. 普通视图　　　　　　　　　　B. 页面视图

C. 阅读版式视图　　　　　　　　D. 草稿视图

18. "开始"功能区的"字体"组可以对文本进行哪些操作设置（　　）?

A. 字体　　　　　　　　　　　　B. 字号

C. 消除格式　　　　　　　　　　D. 样式

19. Word 2010 文档的页面背景有以下类型（　　）。

A. 单色背景　　　　　　　　　　B. 水印背景

C. 图片背景　　　　　　　　　　D. 填充效果背景

20. 在 Word 2010 中的缩进包括哪些（　　）?

A. 左缩进　　　　　　　　　　　B. 右缩进

C. 首行缩进　　　　　　　　　　D. 居中缩进

21. 在 Word 中,文本框（　　）。

A. 文字环绕方式只有两种　　　　B. 可创建文本框间的链接

C. 可创建水印　　　　　　　　　D. 可与文字叠放

E. 可以设置三维效果

F. 文本框随着框内文本内容的增多而增大

22. 插入图片后,可以通过出现的"图片工具"功能区对图片进行哪些操作进行美化设置（　　）?

A. 删除背景　　　　　　　　　　B. 艺术效果

C. 图片样式　　　　　　　　　　D. 裁剪

23. 当有多个图形时,需要对它们进行对齐有哪些方式（　　）?

A. 左对齐　　　　　　　　　　　B. 右对齐

C. 顶端对齐

24. 关于 Word 颜色的运用,下面描述正确的是(   )。

A. 默认的前景色为"自动"   B. 默认的背景色为"无填充色"

C. 默认的前景色为"黑色"   D. 默认的前景色为"白色"

25. 如果想把多个图形一次移动到其他位置,首先应(   )。

A. 依次单击各图形,然后再拖动图形到目标位置

B. 按 Ctrl 键依次单击各图形,然后再拖动图形到目标位置

C. 按 Shift 键依次单击各图形,然后再拖动图形到目标位置

D. 按 Shift 键依次单击各图形,并单击"绘图"工具栏的"绘图"工具"组合"命令,然后再拖动图形到目标位置

26. 使文档中某一段与其前后两段之间要求留有较大间隔的解决方法是(   )。

A. 在每两行之间用按回车键的办法添加空行

B. 在每两段之间用按回车键的办法添加空行

C. 用段落格式设定来增加段距

D. 用字符格式设定来增加间距

27. 使用 SmartArt 的好处有哪些(   )?

A. 如果要将一种图示改成其他图示(例如将流程图改成循环图),无须重新手工绘制,SmartArt 会自动转换

B. 可以快速插入专业效果的图示

C. 可以在 SmartArt 的文本窗格输入文字,文字自动添加到对应的图形上

D. 可以随着输入文字,自动添加或减少图形并自动完成布局

28. 以下关于 Word 2010 的"格式刷"功能,说法正确的有(   )。

A. 所谓格式刷即复制一个位置的格式然后将其应用到另一个位置

B. 单击格式刷可以进行一次格式复制;双击格式刷可以进行多次格式复制

C. 格式刷只能复制字符格式

D. 可以使用快捷键:Ctrl+Shift+C

29. 以下关于 Word 2010 的"屏幕截图"功能说法正确的有(   )。

A. 该功能在"插入"标签下"插图"功能区内

B. 包含"可见视窗"截图

C. 包含"屏幕剪辑"截图

D. 以上只有 A 和 C 正确

30. 以下哪些功能是 Word 2010 的新增功能或增强功能(   )?

A. 快速样式   B. 插入封

C. 格式刷   D. 插入文档部件

31. 以下属于段落格式的有(   )。

A. 首行缩进   B. 段前、段后

C. 行距   D. 字体

32. 在(   )中能看到首字下沉的实际排版效果。

A. 普通视图   B. 页面视图

C. 大纲视图　　　　　　　　　　　　D. 联机视图

33. 在 Word 2010 中,插入一个分页符的方法有(　　　)。

A. 快捷键:Ctrl+Enter

B. 执行"插入"标签下"符号"功能区中的"分隔符"命令

C. 执行"插入"标签下"页"功能区中的"分页"命令按钮

D. 执行"页面布局"标签下"页面设置"功能区中的"分隔符"命令

34. 在 Word 2010 中,若想知道文档的字符数可以应用的方法有(　　　)。

A. "审阅"标签下"校对"功能区的"字数统计"按钮

B. 快捷键 Ctrl+Shift+G

C. 快捷键 Ctrl+Shift+H

D. "审阅"标签下"修订"功能区的"字数统计"按钮

35. 在 Word 2010 中,若要对选中的文字设置上下标效果,下列操作正确的有(　　　)。

A. "段落"对话框中设置　　　　　　　B. "格式"对话框中设置

C. "开始"标签下"字体"功能区中设置　D. "字体"对话框中设置

36. 在 Word 2010 中,图形的分布分为哪几种(　　　)?

A. 横向分布　　　　　　　　　　　　B. 水平分布

C. 纵向分布　　　　　　　　　　　　D. 垂直分布

37. 在 Word 2010 中,"文档视图"方式有哪些(　　　)?

A. 页面视图　　　　　　　　　　　　B. 阅读版式视图

C. Web 版式视图　　　　　　　　　　D. 大纲视图

E. 草稿

38. 在 Word 2010 中,可以插入(　　　)元素。

A. 图片　　　　　　　　　　　　　　B. 剪贴画

C. 形状　　　　　　　　　　　　　　D. 屏幕截图

E. 页眉和页脚　　　　　　　　　　　F. 艺术字

39. 在 Word 2010 中,插入艺术字后,通过绘图工具可以进行(　　　)操作。

A. 删除背景　　　　　　　　　　　　B. 艺术字样式

C. 文本　　　　　　　　　　　　　　D. 排列

40. 在 Word 中,下面对"项目符号和编号"操作叙述正确的是(　　　)。

A. 不能用 Del 键删除　　　　　　　　B. 不能用 Backspace 键删除

C. 能用 Del 键删除　　　　　　　　　D. 能用 Backspace 键删除

41. 在 Word 文本中,(　　　)。

A. 文字颜色和背景可以相同　　　　　B. 文字颜色和背景可以不同

C. 文字颜色和背景必须相同　　　　　D. 文字颜色和背景必须不同

42. 在 Word 中,改变字体可以利用(　　　)进行。

A. 菜单栏中"格式"菜单下的"字体"命令

B. 快捷菜单

C. 格式工具

D. 常用工具栏

43. 在 Word 中,下列关于"间距"的叙述正确的是( )。

A. 单击"字体"可以设置"字符间距"

B. 单击"段落"可以设置"字符间距"

C. 单击"段落"可以设置"行间距"

D. 单击"段落"可以设置"段落前后间距"

44. 在 Word 中,实现段落缩进的方法有( )。

A. 用鼠标拖动标尺上的缩进符　　　B. 用"格式"菜单中的"段落"命令

C. 用"插入"菜单中的"分隔符"命令　D. 用 F5 功能键

45. 关于 Word 2010 表格的"标题行重复"功能,下面说法正确的是( )。

A. 属于"表格"菜单的命令

B. 属于"表格工具"选项卡下的命令

C. 能将表格的第一行即标题行在各页顶端重复显示

D. 当表格标题行重复后,修改其他页面,表格第一行第一页的标题行也随之修改

46. 在 Word 2010 中,插入表格后可通过出现的"表格工具"选项卡中的"设计""布局"进行哪些操作( )?

A. 表格样式　　　　　　　　　　　B. 边框和底纹

C. 删除和插入行列　　　　　　　　D. 表格内容的对齐方式

47. 制表符有哪几类( )?

A. 左对齐制表符　　　　　　　　　B. 居中对齐制表符

C. 右对齐制表符　　　　　　　　　D. 小数点和竖线对齐制表符

48. Word 2010 的"保存并发送"功能可以( )。

A. 使用电子邮件发送　　　　　　　B. 保存为 Web 页

C. 发布为博客文章　　　　　　　　D. 保存到 SharePoint

49. 以下关于 Word 2010 的文档保护功能,说法正确的有( )。

A. 可以为文档加密保护　　　　　　B. 可以添加数字签名保护

C. 可以将文档标记为最终状态　　　D. 可以按人员限制权限

50. 在利用"邮件合并"创建批量文档前,首先应创建( )。

A. 主文档　　　　　　　　　　　　B. 标题

C. 数据源　　　　　　　　　　　　D. 正文

51. 在 Word 2010 中,保存的文件如何在装有 Word 2003 的机器上打开( )?

A. 将其保存为"Word 97－2003"格式

B. 双击打开

C. 无法打开

D. 在 Word 2003 的机器上安装"Office 文件格式兼容包"软件

52. 在 Word 2010 中创建超链接的方法有( )。

A. 先选定需创建超级链接的文本,单击"插入"选项卡下"链接"功能区中的"超链

接"按钮,再选择链接对象

　　B. 直接在 Word 文档中输入正确的 URL 或 E-mail 即可创建

　　C. 在超级链接对话框中可以设定屏幕提示文字

　　D. 超级链接可以链接到书签

53. 在 Word 2010 中"审阅"功能区的"翻译"可以进行(　　)操作。

A. 翻译文档　　　　　　　　　　B. 翻译所选文字

C. 翻译屏幕提示　　　　　　　　D. 翻译批注

习题六 Excel 2010 电子表格处理软件

一、单项选择题

1. 关于宏,下列哪种说法不正确(　　)?

A. 录制宏可执行"工具"菜单中的"宏"命令,在级联菜单中选择"录制宏"命令

B. 在宏的录制过程中,可录制包括鼠标移动在内的所有操作

C. 宏可被指定到工具栏中,在执行时可直接按工具栏中对应按钮

D. 在宏的录制过程中,可按"停止工具栏"的"暂停录制"按钮,暂停录制

2. 您收到一个包含宏的文件,对该宏签名的是一个受信任的发布者。当您打开该文件时,将发生什么情况(　　)?

A. 启用该宏,并且消息栏中不显示安全警告

B. 启用该宏,并且显示的消息栏向您提供如何处理该宏的选项

C. 禁用该宏,并且显示的消息栏向您提供如何处理该宏的选项

D. 不显示消息栏并禁用该宏

3. 如何阻止用户在 Excel Services 中看见所选的工作表(　　)?

A. 先隐藏工作簿的某些部分,然后再保存

B. 仅保存您想让其他人看见的工作簿部分

C. 选择您不想让其他人看见的数据,然后发布该文件

4. 下面可执行代码中属于有害程度的是(　　)。

A. 宏　　　　　　　B. 脚本　　　　　　C. 黑客工具软件　D. 运行安全

5. 要在短期内使用宏,必须做到以下哪一点(　　)?

A. 将发布者添加到受信任发布者列表中

B. 仅信任宏一次

C. 没有短期的选项,必须选择是永久信任它还是不信任它

6. 以下哪句话最贴切地描述了宏(　　)?

A. 出于破坏数据的恶意目的而编写的命令序列

B. 所有计算机病毒的传送手段

C. 可以自动运行的命令序列,在执行重复操作时可节省大量的时间

D. Microsoft Office 程序的一种内置安全装置

7. Excel 2010 中在对某个数据库进行分类汇总之前必须(　　)。

A. 不应对数据排序　　　　　　　　B. 使用数据记录单

C. 应对数据库的分类字段进行排序　D. 设置筛选条件

8. Excel 的筛选功能包括(　　　)和自动筛选。

A. 直接筛选　　　　B. 高级筛选　　　　C. 简单筛选　　　　D. 间接筛选

9. Excel 中,对数据表做分类汇总前,要先(　　　)。

A. 筛选　　　　B. 选中　　　　C. 按任意列排序　　　　D. 按分类列排序

10. 对 Excel 中的数据库表进行(　　　)时,必需先执行"排序"操作。

A. 合并计算　　　　B. 筛选　　　　C. 数据透视　　　　D. 分类汇总

11. 关于筛选掉的记录的叙述,下面(　　　)是错误的。

A. 不打印　　　　B. 不显示　　　　C. 永远丢失了　　　　D. 可以恢复

12. 关于筛选与排序的叙述正确的是(　　　)。

A. 排序重排数据清单;筛选是显示满足条件的行,暂时隐藏不必显示的行

B. 筛选重排数据清单;排序是显示满足条件的行,暂时隐藏不必显示的行

C. 排序是查找和处理数据清单中数据子集的快捷方法;筛选是显示满足条件的行

D. 排序不重排数据清单;筛选重排数据清单

13. 下列关于排序操作的叙述中正确的是(　　　)。

A. 排序时只能对数值型字段进行排序,对于字符型字段不能进行排序

B. 排序可以选择字段值的升序或降序两个方向分别进行

C. 用于排序的字段称为"关键字",在 Excel 中只能有一个关键字段

D. 一旦排序后就不能恢复原来的记录排列

14. 下面关于筛选掉的记录的叙述错误的是(　　　)。

A. 不打印　　　　B. 不显示　　　　C. 永远丢失了　　　　D. 可以恢复

15. 移动 Excel 图表的方法是(　　　)。

A. 将鼠标指针放在图表边线上,按鼠标左键拖动

B. 将鼠标指针放在图表控点上,按鼠标左键拖动

C. 将鼠标指针放在图表内,按鼠标左键拖动

D. 将鼠标指针放在图表内,按鼠标右键拖动

16. 用筛选条件"成绩 1>60 与总分>360"对考生成绩数据表进行筛选后,在筛选结果中显示的是(　　　)。

A. 所有成绩 1>60 的记录

B. 所有成绩 1>60 且总分>360 的记录

C. 所有总分>360 的记录

D. 所有成绩 1>60 或者总分>360 的记录

17. 在 Excel 2010 中最多可以按多少个关键字排序(　　　)。

A. 3　　　　B. 8　　　　C. 32　　　　D. 64

18. 在 Excel 2010 中,可以通过(　　　)功能区对所选单元格进行数据筛选,筛选出符合你要求的数据。

A. 开始　　　　B. 插入　　　　C. 数据　　　　D. 审阅

19. 在 Excel 中,下面关于分类汇总的叙述错误的是(　　　)。

A. 分类汇总前数据必须按关键字字段排序

B. 分类汇总的关键字段只能是一个字段

C. 汇总方式只能是求和

D. 分类汇总可以删除,但删除汇总后排序操作不能撤销

20. 在 Excel 中,最多可以指定(　　)个关键字段,对数据记录进行排序。

    A. 1　　　　　　　　B. 2　　　　　　　　C. 3　　　　　　　　D. 4

21. 在进行自动分类汇总之前,必须(　　)。

A. 按分类列对数据清单进行排序,并且数据清单的第一行里必须有列标题

B. 按分类列对数据清单进行排序,并且数据清单的第一行里不能有列标题

C. 对数据清单进行筛选,并且数据清单的第一行里必须有列标题

D. 对数据清单进行筛选,并且数据清单的第一行里不能有列标题

22. 在行号和列号前加 $ 符号,代表绝对引用。绝对引用表 Sheet 2 中从 A2 到 C5 区域的公式为(　　)。

    A. Sheet2! A2:C5　　　　　　　　B. Sheet2! $A2:$C5

    C. Sheet2! $A$2:$C$5　　　　　　D. Sheet2! $A2:C5

23. 在选定了整个表格之后若要删除整个表格中的内容,以下哪个操作正确(　　)?

A. 单击"表格"菜单中的"删除表格"命令

B. 按 Delete 键

C. 按 Space 键

D. 按 Esc 键

24. 在工作表中第 28 列的列标表示为(　　)。

    A. AA　　　　　　　B. AB　　　　　　　C. AC　　　　　　　D. AD

25. Excel 创建图表的方式可使用(　　)。

    A. 模板　　　　　　B. 图表向导　　　　C. 插入对象　　　　D. 图文框

26. Excel 中的数据透视表的功能是要做(　　)。

    A. 交叉分析表　　　B. 数据排序　　　　C. 图表　　　　　　D. 透视

27. 当对建立的图表进行修改,下列叙述正确的是(　　)。

A. 先修改工作表的数据,再对图表做相应的修改

B. 先修改图表中的数据点,再对工作表中相关数据进行修改

C. 工作表的数据和相应的图表是关联的,用户只要对工作表的数据修改,图表就会自动相应更改

D. 当在图表中删除了某个数据点时,则工作表中相关数据也被删除

28. 当您修改图表显示的工作表数据时,必须完成什么操作来刷新图表(　　)?

    A. 按 Shift+Ctrl　　　　　　　　B. 无须进行任何操作

    C. 按 F6

29. 对于 Excel 所提供的数据图表,下列说法正确的是(　　)。

A. 独立式图表是与工作表相互无关的表

B. 独立式图表是将工作表数据和相应图表分别存放在不同的工作簿

C. 独立式图表是将工作表数据和相应图表分别存放在不同的工作表

D. 当工作表数据变动时,与它相关的独立式图表不能自动更新

30. 改变 Excel 图表的大小可通过拖动图表(　　)完成。

A. 边线　　　　　　B. 控点　　　　　　C. 中间　　　　　　D. 上部

31. 何为数据透视表字段(　　)?

A. 源数据中的列　　　　　　　　　　B. 透视数据的区域

C. 数据透视表布局区域

32. 建立图表时,最后一个对话框是确定(　　)。

A. 图表类型　　　　　　　　　　　　B. 图表的数据源

C. 图表选项　　　　　　　　　　　　D. 图表的位置

33. 您的数据透视表中有一些日期,但当您尝试应用筛选时,"日期筛选"命令并未出现,您认为可能发生了什么问题(　　)?

A. 您可能在报表的错误区域中单击以看到此命令

B. 日期未正确设置为日期格式

C. 以上两个选项

34. 您应用了两个筛选,您希望清除其中一个筛选。但是,"从…中清除筛选"命令不可用,因此您(　　)。

A. 无法撤销筛选,而且必须重新创建数据透视表

B. 在功能区的"选项"选项卡上,在"操作"组中单击"清除"按钮上的箭头,然后单击"清除筛选"

C. 单击"行标签"或"列标签"上的筛选图标旁边的箭头,在"选择字段"框中,单击另一个字段名

35. 在导入数据之前,您应该使用 Excel 执行下列操作(　　)。

A. 确保图像在源数据中正确呈现

B. 删除所有不需要的数据,如空行或空列,并修复所有明显的错误,如♯NUM

C. 确保公式都在同一个工作表上

36. 如果在工作簿中既有一般工作表又有图表,当执行"文件"—"保存"命令时,Excel 将(　　)。

A. 只保存其中的工作表

B. 把一般工作表和图表保存到一个文件中

C. 只保存其中的图表

D. 把一般工作表和图表分别保存到两个文件中

37. 如何从数据透视表中删除字段(　　)?

A. 在"数据透视表字段列表"的"在以下区域间拖动字段"区域中,单击字段名旁边的箭头,然后选择"删除字段"

B. 右键单击要删除的字段,然后在快捷菜单上选择"删除字段名"

C. 在数据透视表字段列表中,清除字段名旁边的复选框

D. 以上全部

38. 添加到数据透视表中的第一个非数值字段将自动添加到报表的(　　)部分。

A. 列标签　　　　　B. 报表筛选　　　C. 行标签

39. 在 Excel 2010 中,您向数据透视表添加了一个报表筛选。该筛选用于(　　)。

A. 隐藏所有数值数据

B. 显示数据的子集,通常为产品线、时间间隔或地理区域

C. 隐藏数据透视表中的分类汇总和总计

40. 在 Excel 数据透视表的数据区域默认的字段汇总方式是(　　)。

A. 平均值　　　　B. 乘积　　　　C. 求和　　　　D. 最大值

41. 在单元格输入下列哪个值,该单元格显示 0.3 (　　)?

A.6/20　　　　　B. =6/20　　　　C.“6/20”　　　D. =“6/20”

42. 在 Excel 中,激活图表的正确方法是(　　)。

A. 使用键盘上的箭头键　　　　　　B. 使用鼠标单击图表

C. 按 Enter 键　　　　　　　　　　D. 按 Tab 键

43. 在 Excel 中,激活图表后,在主菜单栏上增加的菜单项是(　　)。

A. 数据　　　　B. 外部数据　　　C. 数据透视　　　D. 图表

44. 在 Excel 中,若激活了要修改的图表,这时主菜单增加了(　　)菜单名。

A. 数据　　　　　　　　　　　　B. 图表

C. 数据透视表　　　　　　　　　D. 以上叙述均不正确

45. 在 Excel 中,图表和数据表放在一起的方式,称为(　　)。

A. 自由式图表　　B. 分离式图表　　C. 合并式图表　　D. 嵌入式图表

46. 在建立 Excel 数据透视表时,拖入数据区的汇总对象如果是非数字型字段,则默认为对其计数,若为数字型字段,则默认为对其(　　)。

A. 求和　　　　　B. 求平均　　　　C. 计数　　　　D. 排序

47. 在 Excel 中选择一些不连续的单元格时,可在选定一个单元格后,按住(　　)键,再依次点击其他单元格。

A. Ctrl　　　　　B. Shift　　　　　C. Alt　　　　　D. Enter

48. 在表示同一工作簿内不同工作表的单元格时,工作表名与单元格之间应使用(　　)号分开。

A. ·　　　　　　B. :　　　　　　C. !　　　　　　D. |

49. Excel 的打印页面中,增加页眉和页脚的操作是(　　)。

A. 执行“文件”菜单中的“页面设置”,选择“页眉/页脚”

B. 执行“文件”菜单中的“页面设置”,选择“页面”

C. 执行“插入”菜单中的“名称”,选择“页眉/页脚”

D. 只能在打印预览中设置

50. 改变 Excel 工作表的打印方向(如横向或竖向),可使用(　　)。

A. 格式菜单中的“工作表”命令　　　B. 文件菜单中的“打印区域”命令

C. 文件菜单中的“页面设置”命令　　　D. 插入菜单中的“工作表”命令

51. 给工作表设置背景可以通过下列哪个选项卡完成(　　)?

A.“开始”选项卡　　　　　　　　B.“视图”选项卡

C. "页面布局"选项卡　　　　　　　　D. "插入"选项

52. 关于打印预览,下列说法中错误的是(　　　)。

A. 可以进行页面设置　　　　　　　　B. 可以利用标尺调整页边距

C. 只能显示一页　　　　　　　　　　D. 不可以直接制表

53. Excel 2010 中如果删除的单元格是其他单元格的公式所引用的,这些公式将会显示(　　　)。

A. ＃＃＃＃＃!　　　　　　　　　　　B. ＃REF! ＜BR＞

C. ＃VALUE!　　　　　　　　　　　　D. ＃NUM!

54. Excel 2010 中如果给某单元格设置的小数位数为 2,则输入 100 时显示(　　　)。

A. 100.00　　　　B. 10000　　　　　C. 1　　　　　D. 100

55. Excel 会将下面的哪一项识别为日期(　　　)?

A. 2 6 1947　　　　B. 2,6,47　　　　C. 47-2-2　　　D. 以上都不是

56. Excel 将以下哪个日期作为纯文本而不是序列数存储(　　　)?

A. June 23,2012　　B. 23-June-12　　C. June 23 2012　　D. 以上全对

57. Excel 中在单元格中输入文字时,缺省的对齐方式是(　　　)。

A. 左对齐　　　　　B. 右对齐　　　　C. 居中对齐　　　D. 两端对齐

58. Excel 中,让某单元格里数值保留两位小数,下列(　　　)不可实现。

A. 选择"数据"菜单下的"有效数据"

B. 选择单元格单击右键,选择"设置单元格格式"

C. 选择工具条上的按钮"增加小数位数"或"减少小数位数"

D. 选择菜单"格式",再选择"单元格…"

59. Excel 中,文字运算符(　　　)可以将两个文本连接起来。

A. @　　　　　　　B. ％　　　　　　C. ＆　　　　　D. ＊

60. 关于合并及居中的叙述,下列说法错误的是(　　　)。

A. 仅能向右合并　　　　　　　　　　B. 也能向左合并

C. 左右都能合并　　　　　　　　　　D. 上下也能合并

61. 关于跨列居中的叙述,下列说法正确的是(　　　)。

A. 仅能向右扩展跨列居中

B. 也能向左跨列居中

C. 跨列居中与合并及居中一样,是将几个单元格合并成一个单元格并居中

D. 执行了跨列居中后的数据显示且存储在所选区域的中间

62. 关于列宽的描述,不正确的说法是(　　　)。

A. 可以用多种方法改变列宽　　　　　B. 不同列的列宽可以不相同

C. 同一列中不同单元格的列宽可以不相同

D. 标准列宽为 8.38

63. 将所选多列按指定数字调整为等列宽,最快的方法是(　　　)。

A. 直接在列标处用鼠标拖动至等列宽

B. 无法实现

C. 选择菜单"格式"中的"列宽"项,在弹出的对话框中输入列宽值

D. 选择菜单"格式"中的"列宽"项,在子菜单中选择"最合适列宽"项

64. 如果某单元格显示为若干个"＃"号(如＃＃＃＃＃＃＃),这表示( )。

　　A. 公式错误　　　　B. 数据错误　　　　C. 行高不够　　　　D. 列宽不够

65. 以下哪种情况一定会导致"设置单元格格式"对话框只有"字体"一个选项卡( )?

　　A. 安装了精简版的 Excel　　　　　　　B. Excel 中毒了

　　C. 单元格正处于编辑状态　　　　　　　D. Excel 运行出错了重启即可解决

66. 在 Excel 中,向单元格输入数字后,若该单元格的数字变成"＃＃＃",则表示( )。

　　A. 输入的数字有误　　　　　　　　　　B. 数字已被删除

　　C. 数字的形式已超过该单元格列宽　　　D. 数字的形式已超过该单元格行宽

67. 在 Excel 2010 中,可以向序列数应用日期格式。在选择一个单元格后,转到"开始"选项卡并选择"数字"组。单击"数字格式"框中的箭头,然后单击( )。

　　A. 短日期　　　　　　　　　　　　　　B. 长日期

　　C. 其他数字格式　　　　　　　　　　　D. 以上说法都正确

68. 在 Excel 工作表的编辑工作中,格式刷是一个提高工作效率的常用工具按钮,其功能是( )。

　　A. 复制输入的文字　　　　　　　　　　B. 复制输入单元格的格式

　　C. 重复打开文件　　　　　　　　　　　D. 删除

69. 在 Excel 2010 中套用表格格式后,会出现( )功能区选项卡。

　　A. 图片工具　　　　B. 表格工具　　　　C. 绘图工具　　　　D. 其他工具

70. 在 Excel 2010 中要录入身份证号,数字分类应选择( )格式。

　　A. 常规　　　　　　B. 数字(值)　　　　C. 科学计数　　　　D. 文本

71. 在 Excel 2010 中要想设置行高、列宽,应选用( )功能区中的"格式"命令。

　　A. 开始　　　　　　B. 插入　　　　　　C. 页面布局　　　　D. 视图

72. 在 Excel 中按递增方式排序时,空格( )。

　　A. 始终排在最后　　　　　　　　　　　B. 总是排在数字的前面

　　C. 总是排在逻辑值的前面　　　　　　　D. 总是在数字的后面

73. 在 Excel 编辑功能中,( )是正确的。

　　A. 在单元格中只能输入文字或数字

　　B. 在一个工作表中可包含多个工作簿

　　C. 一个工作表单元格可引用另一工作簿的工作表单元格内容

　　D. 工作表中不能插入图片

74. 在 Excel 的单元格中,如要输入数字字符串 02510201(学号)时,应输入( )。

　　A. '02510201　　　B. "02510201"　　　C. 02510201'　　　D. 2510201

75. 在 Excel 中,用以下哪项表示比较条件式逻辑"假"的结果( )?

　　A. 0　　　　　　　B. FALSE　　　　　　C. 1　　　　　　　D. ERR

76. 在 Excel 中，A1 单元格设定其数字格式为整数，当输入"32.51"时，显示为（　　）。

A. 32.51　　　　　　B. 33　　　　　　C. 34　　　　　　D. ERROR

77. 在 Excel 中，单击工作表中的行标签，则选中（　　）。

A. 一个单元格　　B. 一行单元格　　C. 一列单元格　　D. 全部单元格

78. 在 Excel 中，单元格行高的调整可通过（　　）进行。

A. 拖曳行号上的边框线　　　　　B. 格式|行|最适合的行高命令

C. 格式|行|行高命令　　　　　　D. 以上均可以

79. 在 Excel 中，当单元格中出现＃＃＃＃＃是什么意思（　　）？

A. 列的宽度不足以显示内容　　　B. 单元格引用无效

C. 函数名拼写有误或者使用了 Excel 不能识别的名称

80. 在 Excel 中，对某一数据区域进行排序，应使用的对话框是（　　）。

A. 自动筛选　　B. 高级筛选　　C. 排序　　D. 分类汇总

81. 在 Excel 中，如果单元格内容显示为＃＃＃＃＃则意味着（　　）。

A. 输入的数字有误　　　　　　　B. 某些内容拼写错误

C. 单元格不够宽

82. 在 Excel 中，若要将工作表标题居中，可使用格式工具栏中的（　　）。

A. 居中　　　　　　　　　　　　B. 居右

C. 分散对齐　　　　　　　　　　D. 合并及居中

83. 在 Excel 中，设置单元格中的数据格式应使用（　　）。

A. 编辑菜单　　　　　　　　　　B. 格式菜单中的"单元格"命令

C. 数据菜单　　　　　　　　　　D. 插入菜单中的"单元格"命令

84. 在 Excel 中，单元格的条件格式在（　　）菜单中。

A. 文件　　　　B. 视图　　　　C. 编辑　　　　D. 格式

85. DATE 函数有几个参数？（　　）

A. 一个　　　　B. 两个　　　　C. 三个　　　　D. 四个

86. 在 Excel 工作表中，（　　）是单元格的混合引用。

A. B10　　　　B. ＄B＄10　　　　C. CB＄10　　　　D. 以上都不是

87. Excel 中的公式以（　　）开头。

A. ＝　　　　　　B. 》　　　　　C. ＃　　　　　D. ＄

88. 公式＝C3/Sheet3!＄B＄4 表示（　　）。

A. 当前工作表 C3 单元格的内容除以 Sheet3 工作表 B4 单元格的内容（表示为绝对地址）

B. 当前工作表 C3 单元格的内容除以 Sheet3 工作表 B4 单元格的内容（表示为相对地址）

C. 当前工作表 C3 单元格的内容除以 Sheet3 工作表 B4 单元格的内容

D. C3 单元格的内容除以当前工作表 Sheet3 的内容

89. 关于公式＝Average(A2:C2 B1:B10)和公式＝Average(A2:C2 B1:B10)，下列

说法正确的是（　　）。

A. 计算结果一样的公式

B. 第一个公式写错了，没有这样的写法

C. 第二个公式写错了，没有这样的写法

D. 两个公式都对

90. 函数 SUM(参数 1，参数 2，…)的功能是（　　）。

A. 求括号中指定的各参数的总和

B. 找出括号中指定的各参数中的最大值

C. 求括号中指定的各参数的平均值

D. 求括号中指定的各参数中具有数值类型数据的个数

91. 假如单元格 D2 的值为 6，则函数＝IF(D2＞8，D2/2，D2＊2)的结果为（　　）。

A. 3　　　　　　B. 6　　　　　　C. 8　　　　　　D. 12

92. 将 D1 单元格中的公式复制到 E4 单元格，可以使用的方法是（　　）。

A. 复制—选择性粘贴　　　　　B. 剪切—粘贴

C. 复制—粘贴　　　　　　　　D. 直接拖动

93. 内部计算函数 Avg(字段名)的作用是求同一组中所在字段内所有的值的（　　）。

A. 和　　　　　　B. 平均值　　　　　C. 最小值　　　　D. 第一个值

94. 内部计算函数 Sum(字段名)的作用是求同一组中所在字段内所有的值的（　　）。

A. 和　　　　　　B. 平均值　　　　　C. 最小值　　　　D. 第一个值

95. 如果公式中出现"＃DIV/0!"则表示（　　）。

A. 结果为 0　　　B. 列宽不足　　　C. 无此函数　　　D. 除数为 0

96. 如果某单元格输入："计算机文化"&"Excel"，结果为（　　）。

A. 计算机文化 &Excel　　　　　B. 计算机文化 &"Excel"

C. 计算机文化 Excel　　　　　　D. 以上都不对

97. 如果某单元格显示为＃VALUE! 或＃DIV/O!，这表示（　　）。

A. 公式错误　　　B. 格式错误　　　C. 行高不够　　　D. 列宽不够

98. 如果您使用一个公式对日期进行数学运算，但其中一个日期是以 Excel 不能识别为日期的格式键入的，将会出现什么情况（　　）?

A. Excel 将显示一条消息，要求您重新设置该日期的格式

B. Excel 将显示一个错误值

C. Excel 将该日期重新设置为正确的格式

99. 如果想在 Excel 中计算 853 除以 16 的结果，应该使用（　　）数学运算符。

A. ＊　　　　　　B. /　　　　　　C. －　　　　　　D. ＋

100. 如果要对一个区域中各行数据求和，应用（　　）函数，或选用工具栏的∑按钮进行运算。

A. AVERAGE　　　B. SUM　　　　C. sun　　　　　D. SIN

101. 如何在 Excel Services 中使公式保密（　　）？

A. 选择 SharePoint 网站上的"隐藏公式"选项

B. 只使用 Excel Services 就可以了

C. 在"公式"选项卡上的"计算"组中,选择用于隐藏公式的选项

102. 下列 Excel 运算符的优先级最高的是（　　）。

A. ^ 　　　　　　B. * 　　　　　　C. / 　　　　　　D. +

103. 下列不属于 Excel 常用函数的是（　　）。

A. COUNT 　　　　B. IF 　　　　　C. SIN 　　　　D. DINPUT

104. 下列函数能对数据进行绝对值运算的是（　　）。

A. ABS 　　　　　B. ABX 　　　　C. EXP 　　　　D. INT

105. 现 A1 和 B1 中分别有内容 12 和 34,在 C1 中输入公式"＝A1&B1",C1 中的结果是（　　）。

A. 1234 　　　　　B. 12 　　　　　C. 34 　　　　　D. 46

106. 已知单元格 A1 的值为 60,A2 的值为 70,A3 的值为 80,在单元格 A4 中输入公式为:SUM(A1:A3)/AVERAGE(A1＋A2＋A3),则单元格 A4 的值为（　　）。

A. 1 　　　　　　B. 2 　　　　　　C. 3 　　　　　　D. 4

107. 已知单元格 A1 中存有数值 562.68,若输入函数 ＝INT（A1）则该函数值为（　　）。

A. 562.7 　　　　B. 562.78 　　　C. 563 　　　　　D. 562.8

108. 用来在工作表中显示公式的键盘快捷方式是什么（　　）？

A. CTRL＋、 　　　B. CTRL＋: 　　　C. CTRL＋;

109. 在 Excel 中,键入什么可开始一个公式（　　）?

A. 函数 　　　　　B. 数学运算符 　　　C. 等号（=）

110. 在 Excel 2010 中,公式结果在单元格 C6 中。您想知道如何得到这个结果。为了查看公式,您应（　　）。

A. 单击单元格 C6,然后按下 Ctrl＋Shift

B. 单击单元格 C6,然后按 F5

C. 在 C6 单元格中单击

111. 在 Excel 2010 中,您可以使用（　　）函数计算截至今天您的年龄(以天为单位)。

A. Date 　　　　　　　　　　　　B. Today

112. 在 Excel 2010 中,如何打印公式（　　）?

A. 单击"Office"按钮,然后单击"打印"

B. 单击屏幕顶端的"视图"选项卡上的"普通",再单击"Office"按钮,然后单击"打印"

C. 指向"公式"选项卡上的"公式审核",单击"显示公式",再单击"Office"按钮,然后单击"打印"

113. 在 Excel 中,工作簿一般是由下列哪一项组成（　　）?

A. 单元格 　　　B. 文字 　　　　C. 工作表 　　　D. 单元格区域

114. 在 Excel 工作表单元格输入公式时,使用单元格地址 $E$9 引用 E 列 9 行单元格,该单元格的引用称为( )。

A. 交叉地址引用 　　　　　　　B. 混合地址引用

C. 相对地址引用 　　　　　　　D. 绝对地址引用

115. 在 Excel 工作表的单元格 D1 中输入公式"=SUM(A1:C3)",其结果为( )。

A. A1 与 A3 两个单元格之和

B. A1,A2,A3,C1,C2,C3 六个单元格之和

C. A1,B1,C1,A3,B3,C3 六个单元格之和

D. A1,A2,A3,B1,B2,B3,C1,C2,C3 九个单元格之和

116. 在 Excel 工作表的单元格中输入公式时,应先输入( )号。

A. ' 　　　　　B. @ 　　　　　C. & 　　　　　D. =

117. 在 Excel 中,B1="足球",B2="比赛",D1=B1&B2,则 D1=( )。

A."足球比赛" 　　B."比赛足球" 　　C. #NAME? 　　D. #NULL!

118. 在 Excel 中,公式"=SUM(C2,E3:F4)"的含义是( )。

A. =C2+E3+E4+F3+F4 　　　　　B. =C2+F4

C. =C2+E3+F4 　　　　　　　　D. =C2+E3

119. 在 Excel 中,如果您将公式=C4 * $D$9 从单元格 C4 复制到单元格 C5,单元格 C5 中的公式将是什么样子( )?

A. =C5 * $D$9 　　　　　　　　B. =C4 * $D$9

C. =C5 * $E$10

120. 在 Excel 中,什么是函数( )?

A. 一个预先编写的公式 　　　　B. 一个数学运算符

121. 在 Excel 中,什么是绝对单元格引用( )?

A. 当沿着一列复制公式或沿着一行复制公式时,单元格引用会自动更改

B. 单元格引用是固定的

C. 单元格引用使用 A1 引用样式

122. 在 Excel 中,提取当前日期的函数是( )。

A. TODAY( ) 　　　　　　　　B. DAY( )

C. AVERAGE( ) 　　　　　　　D. FIND( )

123. 在 Excel 中,要输入像 1/4 这样的分数,首先应输入( )。

A. 一 　　　　　B. 零 　　　　　C. 减号

124. 在 Excel 中,要输入一年中的各个月份,但不手动键入每个月份,应使用( )。

A. 记忆式键入 　　B. 自动填充 　　C. Ctrl+Enter

125. 在 Excel 中,计算平均数的函数是( )。

A. COUNT 　　　B. AVERAGE 　　C. MAX 　　　　　D. SUM

126. 在 Excel 中,若单元格 C1 中公式为=A1+B2,将其复制到 E5 单元格,则 E5 中的公式是( )。

A. ＝C3＋A4　　　　B. ＝C5＋D6　　　　C. ＝C3＋D4　　　　D. ＝A3＋B4

127. 在 Microsoft Excel 2010 中,以下哪个函数可以用来计算出若干个工作日之后的日期(　　)?

A. NETWORKDAYS　　　　　　B. WORKDAY

C. TODAY

128. 在单元格中输入"＝Average(10－3)－PI (　　)"则显示(　　)。

A. 大于 0 的值　　　B. 小于 0 的值　　　C. 等于 0 的值　　　D. 不确定的值

129. 在某行下方快速插入一行,最简便的方法是将光标置于此行最后一个单元格的右边按(　　)键。

A. Ctrl　　　　　　B. Shift　　　　　　C. Alt　　　　　　D. 回车

130. 在求和函数中最多可以加入(　　)个参数。

A. 255　　　　　　B. 1000　　　　　　C. 50　　　　　　D. 60

131. 在如下 Excel 运算符中,优先级最低的是(　　)。

A. ＊　　　　　　B. ＾　　　　　　C. ％　　　　　　D. &

132. 在输入到 Excel 单元格中的公式中输入了未定义的名字,则在单元格中显示的出错信息是(　　)。

A. ♯NUM !　　　B. ♯NAME ?　　　C. ♯　　　　　　D. ♯REF !

133. Excel 中"粘贴""剪切"和"复制"命令出现在功能区上的什么地方(　　)?

A. 编辑选项卡　　　B. 剪切板选项卡　　　C. 样式选项卡

134. Excel 单元格中手动换行的方法是(　　)。

A. Ctrl＋Enter　　　B. Alt＋Enter　　　C. Shift＋Enter　　　D. Ctrl＋Shift

135. Excel 是 Windows 操作平台下的(　　)软件。

A. 文字处理　　　B. 电子表格　　　C. 桌面印刷　　　D. 办公应用

136. 在 Excel 中,工作簿文件的扩展名是(　　)。

A. DOC　　　　　　B. TXT　　　　　　C. XLS　　　　　　D. POT

137. Excel 的单元格中(　　)。

A. 只能是数字　　　　　　　　B. 只能是文字

C. 不可以是函数　　　　　　　D. 可以是数字、文字或公式等

138. Excel 的工作簿是(　　)。

A. 书　　　　　　B. 记录方式　　　C. 文档文件　　　D. 工作表

139. Excel 的文档窗口标题栏的右边有(　　)个按钮。

A. 1　　　　　　B. 2　　　　　　C. 3　　　　　　D. 4

140. Excel 的主要作用是(　　)。

A. 编辑文件　　　　　　　　　B. 制作画图

C. 制作电子表格　　　　　　　D. 管理磁盘文件

141. Excel 电子表格存储数据的最小单位是(　　)。

A. 工作簿　　　B. 工作表　　　C. 单元格　　　D. 工作区域

142. Excel 工作表的列标表示为(　　)。

A. 1,2,3,4   B. A,B,C,D

C. 甲,乙,丙,丁   D. Ⅰ,Ⅱ,Ⅲ,Ⅳ

143. Excel 工作表最多有( )列。

A. 65535   B. 256   C. 254   D. 128

144. Excel 工作簿文件默认的扩展名是( )。

A. . doc   B. . sys   C. . bmp   D. . xls

145. Excel 工作簿中既有一般工作表又有图表,当执行"文件"菜单的"保存"命令时, 则( )。

A. 只保存工作表文件

B. 只保存图表文件

C. 将一般工作表和图表作为一个文件来保存

D. 分成两个文件来保存

146. Excel 工作环境文件的扩展名是( )。

A. XIS   B. XIE   C. XLM   D. XLW

147. Excel 可以把工作表转换成 Web 页面所需的( )格式。

A. HTML   B. TXT   C. BAT   D. EXE

148. Excel 是目前最流行的电子表格软件,它的计算和存储数据的文件叫( )。

A. 工作簿   B. 工作表   C. 文档   D. 单元格

149. Excel 是微软 Office 套装软件之一,它属于( )软件。

A. 电子表格   B. 文字输入   C. 公式计算   D. 公式输入

150. Excel 允许同时打开多个工作簿,最后打开的工作簿位于应用程序窗口 的( )。

A. 最前面   B. 最后面   C. 中间   D. 下面

151. Excel 中( )操作不能实现在第 n 行之前插入一行。

A. 在活动单元格中,单击右键选择菜单中"插入",再选择"整行"

B. 选择第 n 行,单击右键选择菜单中的"插入"

C. 选择第 n 行,选择菜单"格式"中的"行"

D. 选择第 n 行,选择菜单"插入"中的"行"

152. 在 Excel 中打印工作簿时,下面的哪个表述是错误的( )?

A. 一次可以打印整个工作簿

B. 一次可以打印一个工作簿中的一个或多个工作表

C. 在一个工作表中可以只打印某一页

D. 不能只打印一个工作表中的一个区域位置

153. 在 Excel 中,当要将某区域的内容进行列与行的对换时,先选择该区域并进行 "复制"操作,再选中目标单元格,最后应该选择( )命令。

A. 编辑菜单下的"粘贴"

B. 编辑菜单下的"粘贴"→"全部"

C. 编辑菜单下的"选择性粘贴"→"全部"

D. 编辑菜单下的"选择性粘贴"→"转置"

154. 在 Excel 中,可以在一列的( )插入多列单元格。

A. 左边　　　　　　B. 右边　　　　　　C. 任意位置　　　　　D. 两边

155. Excel 最多可创建多个工作表,每个表由多行多列组成,它的最小单位是( )。

A. 工作簿　　　　　B. 工作表　　　　　C. 单元格　　　　　D. 字符

156. 单元格中的内容( )。

A. 只能是数字　　　　　　　　　　B. 只能是文字

C. 不可以是函数　　　　　　　　　D. 可以是文字、数字、公式

157. Office 办公软件是哪一个公司开发的软件( )。

A. WPS　　　　　B. Microsoft　　　　C. Adobe　　　　　D. IBM

158. 按住( )键,单击"文件"菜单中的"关闭所有文件"命令,可关闭所有工作簿。

A. Alt　　　　　　B. Shift　　　　　　C. Ctrl　　　　　　D. Ctrl+S

159. 编辑工作表时,选择一些不连续的区域,需借助( )键。

A. Shift　　　　　B. Alt　　　　　　C. Ctrl　　　　　　D. 鼠标右键

160. 表格是保存在( )中。

A. 工作表　　　　B. 工作簿　　　　　C. 纯文本文件　　　D. 模板文件

161. 在 Excel 中对某列作升序排序时,则该列上有完全相同项的行将( )。

A. 保持原始次序　B. 逆序排列　　　　C. 重新排序　　　　D. 排在最后

162. 单元区域(B14:C17,A16:D18,C15:E16)包括的单元格数目是( )。

A. 26　　　　　　B. 30　　　　　　　C. 28　　　　　　　D. 27

163. 当启动 Excel,将自动打开一个名为( )的工作簿。

A. 文档　　　　　B. Sheet 1　　　　　C. Book 1　　　　　D. Excel 1

164. 当前插入点在表格中某行的最后一个单元格内,敲 Enter 键后,可以使( )。

A. 插入点所在的行加宽　　　　　　B. 插入点所在的列加宽

C. 插入点下一行增加一行　　　　　D. 对表格不起作用

165. 当前光标在表格中某行的最后一个单元格的外框线上,按 Enter 键后,则( )。

A. 光标所在行加宽　　　　　　　　B. 在光标所在行下增加一行

C. 光标所在列加宽　　　　　　　　D. 对表格不起作用

166. 当鼠标指针变为( )样式时,按下鼠标左键上下拖动鼠标可以改变行高。

A. 移动　　　　　B. 水平调整　　　　C. 垂直调整　　　　D. 超链接

167. 当天日期的输入组合键为( )。

A. Alt+;　　　　B. Alt+Shift+;　　C. Ctrl+;　　　　D. Ctrl+Shift+;

168. 当天时间的输入组合键为( )。

A. Ctrl+;　　　　B. Ctrl+Shift+;　　C. Alt+;　　　　　D. Alt+Shift+;

169. 对 B8 单元格绝对地址引用的表达方式为( )。

A. $ B8　　　　　B. $ B $ 8　　　　　C. B $ 8　　　　　D. B8

170. 对某区域可命名为(　　)。

A. 1XM　　　　　B. 1 XM　　　　　C. XMl　　　　　D. XM 1

171. 对于"拆分表格",正确的说法是(　　)。

A. 只能将表格拆分为左右两部分　　　B. 只能将表格拆分为上下两部分

C. 可以自己设定拆分的行列数　　　　D. 只能将表格拆分成列

172. 关于 Excel 文件保存哪种说法错误(　　)。

A. Excel 文件可以保存为多种类型的文件

B. 高版本的 Excel 的工作簿不能保存为低版本的工作簿

C. 高版本的 Excel 的工作簿可以打开低版本的工作簿

D. 要将本工作簿保存在别处,不能选"保存"要选"另存为"

173. 关于工作簿和工作表,下列说法正确的是(　　)。

A. 每个工作簿只能包含 3 张工作表

B. 只能在同一工作簿内进行工作表的移动和复制

C. 图表必须和其数据源在同一工作表上

D. 在工作簿中正在操作的工作表称"活动工作表"

174. 进入 Excel 编辑环境后,系统将自动创建一个工作簿,名为(　　)。

A. Book1　　　　B. 文档 1　　　　C. 文件 1　　　　D. 未命名 1

175. 开始在 Excel 2010 中工作的最佳操作是转到(　　)。

A. "视图"工具栏　　　　　　　　B. "开始"选项卡

C. "Office"按钮

176. 可以实现选定表格的一行的操作是(　　)。

A. Alt＋Enter　　　　　　　　　B. Alt＋鼠标拖动

C. 表格菜单中的"选定表格"命令　　D. 表格菜单中的"选定行"命令

177. 下面关于表格的叙述中,错误的是(　　)。

A. 可以以一个单元格为范围设定字符格式

B. 在单元格中既可以输入文本又可以输入图形

C. 表格中行和列相交的格称为单元格

D. 可以以表格的行为范围设定字符格式,单元格不可设定字符格式

178. 默认情况下,Excel 中工作簿文档窗口的标题为 Book 1,其一个工作簿中有 3 个工作表,当前工作表为(　　)。

A. 工作表　　　　B. 工作表 1　　　　C. Sheet　　　　D. Sheet 1

179. 某区域由 A4、A5、A6 和 B4、B5、B6 组成,下列不能表示该区域的是(　　)。

A. A4:B6　　　　B. A4:B4　　　　C. B6:A4　　　　D. A6:B4

180. 哪个 Office 2010 应用程序为各行业用户提供了专业的图表和信息可视化解决方案(　　)?

A. Excel 2010　　B. Visio 2010　　C. Project 2010　　D. Access 2010

181. 哪一个单元格引用 B 列中第 3 行到第 6 行的单元格区域(　　)?

A. (B3:B6)　　　　　　　　　　B. (B3,B6)

182. 您需要一个新的工作簿,如何创建呢?(　　　)

A. 在"单元格"组中,单击"插入",然后单击"插入工作表"

B. 单击"Office"按钮,然后单击"新建",在"新工作簿"窗口中,单击"空白工作簿"

C. 在"单元格"组中,单击"插入",再单击"工作簿"

183. 如果 B2、B3、B4、B5 单元格的内容分别为 4,2,5,=B2 * B3－B4,则 B2,B3,B4,B5单元格实际显示的内容分别是(　　　)。

A. 4,2,5,2　　　　　B. 2,3,4,5　　　　　C. 5,4,3,2　　　　　D. 4,2,5,3

184. 如果当前单元格在工作表中任意的地方,要使 A1 成为当前单元格,可以按(　　　)键。

A. Home　　　　　B. Ctrl＋Home　　　　　C. Alt＋Home　　　　　D. Shift＋Home

185. 如果您需要更改新 Excel 工作簿中包含的空白工作表的数量,您首先要单击(　　　)。

A. 第一个选项卡　　B. "Office"按钮　　C. 状态栏

186. 如果在创建表中建立字段"基本工资额",其数据类型应当是(　　　)。

A. 文本类型　　　　B. 货币类型　　　　C. 日期类型　　　　D. 数字类型

187. 如果字段"成绩"的取值范围为 0～100,则错误的有效性规则是(　　　)。

A. ＞＝0 AND ＜＝100　　　　　　　　B. \[成绩\]＞＝0 AND \[成绩\]＜＝100

C. 成绩＞＝0 AND 成绩＜＝100　　　　D. 0＜＝\[成绩\]＜＝100

188. 如果要关闭工作簿,但不想退出 Excel,可以单击(　　　)。

A. "文件"下拉菜单中的"关闭"命令　　B. "文件"下拉菜单中的"退出"命令

C. 关闭 Excel 窗口的按钮×　　　　　D. "窗口"下拉菜单中的"隐藏"命令

189. 若 A1 内容是"中国好"、B1 内容是"中国好大"、C1 内容是"中国好大一个国家",下面关于查找的说法正确的是(　　　)。

A. 查找"中国好"三个单元格都可能找到

B. 查找"中国好"只找到 A1 单元格

C. 只有查找"中国好 *"才能找到三个单元格

D. 查找"中国好"后面加了一个空格才表示只查三个字后面没内容了,可以只找到 A1 单元格

190. 若选中一个单元格后按 Del 键,这是(　　　)。

A. 删除该单元格中的数据和格式　　B. 删除该单元格

C. 仅删除该单元格中的数据　　　　D. 仅删除该单元格中的格式

191. 若要对数据清单中的记录进行删除、修改、查找等操作,应使用(　　　)命令。

A. 记录单　　　　　　　　　　B. 数据透视表

C. 分类总表　　　　　　　　　D. 选择性粘贴

192. 若在 A1 单元格中输入(123),则 A1 单元格的内容为(　　　)。

A. 字符串 123　　B. 字符串(123)　　C. 数值 123　　D. 数值－123

193. 删除单元格与清除单元格操作(　　　)。

A. 不一样　　　　　B. 一样　　　　　C. 不确定　　　　　D. 以上都不是

194. 删除一个表格中的某一个单元格,并使其右侧单元格左移,应先将插入点置于该格内,然后(　　)。

A. 按 Del 键

B. 单击"表格"菜单中的"删除表格"命令

C. 单击"表格"菜单中的"删除单元格"命令

D. 单击"表格"菜单中的"拆分单元格"命令

195. 往空单元格中键入什么来开始一个公式(　　)?

A. ＊　　　　　　　　B. (　　　　　　　　C. ＝

196. 为了输入一批有规律的递减数据,在使用填充柄实现时,应先选中(　　)。

A. 有关系的相邻区域　　　　　　B. 任意有值的一个单元格

C. 不相邻的区域　　　　　　　　D. 不要选择任意区域

197. 为显示正确的格式,如何控制全部由数字组成的特殊字符串的输入(如电话号码等)(　　)。

A. 照常规数字输入　　　　　　　B. 输入时要在之前加双引号

C. 输入时要在之前加单引号　　　D. 只能混入字母输入

198. 下边说法不正确的是(　　)。

A. 单元格不能删除　　　　　　　B. 单元格中的内容能删除

C. 单元格中的格式能删除　　　　D. 单元格的宽度能改变

199. 下列关于时间的说法错误的是(　　)。

A. 输入 14:25:23 和 2:25:23PM 不是一回事

B. 输入 2:48:02AM,表示上午 2:48:02

C. 输入 2:48:02,表示上午 2:48:02

D. 输入 2:48:02PM,表示下午 2:48:02

200. 下列数据(　　)输入到 Excel 工作表的单元格中是不正确的。

A. 1,5　　　　B. 10,10.5　　　　C. 100　　　　D. ＝10,2

201. 下列选项中,属于对 Excel 工作表单元格绝对地址引用的是(　　)。

A. B2　　　　B. ￥B￥2　　　　C. ＄B2　　　　D. ＄B＄2

202. 下列有关表格的文本格式叙述错误的是(　　)。

A. 可以使用格式工具栏中的"居中"图标

B. 可以使用格式菜单中的字体命令

C. 可以改变字间距

D. 不可以用右对齐图标

203. 下面哪一个选项不属于"单元格格式"对话框中"数字"选项卡中的内容(　　)?

A. 字体　　　　B. 货币　　　　C. 日期　　　　D. 自定义

204. 下面哪一组菜单是 Word 和 Excel 都有的(　　)?

A. 文件,编辑,视图,工具,数据　　　B. 文件,视图,格式,表格,数据

C. 插入,视图,格式,表格,数据　　　D. 文件,编辑,视图,格式,工具

205. 下面哪种操作可能破坏单元格数据有效性(　　)?

A. 在该单元格中输入无效数据

B. 在该单元格中输入公式

C. 复制别的单元格内容到该单元格

D. 该单元格本有公式引用别的单元格数据变化后引起有效性被破坏

206. 新建的工作簿中系统会自动创建(　　)个工作表。

A. 1　　　　　　　　B. 2　　　　　　　　C. 3　　　　　　　　D. 4

207. 需要将单元格内的负数显示为红色且不带负号,显示两位小数的格式代码是下面哪一种(　　)?

A. 0.00;\[红色\]0.＃＃　　　　　　　B. 0.00;\[红色\]0.00

C. 0.＃＃;\[红色\]0.00　　　　　　　D. 0.＃＃;\[红色\]0.＃＃

208. 要移动 Excel 工作表选定区域的数据,将鼠标指针移动到区域的边框线上,则鼠标指针变成(　　)时,拖动区域到新的位置上,松开鼠标,数据移动成功。

A. 空心箭头　　　B. 实心十字　　　C. I 型光标　　　D. 空心十字

209. 一个 Excel 工作簿最多可以有(　　)个工作表。

A. 255　　　　　　B. 125　　　　　　C. 560　　　　　　D. 128

210. 以下不属于 Excel 2010 中数字分类的是(　　)。

A. 常规　　　　　　B. 货币　　　　　　C. 文本　　　　　　D. 条形码

211. 以下不属于 Excel 中的算术运算符的是(　　)。

A. /　　　　　　　　B. ％　　　　　　　C. ＾　　　　　　　D. <>

212. 以下对表格操作的叙述错误的是(　　)。

A. 在表格的单元格中,除了可以输入文字、数字,还可以插入图片

B. 表格的每一行中各单元格的宽度可以不同

C. 表格的每一行中各单元格的高度可以不同

D. 表格的表头单元格可以绘制斜线

213. 以下关于 Excel 2010 的缩放比例说法正确的是(　　)。

A. 最小值 10％,最大值 500％　　　　B. 最小值 5％,最大值 500％

C. 最小值 10％,最大值 400％　　　　D. 最小值 5％,最大值 400％

214. 由于一个工作簿文件可有多个工作表,为了区分不同工作表,通常借助地址符进行表格间数据传送,若要在其他工作表中使用第二张工作表(表名为 Sheet 2)中 B7 单元格,通常写成(　　)形式。

A. B7　　　　　　　B. !＄B＄7　　　C. Sheet2 B7　　　D. Sheet2! B7

215. 有关工作表叙述正确的是(　　)。

A. 工作表是计算和存取数据的文件

B. 工作表的名称在工作簿的顶部

C. 无法对工作表的名称进行修改

D. 工作表的默认名称表示为"Sheet 1,Sheet 2……"

216. 有关工作簿中选定每张工作表的操作有(　　)。

A. 先选定一张工作表,按住 Shift 键再单击最后一张工作表标签,就可以选定二张

以上相邻的工作表

B. 先选定一张工作表,按住 Ctrl 键再单击其他工作表标签,就可以选定二张以上不相邻的工作表

C. 右键单击工作表标签,再单击快捷菜单中"选定全部工作表"就可选定所有工作表

D. 用鼠标右键单击不同工作表标签即可选定多个工作表

217. 在 Excel 中,单元格地址是指(　　)。

A. 每个单元格　　　　　　　　　B. 每个单元格的大小

C. 单元格所在的工作表　　　　　D. 单元格在工作表中的位置

218. 在 Excel 2010 中,打开和关闭文件所需的按钮在哪里(　　)?

A. 在第一个选项卡上　　　　　　B. 在窗口的左上角

C. 在功能区下方

219. 在 Excel 2010 中,可以为表格设置打印列标题和行标题。该选项在哪个选项卡上(　　)?

A. "开始"　　　　B. "页面布局"　　　　C. "数据"

220. 在 Excel 中,以下哪一项是绝对引用(　　)?

A. B4:B12　　　　　　　　　　　B. $A$1

221. 在 Excel 2010 中,打开"单元格格式"的快捷键是(　　)。

A. Ctrl+Shift+E　　　　　　　　B. Ctrl+Shift+F

C. Ctrl+Shift+G　　　　　　　　D. Ctrl+Shift+H

222. 在 Excel 2010 中,仅把某单元格的批注复制到另外单元格中的方法是(　　)。

A. 复制原单元格到目标单元格执行粘贴命令

B. 复制原单元格到目标单元格执行选择性粘贴命令

C. 使用格式刷

D. 将两个单元格链接起来

223. 在 Excel 2010 中,如果要改变行与行、列与列之间的顺序,应按住(　　)键不放结合鼠标进行拖动。

A. Ctrl　　　　　　B. Shift　　　　　　C. Alt　　　　　　D. 空格

224. 在 Excel 2010 中,要在某单元格中输入 1/2 应该输入(　　)。

A. ♯1/2　　　　B. 0.5　　　　C. 0 1/2　　　　D. 1/2

225. 在 Excel 中,用来储存并处理工作数据的文件称为(　　)。

A. 工作表　　　　B. 文件　　　　C. 工作簿　　　　D. 文档

226. 在 Excel 2010 中,默认保存后的工作簿格式式扩展名是(　　)。

A. *.xlsx　　　　B. *.xls　　　　C. *.htm

227. 在 Excel 2010 中,在(　　)功能区可进行工作簿视图方式的切换。

A. 开始　　　　B. 页面布局　　　　C. 审阅　　　　D. 视图

228. 在 Excel 的单元格中,要以字符方式输入电话号码,应首先输入字符(　　)。

A. :　　　　B. ,　　　　C. =　　　　D. '

229. 在 Excel 的工作表中,选定单元格区域时(　　)。

A. 只能是一个区域　　　　　　　B. 只能是三个区域

C. 可以分别在不同的工作表中选定　D. 只能在某一工作表中选定

230. 在 Excel 的活动单元格中,要将数字作为文字来输入,最简便的方法是先键入一个西文符号(　　)后,再键入数字。

A. ♯　　　　　　B. '　　　　　　C. "　　　　　　D. ,

231. Excel 工作表的列数最大为(　　)。

A. 255　　　　　B. 256　　　　　C. 1024　　　　D. 16384

232. 在 Excel 工作表中,单元格区域 D2:E4 所包含的单元格个数是(　　)。

A. 5　　　　　　B. 6　　　　　　C. 7　　　　　　D. 8

233. 在 Excel 工作表中,当前单元格的填充句柄在其(　　)。

A. 左上角　　　　B. 右上角　　　　C. 左下角　　　　D. 右下角

234. 在 Excel 工作表中,当前单元格只能是(　　)。

A. 单元格指针选定的一个　　　　B. 选中的一行

C. 选中的一列　　　　　　　　　D. 选中的区域

235. 在 Excel 工作表中,选取一整行的方法是(　　)。

A. 单击该行行号

B. 单击该行的任一单元格

C. 在名称框输入该行行号

D. 单击该行的任一单元格,并选择"编辑"菜单的"行"命令

236. 在 Excel 工作表中选择单元格,鼠标指针为(　　)。

A. 竖条光标　　　　　　　　　　B. 空心十字光标

C. 箭头光标　　　　　　　　　　D. 不确定

237. 在 Excel 工作簿中,同时选择多个相邻的工作表,可以在按住(　　)键的同时依次单击各个工作表的标签。

A. Tab　　　　　B. Alt　　　　　C. Shift　　　　D. Ctrl

238. 在 Excel 中,按 Ctrl+End 键,光标移到(　　)。

A. 行首　　　　　　　　　　　　B. 工作表头

C. 工作簿头　　　　　　　　　　D. 工作表有效区的右下角

239. 在 Excel 中,插入一组单元格后,活动将(　　)移动。

A. 向上　　　　　B. 向左　　　　　C. 向右　　　　D. 由设置而定

240. 在 Excel 中,对 A8 单元格绝对引用的表达式是(　　)。

A. $A$8　　　　B. $A8　　　　C. A$8　　　　D. A8

241. 在 Excel 中,各运算符号的优先级由高到低的顺序为(　　)。

A. 算术运算符,关系运算符,文本运算符

B. 算术运算符,文本运算符,关系运算符

C. 关系运算符,文本运算符,算术运算符

D. 文本运算符,算术运算符,关系运算符

242. 在 Excel 中,关于区域名字的论述不正确的是(　　)。

A. 同一个区域可以有多个名字

B. 一个区域名只能对应一个区域

C. 区域名可以与工作表中某一单元格地址相同

D. 区域的名字既能在公式中引用,也能作为函数的参数

243. 在 Excel 中,每张工作表最多可以容纳的行数是( )。

A. 256 行　　　　B. 1024 行　　　　C. 65536 行　　　　D. 不限

244. 在 Excel 中,若单元格引用随公式所在单元格位置的变化而改变,则称之为( )。

A. 绝对引用　　　B. 相对引用　　　C. 混合引用　　　D. 3−D 引用

245. 在 Excel 中,若想选定不连续的若干个区域,则( )。

A. 选定一个区域,拖动到下一个区域

B. 选定一个区域,Shift+单击下一个区域

C. 选定一个区域,Shift+箭头移动到下一个区域

D. 选定一个区域,Ctrl+选定下一个区域

246. 在 Excel 中,若要把工作簿保存在磁盘上,可按键( )。

A. Ctrl+C　　　　B. Ctrl+E　　　　C. Ctrl+S　　　　D. Esc

247. 在 Excel 中,若要撤销删除操作,应当按( )。

A. Ctrl+Z　　　　B. F4　　　　　　C. Esc

248. 在 Excel 中,下列选项( )的说法是错误的。

A. 在工作簿中可以增加和删除工作表

B. 数据图表可以和数据表分开存储

C. B4:E10 表示 B4 单元格和 E10 单元格

D. Excel 支持数据库操作

249. 在 Excel 中,要打开一个已建立的工作簿,应选择 Excel 主菜单栏的选择项( )。

A. 文件　　　　　B. 数据　　　　　C. 工具　　　　　D. 窗口

250. 在 Excel 中,以下对工作簿和工作表的理解,正确的是( )。

A. 要保存工作表中的数据,必须将工作表以单独的文件名存盘

B. 一个工作簿可包含至多 16 张工作表

C. 工作表的缺省文件名为 BOOK1、BOOK2……

D. 保存了工作簿就等于保存了其中的所有的工作表

二、多项选择题

1. "选择性粘贴"对话框有哪些选项( )?

A. 全部　　　　　B. 数值　　　　　C. 格式　　　　　D. 批注

2. Excel 2010 中单元格地址的引用有哪几种( )?

A. 相对引用　　　B. 绝对引用　　　C. 混合引用　　　D. 任意引用

3. 在 Excel 2010 中,只允许用户在指定区域填写数据,不能破坏其他区域并且不能删除工作表应怎样设置( )?

A. 设置"允许用户编辑区域" 　　　B. 保护工作表

C. 保护工作簿 　　　　　　　　　D. 添加打开文件密码

4. Excel 2010"文件"按钮中的"信息"有哪些内容? ( )

A. 权限 　　　B. 检查问题 　　　C. 管理版本 　　　D. 帮助

5. Excel 的三要素是( )。

A. 工作簿 　　　B. 工作表 　　　C. 单元格 　　　D. 数字

6. Excel 的状态栏具有( )作用。

A. 显示当前工作状态 　　　　　　B. 显示当前活动单元格地址

C. 显示键盘模式 　　　　　　　　D. 显示试算信息

7. 在 Excel 中,可用( )进行单元格的选取。

A. 鼠标 　　　　　　　　　　　　B. 键盘

C. "定位"命令 　　　　　　　　　D. "选取"命令

8. 在 Excel 中,选取大范围区域,先单击区域左上角的单元格,将鼠标指针移到区域的右下角,然后( )。

A. 按"Shift"键,同时单击对角单元格

B. 按"Shift"键,同时用方向键拉伸欲选区域

C. 按"Ctrl"键,同时单击单元格

D. 按"Ctrl"键,同时双击对角单元格

9. 在 Excel 中,要撤销最近执行的一条命令,可用的方法有( )。

A. 单击常用工具栏上的"撤销"按钮 　　B. 按快捷键 Ctrl+Z

C. 从"编辑"菜单中选择"撤销"命令 　　D. 按快捷键 Ctrl+V

10. 下列选项中,要给工作表重命名正确的操作是( )。

A. 功能键 F2 　　　　　　　　　　B. 右键单击工作表标签选择"重命名"

C. 双击工作表标签

D. 先单击选定要改名的工作表,再单击它的名字

11. 在 Excel 2010 中,要输入身份证号码应如何输入( )?

A. 直接输入

B. 先输入单引号再输入身份证号码

C. 先输入冒号再输入身份证号码

D. 先将单元格格式转换成文本,再直接输入身份证号码

12. 在 Excel 2010 中,工作簿视图方式有( )。

A. 普通 　　　　　　　　　　　　B. 页面布局

C. 分页预览 　　　　　　　　　　D. 自定义视图

E. 全屏显示

13. 在 Excel 单元格中,输入数值 3000 与它相等的表达式是( )。

A. 300000% 　　　　　　　　　　B. =3000/1

C. 30E+2　　　　　　　　　　　　D. =Average(Sum(30003000))

14. 在 Excel 中,欲将 A 列的内容插入到 B 列和 C 列之间,正确的操作为( )。

A. 选中 A 列,再将其剪下粘贴到 B 列和 C 列之间的空列中

B. 选中 A 列,再将其复制到 B 列和 C 列之间的空列中,再删除 A 列

C. 选中 A 列,再按住 Ctrl 键不放,将其拖曳到 B 列和 C 列之间的空列中

D. 选中 A 列,再将其剪下粘贴到 C 列上

15. 在 Excel 中,可选取( )。

A. 单个单元格　　　　　　　　　　B. 多个单元格

C. 连续单元格　　　　　　　　　　D. 不连续单元格

16. Excel 标准工具栏常用函数功能图标有( )。

A. 自动求和　　　B. 函数向导　　　C. 当前日期　　　D. 求平均值

17. 下列关于 Excel 的公式,说法正确的有( )。

A. 公式中可以使用文本运算符　　　　B. 引用运算符只有冒号和逗号

C. 函数中不可使用引用运算符　　　　D. 所有用于计算的表达式都要以等号开头

18. 在 Excel 中,公式 SUM(B1:B4)等价于( )。

A. SUM(A1:B4B1:C4)　　　　　　　B. SUM(B1+B4)

C. SUM(B1+B2,B3+B4)　　　　　　D. SUM(B1,B2,B3,B4)

19. 在 Excel 中,下面属于单元格引用运算符的有( )。

A. 冒号(:)　　　B. 分号(;)　　　C. 逗号(,)　　　D. 空格

20. 在 Excel 2010 中,下面能将选定列隐藏的操作是( )。

A. 右击选择隐藏

B. 将列标题之间的分隔线向左拖动,直至该列变窄看不见为止

C. 在"列宽"对话框中设置列宽为 0

D. 以上选项不完全正确

21. Excel 格式工具栏提供的格式化功能有( )。

A. 图形　　　　　B. 斜体　　　　　C. 文字框　　　　D. 货币样式

22. Excel 格式化工具栏中的边框与颜色按钮具有的功能是设置( )。

A. 边框线　　　　B. 背景颜色　　　C. 字体颜色　　　D. 字体、字号

23. Excel 中( )操作可选用格式工具栏中的工具图标。

A. 左对齐　　　　　　　　　　　　B. 跨列居中

C. 换行输入　　　　　　　　　　　D. 以百分数表示

24. 下列数字格式中属于 Excel 数字格式的是( )。

A. 分数　　　　　B. 小数　　　　　C. 科学记数　　　D. 会计专用

25. 在 Excel 2010 中,关于条件格式的规则有( )。

A. 项目选取规则　　　　　　　　　B. 突出显示单元格规则

C. 数据条规则　　　　　　　　　　D. 色阶规则

26. Excel 2010 的"页面布局"功能区可以对页面进行( )设置。

A. 页边距　　　B. 纸张方向、大小　C. 打印区域　　　D. 打印标题

27. Excel 的打印预览功能有( )。

A. 可以进行缩放显示 B. 可以进行打印

C. 可以进行页面设置 D. 可以进行分页显示

28. 关于 Excel 2010 的页眉页脚,说法正确的有( )。

A. 可以设置首页不同的页眉页脚 B. 可以设置奇偶页不同的页眉页脚

C. 不能随文档一起缩放 D. 可以与页边距对齐

29. 关于 Excel 筛选掉的记录的叙述,下列说法正确的有( )。

A. 不打印 B. 不显示 C. 永远丢失 D. 可以恢复

30. 在 Excel 2010 的打印设置中,可以设置打印的是( )。

A. 打印活动工作表 B. 打印整个工作簿

C. 打印单元格 D. 打印选定区域

31. 在 Excel 的打印预览中可以做到( )。

A. 显示上页和下页 B. 修改工作表的内容

C. 设置页面边距 D. 调动打印对话框

32. 在 Excel 2010 中,获取外部数据有下列哪些来源( )?

A. 来自 Access 的数据 B. 来自网站的数据

C. 来自文本文件的数据 D. 来自 SQL Server 的数据

33. 在 Excel 2010 中,若要对工作表的首行进行冻结,下列操作正确的有( )。

A. 将光标置于工作表的任意单元格执行"视图"选项卡下"窗口"功能区中的"冻结窗格"命令,然后单击其中的"冻结首行"子命令

B. 将光标置于 A2 单元格执行"视图"选项卡下"窗口"功能区中的"冻结窗格"命令,然后单击其中的"冻结拆分窗格"子命令

C. 将光标置于 B1 单元格执行"视图"选项卡下"窗口"功能区中的"冻结窗格"命令,然后单击其中的"冻结拆分窗格"子命令

D. 将光标置于 A1 单元格执行"视图"选项卡下"窗口"功能区中的"冻结窗格"命令,然后单击其中的"冻结拆分窗格"子命令

34. 在 Excel 2010 中,若要指定单元格或区域定义名称,可采用的操作是( )。

A. 执行"公式"选项卡下的"定义名称"命令

B. 执行"公式"选项卡下的"名称管理器"命令

C. 执行"公式"选项卡下的"根据所选内容创建"命令

D. 只有 A 和 C 正确

35. 在一个 Excel 文件中想隐藏某张工作表并且不想让别人看到,应用到哪些知识?( )

A. 隐藏工作表 B. 隐藏工作簿 C. 保护工作表 D. 保护工作簿

36. 当我们选中多个包含数据的单元格时,在状态栏中即刻显示出所选中数据的快速统计信息,这些统计信息包括( )。

A. 方差 B. 求和 C. 平均值 D. 计数

37. 下列关于 Excel 2010 的排序功能说法正确的有( )。

A. 可以按行排序   B. 可以按列排序

C. 最多允许有三个排序关键字   D. 可以自定义序列排序

38. 以下关于 Excel 2010 的排序功能说法正确的有( )。

A. 按数值大小   B. 按单元格颜色

C. 按字体颜色   D. 按单元格图标

39. 下列属于 Excel 图表类型的有( )。

A. 饼图   B. XY 散点图   C. 曲面图   D. 圆环图

40. 在 Excel 2010 中,如何修改已创建图表的图表类型( )。

A. 执行"图表工具"区"设计"选项卡下的"图表类型"命令

B. 执行"图表工具"区"布局"选项卡下的"图表类型"命令

C. 执行"图表工具"区"格式"选项卡下的"图表类型"命令

D. 右击图表执行"更改图表类型"命令

习题七　PowerPoint 2010 演示文稿制作软件

一、单项选择题

1. 播放演示文稿的快捷键是(　　)。

A. Enter　　　　　　　B. F5　　　　　　　C. Alt+Enter　　　　D. F7

2. 从当前幻灯片开始放映幻灯片的快捷键是(　　)。

A. Shift + F5　　　B. Shift + F4　　　C. Shift + F3　　　D. Shift + F2

3. 从第一张幻灯片开始放映幻灯片的快捷键是(　　)。

A. F2　　　　　　　B. F3　　　　　　　C. F4　　　　　　　D. F5

4. 当双击某文件夹内一个 PPT 文档时就直接启动该 PPT 文档的播放模式,这说明(　　)。

A. 这是 PowerPoint 2010 的新增功能

B. 在操作系统中进行了某种设置操作

C. 该文档是 PPSX 类型,属于放映类型文档

D. 以上说法都对

5. 当在交易会进行广告片的放映时,应该选择(　　)放映方式。

A. 演讲者放映　　　　　　　　　　B. 观众自行浏览

C. 在展台浏览　　　　　　　　　　D. 需要时单击某键

6. 对于演示文稿中不准备放映的幻灯片可以用(　　)下拉菜单中的"隐藏幻灯片"命令隐藏。

A. 工具　　　　　B. 幻灯片放映　　　C. 视图　　　　　D. 编辑

7. 根据您在幻灯片母版上使用页脚占位符的经验,尝试回答这个问题:假定您已经添加了页脚,但编号很难看清,因为它们太靠近背景中的图片设计的组成部分了。您如何重定位幻灯片编号(　　)?

A. 您可以选择每个幻灯片编号的占位符,然后对它进行微移,逐个幻灯片进行

B. 在"视图"选项卡上,单击"幻灯片母版",然后在幻灯片母版上将幻灯片编号占位符拖到更好的位置

C. 打开"页眉和页脚"对话框,寻找用于重定位幻灯片编号的命令

8. 关于幻灯片页面版式的叙述,不正确的是(　　)。

A. 幻灯片的大小可以改变

B. 幻灯片应用模板一旦选定,就不可以改变

C. 同一演示文稿中允许使用多种母版格式

D. 同一演示文稿不同幻灯片的配色方案可以不同

9. 关于修改母版,下列说法正确的是(　　)。

A. 母版不能修

B. 编辑状态就可以修改

C. 进入母版编辑状态可以修改

D. 以上说法都不对

10. 幻灯片放映时的"超级链接"功能,指的是选择文稿中的某个链接点时,可转向(　　)。

A. 用浏览器观察某个网站的内容

B. 用其他软件显示相应文档的内容

C. 放映其他演示文稿或本演示文稿的另一张幻灯片

D. 以上三个都可能

11. 可以改变一张幻灯片中各部放映顺序的是(　　)。

A. 采用"预设动画"设置

B. 采用"自定义动画"设置

C. 采用"片间动画"设置

D. 采用"动作"设置

12. 如果要播放演示文稿,可以使用(　　)。

A. 幻灯片视图

B. 大纲视图

C. 幻灯片浏览视图

D. 幻灯片放映视图

13. 若希望在演示的过程中终止幻灯片的放映,则按(　　)终止。

A. Esc   B. Delete   C. Ctrl+E   D. Shift+E

14. 下列幻灯片元素中哪项无法打印输出(　　)。

A. 幻灯片图片

B. 幻灯片动画

C. 母版设置的企业标记

D. 幻灯片

15. 下列描述有关 PowerPoint 演示文稿播放的控制方法中错误的是(　　)。

A. 单击鼠标,幻灯片可切换到"下一张"而不能切换到"上一张"

B. 按"↓"键切换到"下一张",按"↑"键切换到"上一张"

C. 可以用键盘控制播放

D. 可以用鼠标控制播放

16. 要从当前幻灯片开始放映,应(　　)按钮。

A. 按 F5 键

B. 单击自定义放映按钮

C. 单击幻灯片切换

D. 单击幻灯片放映视图

17. 要进行幻灯片页面设置、主题选择,可以在(　　)选项卡中操作。

A. 开始   B. 插入   C. 视图   D. 设计

18. 要使一张图片显示在所有幻灯片上,您需将它添加到何处(　　)?

A. 您希望该图片在其上的幻灯片中

B. 幻灯片母版上

C. 所有版式

19. 在"幻灯片放映"视图中,如何返回到上一张幻灯片(　　)?

A. 按 Backspace 键

B. 按 Page Up 键

C. 按向上键

D. 以上全对

20. 在一张 PowerPoint 幻灯片播放后,要使下一张幻灯片内容的出现呈水平盒状收缩方式或垂直百叶窗方式,应(　　　)。

A. 单击"幻灯片放映"→"自定义动画"进行设置

B. 单击"幻灯片放映"→"幻灯片切换"进行设置

C. 单击"幻灯片放映"→"预设动画"进行设置

D. 单击"幻灯片放映"→"设置放映方式"进行设置

21. PowerPoint 2010 中的段落对齐有几个种类(　　　)?

A. 3　　　　　　　　B. 4　　　　　　　　C. 5　　　　　　　　D. 6

22. PowerPoint 一共提供了(　　　)。

A. 大纲视图,普通视图,页面视图　　　　B. 大纲视图,浏览视图,页面视图

C. 大纲视图,联机版式视图,普通视图　　D. 大纲视图,浏览视图,放映视图

23. 插入演示文稿的背景能修改吗(　　　)?

A. 能　　　　　　　B. 不能　　　　　　C. 有时能　　　　　D. 以上都不对

24. 当在幻灯片中插入了声音以后,幻灯片中将会出现(　　　)。

A. 喇叭标记　　　　　　　　　　　　B. 一段文字说明

C. 链接说明　　　　　　　　　　　　D. 链接按钮

25. 对"大纲"工具栏操作,可以实现(　　　)。

A. 展开所有幻灯片　　　　　　　　　B. 移动幻灯片

C. 展开某一张幻灯片　　　　　　　　D. 以上都可以

26. 对幻灯片的重新排序、幻灯片间定时和过渡、加入和删除幻灯片以及整体构思幻灯片都特别有用的视图是(　　　)。

A. 幻灯片视图　　　　　　　　　　　B. 大纲视图

C. 幻灯片浏览视图　　　　　　　　　D. 普通视图

27. 关于 PowerPoint 2010 的母版,以下说法中错误的是(　　　)。

A. 可以自定义幻灯片母版的版式

B. 可以对母版进行主题编辑

C. 可以对母版进行背景设置

D. 在母版中插入图片对象后,在幻灯片中可以根据需要进行编辑

28. 关于 PowerPoint 的自定义动画功能,以下说法中错误的是(　　　)。

A. 各种对象均可设置动画　　　　　　B. 动画设置后先后顺序不可改变

C. 同时还可配置声音　　　　　　　　D. 可将对象设置成播放后隐藏

29. 关于 PowerPoint 功能,下列说法中错误的是(　　　)。

A. 用演示文稿的超级链接可以跳到其他演示文稿

B. 幻灯片中的动画顺序由幻灯片中文字或图片出现的顺序决定

C. 幻灯片可以定时自动播放

D. 利用"应用设计模板"可以快速地为演示文稿选择统一的背景图案和配色方案

30. 关于 PowerPoint 幻灯片母版的使用,不正确的是(　　　)。

A. 通过对母版的设置可以控制幻灯片中不同部分的表现形式

B. 通过对母版的设置可以预定义幻灯片的前景颜色、背景颜色和字体大小

C. 修改母版不会对演示文稿中任何一张幻灯片带来影响

D. 标题母版为使用标题版式的幻灯片设置了默认格式

31. 幻灯片的配色方案可以通过(　　　)更改。

A. 模板　　　　　　B. 母版　　　　　　C. 格式　　　　　　D. 版式

32. 幻灯片中占位符的作用是(　　　)。

A. 表示文本的长度　　　　　　　　B. 限制插入对象的数量

C. 表示图形的大小　　　　　　　　D. 为文本、图形预留位置

33. 快速将幻灯片的当前版式替换为其他版式的方式是(　　　)。

A. 在"开始"选项卡上,单击"新建幻灯片"按钮的下半部分

B. 右键单击要替换其版式的幻灯片,然后指向"版式"

34. 某一文字对象设置了超级链接后不正确的说法是(　　　)。

A. 在演示该页幻灯片时,当鼠标指针移到文字对象上会变成手形

B. 在幻灯片视图窗格中,当鼠标指针移到文字对象上会变成手形

C. 该文字对象的颜色会以默认的主题效果显示

D. 可以改变文字的超级链接颜色

35. 能够快速改变演示文稿的背景图案和配色方案的操作是(　　　)。

A. 编辑母板

B. 利用"配色方案"中"标准"选项卡

C. 利用"配色方案"中"自定义"选项卡

D. 使用"格式"菜单中"应用设计模板"命令

36. 您对幻灯片应用了某个主题,但更喜欢另一种字形,应该怎么办(　　　)?

A. 转至幻灯片母版,然后在母版中更改字体

B. 选择所有幻灯片,在"设计"选项卡上,单击"字体",然后为标题和正文文本选择另一组字形

C. 在"设计"选项卡上,单击"字体",然后为标题和正文文本选择另一组字形

37. 您希望对齐幻灯片上的标题和图片,以便标题紧挨着图片下方居中对齐。在选择了该图片和标题后,在功能区上单击"图片工具"下的"格式"选项卡。现在,在哪里可以找到相应的命令来进行所需的调整呢(　　　)?

A. "调整"组中的"更改图片"按钮　　　B. "排列"组中的"对齐"按钮

C. "排列"组中的"旋转"按钮

38. 您已完成了演示文稿,希望运行拼写检查。该选项位于功能区上的什么位置(　　　)?

A. "审阅"选项卡　　　　　　　　B. "开始"选项卡

C. "幻灯片放映"选项卡

39. 您找到了恰好适合于您的 SmartArt 图形的布局,但这种布局的空间不足以输入您想好的所有文字。有什么好的解决方法吗(　　　)?

A. 与计划的相比,少说一些

B. 找一个形状可能更大的布局,并在形状里填满文字

C. 只将要点放在 SmartArt 图形中,将其余的内容留作注释

40. 您正在编辑包含组织结构图的旧演示文稿。您已经将一些项目符号列表转换为 SmartArt 图形,并且想要组织结构图具有类似的外观。您还必须通过在组织结构图中添加和删除一些名称来编辑组织结构图,应该怎么办?( )

A. 删除旧的组织结构图并重新开始

B. 双击组织结构图中的一个形状,并在转换对话框中选择将图表转换为 SmartArt 图形

C. 双击组织结构图中的一个形状,并在转换对话框中选择将图表转换为形状

41. 如果您要将页脚设置应用于演示文稿中的每个幻灯片,应单击哪个选项( )?

A. 应用   B. 全部应用

42. 如果您要向幻灯片中添加页脚,如何开始操作( )?

A. 打开母版视图,将所需的页脚占位符添加到幻灯片母版上

B. 在"插入"选项卡上,单击"文本"组中的"页眉和页脚"

43. 如果您要在七个幻灯片中的两个幻灯片上应用"公司机密"页脚文本,如何进行此项操作( )?

A. 选择那两个幻灯片,在"页眉和页脚"对话框中输入该页脚文本,然后单击"应用"

B. 选择那两个幻灯片,在"页眉和页脚"对话框中输入该页脚文本,然后单击"全部应用"

C. 在那两个幻灯片上都添加文本占位符,并在其中键入您的文本

44. 如果希望讲义为观众提供备注行,必须选择( )讲义选项。

A. "每页 3 张幻灯片"   B. "每页 1 张幻灯片"

C. "备注页"

45. 如果要更改应用于整个 PowerPoint 的设置,如关闭或打开拼写检查,第一步要做什么( )?

A. 单击"Office"按钮,并指向"准备"

B. 单击"Office"按钮,然后单击"PowerPoint 选项"

46. 如何让页脚不显示在标题幻灯片上( )?

A. 只需将文本从该幻灯片中删除

B. 选择"标题幻灯片中不显示"选项

47. 如何用一个图形版式替换另一个图形版式( )?

A. 在"插入"选项卡上,单击"SmartArt",然后应用库中的一种版式

B. 右键单击图形,然后单击快捷菜单上的"转换为 SmartArt"

C. 选中图形,然后从"SmartArt 工具"中的"设计"选项卡上的"版式"组内应用另一个版式

48. 若要将 Excel 图表添加到 PowerPoint 演示文稿中,您可以( )。

A. 单击"数据"选项卡   B. 单击"插入"选项卡

C. 复制图表

49. 唐小姐对 SharePoint 文档库中的文件进行编辑。该文件在她的计算机上仍处于打开状态。几秒钟后,余小姐尝试编辑该文件。将会发生什么情况(　　)?

A. 余小姐将能够与唐小姐同时进行更改并将更改保存到文档库

B. 余小姐将能够进行更改,但是唐小姐不行

C. 余小姐将收到"文件正在使用"消息,并将无法查看该文件

D. 余小姐将收到"文件正在使用"消息,并将无法进行更改,但仍能够查看该文件

50. 要观看所有幻灯片,应选择的工作视图是(　　)。

A. 幻灯片视图　　　　　　　　B. 大纲视图

C. 幻灯片浏览视图　　　　　　D. 幻灯片放映视图

51. 要使所制作背景对所有幻灯片生效,应在背景对话框中选择(　　)。

A. 应用　　　　B. 取消　　　　C. 全部应用　　　　D. 确定

52. 以下哪个 Office 2010 应用程序可在 SharePoint 平台上快速创建强大的解决方案应用程序,以便提高工作效率并生成内容丰富的网站(　　)?

A. PowerPoint 2010　　　　　B. OneNote 2010

C. Publisher 2010　　　　　　D. SharePoint Designer 2010

53. 在 PowerPoint 2010 中,当您要减少列表中文本的缩进量时,应按哪个或哪些键(　　)?

A. Tab　　　　B. Enter　　　　C. Shift+Tab

54. 在 PowerPoint 中,不能完成对个别幻灯片进行设计或修饰的对话框是(　　)。

A. 背景　　　　　　　　　　　B. 幻灯片版式

C. 配色方案　　　　　　　　　D. 应用设计模板

55. 在创建的页面中建立热点时,其形状不能是(　　)。

A. 矩形　　　　B. 立体形　　　　C. 多边形　　　　D. 圆形

56. 在幻灯片浏览视图中,以下哪项操作是无法进行的操作(　　)。

A. 插入幻灯片　　　　　　　　B. 删除幻灯片

C. 改变幻灯片的顺序　　　　　D. 编辑幻灯片中的占位符的位置

57. 在幻灯片母版设置中可以起到以下哪方面的作用(　　)?

A. 统一整套幻灯片的风格　　　B. 统一标题内容

C. 统一图片内容　　　　　　　D. 统一页码

58. (　　)元素可以添加动画效果。

A. 图表　　　　B. 图片　　　　C. 文本　　　　D. 以上都可以

59. 关于 PowerPoint 中对象的动画的描述中,(　　)是错误的。

A. 可视的占位符对象和非占位符对象都可以设置动画效果

B. 对象显示动画效果时,可以同时配以声音

C. 定义对象动画后,可单击鼠标令其出现,也可令其在前一事件后自动出现

D. 一个幻灯片中各个对象产生动画的先后顺序是不能调整的

60. 关于 PowerPoint 中幻灯片的切换,错误的说法是(　　)。

A. 幻灯片切换的操作可同时应用于所有的幻灯片

B. 演示文稿中各幻灯片切换方式可以不同,但速度总是相同的

C. 幻灯片切换的同时可以设置声音效果

61. 关于幻灯片切换,下列说法正确的是( )。

A. 可设置进入效果　　　　　　　B. 可设置切换音效

C. 可用鼠标单击切换　　　　　　D. 以上全对

62. 关于自定义动画,说法正确的是( )。

A. 可以调整顺序　　　　　　　　B. 有些可设置参数

C. 可以带声音　　　　　　　　　D. 以上都对

63. 幻灯片内的动画效果,通过"幻灯片放映"菜单的( )命令来设置。

A. 动作设置　　　B. 自定义动画　　　C. 动画预览　　　　D. 幻灯片切换

64. 幻灯片声音的播放方式是( )。

A. 执行到该幻灯片时自动播放

B. 执行到该幻灯片时不会自动播放,须双击该声音图标才能播放

C. 执行到该幻灯片时不会自动播放,须单击该声音图标才能播放

D. 由插入声音图标时的设定决定播放方式

65. 如果要播放 CD 中的音乐,除了扬声器、CD-ROM 驱动器和声卡,对于演示文稿还需要哪些项目( )?

A. 爆米花和糖果　　　　　　　　B. CD 本身

C. 演示文稿,其中已经有 CD 图标,因此,只需启动它即可播放曲目

66. 如需要为 PowerPoint 演示文稿设置动态效果,如让文字以"驶入"方式播放,则可以单击"幻灯片放映"菜单,再选择( )。

A. 预设动画　　　　　　　　　　B. 幻灯片切换

C. 动画预览　　　　　　　　　　D. 动作设置

67. 设置好的切换效果,可以应用于( )。

A. 所有幻灯片　　　　　　　　　B. 一张幻灯片

C. A 和 B 都对　　　　　　　　　D. A 和 B 都不对

68. 设置一个幻灯片切换效果时,可以( )。

A. 使用多种形式　　　　　　　　B. 只能使用一种形式

C. 最多可以使用五种形式　　　　D. 以上都不对

69. 要设置幻灯片的切换效果以及切换方式时,应在( )选项卡中操作。

A. 开始　　　B. 设计　　　　C. 切换　　　　D. 动画

70. 要设置幻灯片中对象的动画效果以及动画的出现方式时,应在( )选项卡中操作。

A. 切换　　　　　B. 动画　　　　C. 设计　　　　D. 审阅

71. 在 PowerPoint 中,曲目 3 的总播放时间为 03:30. 如果希望 CD 从该曲目的第 1 分钟开始播放并在 30 秒之后结束,应如何设置曲目( )?

A. 开始曲目:3;开始时间:00:00;结束曲目:3;结束时间:01:30

B. 开始曲目:3;开始时间:01:00;结束曲目:3;结束时间:00:30

C. 开始曲目:3;开始时间:01:00,结束曲目:3;结束时间:01:30

72. 自定义动画窗格中不包括有关动画设置的选项是(　　)。

A. 修改效果 　　　　　　　　　B. 添加动画效果

C. 时间 　　　　　　　　　　　D. 属性

73. 自定义动画对话框中不包括下列有关动画设置的选项(　　)。

A. 时间 　　　　　　　　　　　B. 自定义动画

C. 动画预览 　　　　　　　　　D. 幻灯片切换

74. 在 PowerPoint 中,(　　)以最小化的形式显示演示文稿中的所有幻灯片,用于组织和调整幻灯片的顺序。

A. 幻灯片浏览视图 　　　　　　B. 备注页视图

C. 幻灯片视图 　　　　　　　　D. 幻灯片放映视图

75. 在 PowerPoint 中,若想浏览文件的整个幻灯片应选择(　　)视图。

A. 幻灯片浏览　　B. 大纲　　　　C. 备注页　　　　D. 幻灯片放映

76. 在 PowerPoint 中,若想浏览文件中的标题和正文内容应选择(　　)视图。

A. 备注页　　　　B. 幻灯片　　　C. 大纲　　　　　D. 幻灯片浏览

77. 在 PowerPoint 中,若在大纲视图下输入文本,则(　　)。

A. 该文本只能在幻灯片视图中修改

B. 可以在幻灯片视图中修改文本,也可以在大纲视图中修改文本

C. 在大纲视图中删除文本

D. 不能在大纲视图中删除文本

78. 在(　　)视图,可方便地对幻灯片进行移动、复制、删除等编辑操作。

A. 幻灯片浏览 　　　　　　　　B. 幻灯片

C. 幻灯片放映 　　　　　　　　D. 普通

79. 在(　　)视图方式下,可以复制、删除幻灯片和调整幻灯片的顺序,但不能对幻灯片的内容进行编辑修改。

A. 幻灯片 　　　　　　　　　　B. 幻灯片浏览

C. 幻灯片放映 　　　　　　　　D. 大纲

80. 在 PowerPoint 2010 中,从当前幻灯片开始放映的快捷键,下列说法正确的是(　　)。

A. F2　　　　　　B. F5　　　　　C. Shift＋F5　　　D. Ctrl＋P

81. 在 PowerPoint 中,有关幻灯片母版中的页眉页脚,下列说法错误的是(　　)。

A. 页眉或页脚是加在演示文稿中的注释性内容

B. 典型的页眉/页脚内容是日期、时间以及幻灯片编号

C. 在打印演示文稿的幻灯片时,页眉/页脚的内容也可打印出来

D. 不能设置页眉和页脚的文本格式

82. 按哪个键可进入"幻灯片放映"视图并从第一张幻灯片开始放映(　　)?

A. Esc　　　　　　B. F5　　　　　C. F7　　　　　　D. F1

83. 超级链接只有在下列哪种视图中才能被激活(　　)?

A. 幻灯片视图　　　　　　　　　　　B. 大纲视图

C. 幻灯片浏览视图　　　　　　　　　D. 幻灯片放映视图

84. 对演示文稿幻灯片的操作,通常包括(　　　)。

A. 选择、插入、复制和删除幻灯片

B. 复制、移动和删除幻灯片

C. 选择、插入、移动、复制和删除幻灯片

D. 选择、插入、移动和复制幻灯片

85. 您学习了两种插入空白 SmartArt 图形的不同方法:可以单击"插入"选项卡上的"SmartArt"按钮,或者在幻灯片版式中单击"SmartArt 图形"图标。使用后一种方法有什么样的优点(　　　)?

A. 新图形放入一个占位符中

B. 新图形放入与图标相同的占位符中

C. 在"选择 SmartArt 图形"对话框中有更多版式选项

86. 您要添加一张新的幻灯片,但尚不确定要在此幻灯片上仅添加文本还是图形,抑或同时添加这两者,您应该选择哪种幻灯片版式(　　　)?

A."标题"　　　　　　　　　　　　B."标题和内容"

C."标题和文本"

87. 您已经将 PowerPoint 2010 演示文稿保存为新格式,并希望使用 PowerPoint 2003 的同事完全可以对它进行编辑。为了打开并处理以新格式保存的演示文稿,您的同事主要需要什么(　　　)?

A. 兼容性检查器　　　　　　　　　B. 兼容包

C."转换"命令

88. 如果您要使用注释来描述版本以及其中的工作,您该怎么办(　　　)?

A. 将鼠标指标放在文档库中的文件名上,单击显示的向下箭头,然后单击"版本历史记录",单击某个版本日期,然后输入注释

B. 签出文件,在您处理文件时,有时在文件中键入描述性注释,将它们放在方括号中,以便不会与文件内容混淆

C. 签出文件,处理、保存、签入它,然后添加注释

D. 将鼠标指标放在文档库中的文件名上,单击显示的向下箭头,然后单击"编辑属性",在属性页的"注释"下,键入关于您所做工作的描述

89. 添加新幻灯片时,首先应如何选择它的版式(　　　)?

A. 在"开始"选项卡上,单击"新建幻灯片"按钮的上半部分

B. 在"开始"选项卡上,单击箭头所在的"新建幻灯片"按钮的下半部分

C. 右键单击"幻灯片"选项卡上的幻灯片缩略图,然后单击"新建幻灯片"

90. 为了使得在每张幻灯片上有一张相同的图片,最方便的方法是通过(　　　)来实现。

A. 在幻灯片母版中插入图片　　　　B. 在幻灯片中插入图片

C. 在模板中插入图片　　　　　　　D. 在版式中插入图片

91. 演示文稿中,加新幻灯片的快捷键是(　　)。

A. Ctrl＋M　　　　B. Ctrl＋O　　　　C. Ctrl＋H　　　　D. Ctrl＋N

92. 要对 PowerPoint 演示文稿中某张幻灯片内容进行详细编辑,可用(　　)。

A. 幻灯片浏览视图　　　　　　　B. 幻灯片放映视图

C. 幻灯片视图　　　　　　　　　D. 幻灯片大纲视图

93. 要对幻灯片母版进行设计和修改时,应在(　　)选项卡中操作。

A. 设计　　　　B. 审阅　　　　C. 插入　　　　D. 视图

94. 要对演示文稿中所有幻灯片做同样的操作(如改变所有标题的颜色与字体),以下选项正确的是(　　)。

A. 使用制作副本　　　　　　　B. 使用设计模板

C. 使用母版　　　　　　　　　D. 使用幻灯片版面设计

95. 欲为幻灯片中的文本创建超级链接,可用(　　)菜单中的"超级链接"命令。

A. 文件　　　　B. 编辑　　　　C. 插入　　　　D. 幻灯片放映

96. 在"大纲"视图中,可以(　　)。

A. 移动幻灯片　　B. 编辑文字　　C. 删除幻灯片　　D. 以上都可以

97. 在 PowerPoint 2010 功能区上的哪个位置可以找到插入声音文件的命令(　　)?

A. "声音工具"下的"选项"选项卡

B. "动画"选项卡的"动画"组

C. "插入"选项卡的"媒体剪辑"组

98. 在 PowerPoint 2010 中默认的视图模式是(　　)。

A. 普通视图　　　　　　　　　B. 阅读视图

C. 幻灯片浏览视图　　　　　　　D. 备注视图

99. 在 PowerPoint 文档中能添加下列哪些对象(　　)。

A. Excel 图表　　　　　　　　B. 电影和声音

C. Flash 动画　　　　　　　　D. 以上都对

100. 在 PowerPoint 中输入文本时,按一次回车键则系统生成段落。如果是在段落中另起一行,需要按下列(　　)键。

A. Ctrl＋Enter　　　　　　　　B. Shift＋Enter

C. Ctrl＋Shift＋Enter　　　　　　D. Ctrl＋Shift＋Del

101. 在 PowerPoint 的下列 4 种视图中,(　　)只包含一个单独工作窗口。

A. 普通视图　　　　　　　　　B. 大纲视图

C. 幻灯片视图　　　　　　　　D. 幻灯片浏览视图

102. 在 PowerPoint 演示文稿中,将某张幻灯片版式更改为"垂直排列文本",应该选择的菜单是(　　)。

A. 视图　　　　B. 插入　　　　C. 格式　　　　D. 幻灯放映

103. 在 PowerPoint 中,"插入"菜单中的"幻灯片副本"命令的功能是(　　)。

A. 将当前幻灯片保存到磁盘上

B. 将当前幻灯片移动到文稿末尾

C. 在当前幻灯片后,插入与当前幻灯片完全相同的一张幻灯片

D. 删除幻灯片

104. 在 PowerPoint 中,"自动更正"功能是在下列(　　　)菜单中。

A. 样式　　　　　　　B. 工具　　　　　　C. 编辑　　　　　　　D. 视图

105. 在 PowerPoint 中,不能对个别幻灯片内容进行编辑修改的视图方式是(　　　)。

A. 大纲视图　　　　　　　　　　　　B. 幻灯片视图

C. 幻灯片浏览视图　　　　　　　　　D. 以上答案均不对

106. 在 PowerPoint 中,使用声音文件有哪些最佳做法(　　　)?

A. 从不使用链接的文件

B. 在插入声音文件之前,请将它们复制到演示文稿文件所在的文件夹中

107. 在 PowerPoint 中,向幻灯片内插入一个以文件形式存在的图片,该操作应当使用的视图方式是(　　　)。

A. 幻灯片视图　　　　　　　　　　　B. 大纲视图

C. 放映视图　　　　　　　　　　　　D. 幻灯片浏览视图

108. 在幻灯片视图窗格中要删除选中的幻灯片,不能实现的操作是(　　　)。

A. 按下键盘上的 Delete 的键

B. 按下键盘上的 Backspace 键

C. 右键菜单中的"隐藏幻灯片"命令

D. 右键菜单中的"删除幻灯片"命令

109. 在幻灯片视图中,如果要改写幻灯片内一段原有的文字,首先应当(　　　)。

A. 选取该段文字所在的文本框　　　B. 直接输入新的文字

C. 删除原有的文字　　　　　　　　D. 插入一个新的文本框

110. 在演示文稿中,在插入超级链接中所链接的目标,不能是(　　　)。

A. 另一个演示文稿　　　　　　　　B. 同一演示文稿的某一张幻灯片

C. 其他应用程序的文档　　　　　　D. 幻灯片中的某个对象

111. 在演示文稿中设置"超级链接",不能链接的目标是(　　　)。

A. 其他应用程序的文档　　　　　　B. 幻灯片中的某个对象

C. 另一个演示文稿　　　　　　　　D. 同一演示文稿的幻灯片

112. 在一个幻灯片中插入的演示文稿(　　　)。

A. 只能分别播放　　　　　　　　　B. 不能播放

C. 可以同时播放　　　　　　　　　D. 以上都不对

113. 在一个屏幕上同时显示两个演示文稿并进行编辑,下列方法中正确的是(　　　)。

A. 打开两个演示文稿,选择"窗口"菜单中的"全部重排"命令

B. 打开两个演示文稿,选择"窗口"菜单中的"缩至一页"命令

C. 无法实现

D. 打开一个演示文稿,选择"插入"菜单中的"幻灯片"命令

114. PowerPoint 2010 文档的扩展名为(　　　)。

A. ppt   B. pptx   C. ppsx   D. potx

115. PowerPoint 2010 母版有（ ）种类型。

A. 3   B. 4   C. 5   D. 6

116. PowerPoint 2010 演示文稿的扩展名是（ ）。

A.. ppt   B.. pptx   C.. xslx   D.. docx

117. PowerPoint 是（ ）。

A. 文字处理软件   B. 数据库管理软件

C. 幻灯片制作与播放软件   D. 网页制作软件

118. PowerPoint 是一个集成软件的一部分，这个集成软件是（ ）。

A. Microsoft Word   B. Microsoft Windows

C. Microsoft Office   D. Microsoft Internet Explorer

119. PowerPoint 演示文稿和模板的扩展名是（ ）。

A. doc 和 txt B. html 和 ptr C. pot 和 ppt D. ppt 和 pot

120. 在 PowerPoint 中，关于"链接"，下列说法中正确的是（ ）。

A. 链接指将约定的设备用线路连通

B. 链接将指定的文件与当前文件合并

C. 点击链接就会转向链接指向的地方

D. 链接为发送电子邮件做好准备

121. 在 PowerPoint 中，有关备注母版的说法错误的是（ ）。

A. 备注的最主要功能是进一步提示某张幻灯片的内容

B. 要进入备注母版，可以选择视图菜单的母版命令，再选择"备注母版"

C. 备注母版的页面共有 5 个设置：页眉区、页脚区、日期区、幻灯片缩图和数字区

D. 备注母版的下方是备注文本区，可以像在幻灯片母版中那样设置其格式

122. 在 PowerPoint 中，在浏览视图下，按住 Ctrl 并拖动某幻灯片，可以完成（ ）操作。

A. 移动幻灯片   B. 复制幻灯片

C. 删除幻灯片   D. 选定幻灯片

123. 在 PowerPoint 中，使用母版的目的是（ ）。

A. 使演示文稿的风格一致   B. 修改现有的模板

C. 标题母版用来控制标题幻灯片的格式和位置

D. 以上均是

124. PowerPoint 中一共提供了（ ）种母版。

A. 1   B. 2   C. 3   D. 4

125. SharePoint 文档库是（ ）。

A. 您在您的计算机上组织的文件集合

B. 附加到电子邮件的一组文档

C. SharePoint 网站上的一个位置，您仅可以在其中添加 Word 文档，而不可以添加 Excel 或 PowerPoint 文件

D. SharePoint 网站上的一个位置,您可以在其中与他人一起创建、收集和更新文件

126. 保存新建的演示文稿,系统默认的文件类型是(　　　)。

A. PowerPoint 放映　　　　　　　　B. PowerPoint 95&97 演示文稿

C. 演示文稿　　　　　　　　　　　　D. 演示文稿模板

127. 保存演示文稿时的缺省扩展名是(　　　)。

A. . doc　　　　　B. . ppt　　　　　C. . txt　　　　　D. . xls

128. 关于演示文稿,下列说法错误的是(　　　)。

A. 可以有很多页　　　　　　　　　　B. 可以调整文字位置

C. 不能改变文字大小　　　　　　　　D. 可以有图画

129. 默认的幻灯片母版中包含了(　　　)个标准的版式,用户可对母版中的版式进行添加或删除操作。

A. 12　　　　　　　B. 1　　　　　　　C. 18　　　　　　　D. 20

130. 启动 Power Point 后,要新建演示文稿,可通过(　　　)方式建立。

A. 内容提示向导　　　　　　　　　　B. 设计模板

C. 空演示文档　　　　　　　　　　　D. 以上均可以

131. 下列(　　　)属于演示文稿的扩展名。

A. opx　　　　　　B. ppt　　　　　　C. dwg　　　　　　D. jpg

132. 下列不是 PowerPoint 视图的是(　　　)。

A. 普通视图　　　　　　　　　　　　B. 幻灯片视图

C. 备注页视图　　　　　　　　　　　D. 大纲视图

133. 下列各项可以作为幻灯片背景的是(　　　)。

A. 图案　　　　　　B. 图片　　　　　C. 纹理　　　　　D. 以上都可以

134. 下列各项中,(　　　)是不能控制幻灯片外观一致的方法。

A. 母版　　　　　　B. 模板　　　　　C. 背景　　　　　D. 幻灯片视图

135. 下列哪种方法不能新建演示文稿(　　　)?

A. 内容提示向导　　　　　　　　　　B. 打包功能

C. 空演示文稿　　　　　　　　　　　D. 设计模板

136. 要让 PowerPoint 2010 制作的演示文稿在 PowerPoint 2003 中放映,必须将演示文稿的保存类型设置为(　　　)。

A. PowerPoint 演示文稿(* . pptx)　　B. PowerPoint 97－2003 演示文稿(* . ppt)

C. XPS 文档(* . xps)　　　　　　　　D. Windows Media 视频(* . wmv)

137. 与 Word 相比较,PowerPoint 软件在工作内容上最大的不同在于(　　　)。

A. 窗口的风格　　　B. 文稿的放映　　　C. 文档打印　　　D. 有多种视图方式

138. 在空白幻灯片中不可以直接插入(　　　)。

A. 文本框　　　　　B. 文字　　　　　C. 艺术字　　　　　D. Word 表格

139. 在默认状态下,PowerPoint2010 启动后就直接进入(　　　)。

A. 幻灯片浏览视图　　　　　　　　　B. 幻灯片母版视图

C. 普通视图　　　　　　　　　　　　D. 备注页视图

140. 在您打开 PowerPoint 文件时,看到以下两个文件名:"年度报告.ppt"和"年度报告.pptx"。哪一个使用 PowerPoint 2010 的新格式(　　)?

A. 年度报告.pptx　　　　　　　　　　B. 年度报告.ppt

141. 在下列(　　)菜单中可以找到"母版"命令。

A. 视图　　　　　B. 插入　　　　　C. 文件　　　　　D. 编辑

142. 在 PowerPoint 2010 中,把文本从一个地方复制到另一个地方的顺序是(　　)。

1. 按"复制"按钮;2. 选定文本;3. 将光标置于目标位置;4. 按"粘贴"按钮

A. 1234　　　　　B. 3214　　　　　C. 2134　　　　　D. 2314

143. 在 PowerPoint 2010 中,快速复制一张同样的幻灯片快捷键是(　　)。

A. Ctrl+C　　　　B. Ctrl+X　　　　C. Ctrl+V　　　　D. Ctrl+D

144. 在 PowerPoint 2010 中,如果一组幻灯片中的几张暂时不想让观众看见,最好使用什么方法(　　)?

A. 隐藏这些幻灯片

B. 删除这些幻灯片

C. 新建一组不含这些幻灯片的演示文稿

D. 自定义放映方式时取消这些幻灯片

145. PowerPoint 2010 中使用格式刷将格式传递给多处文本的正确方法是(　　)。

1. 双击"格式刷"按钮;

2. 用格式刷选定想要应用格式的文本;

3. 选定具备所需格式的文本

A. 123　　　　　B. 321　　　　　C. 132　　　　　D. 312

146. 在 PowerPoint 2010 中,要将制作好的 PPT 打包应在哪个选项卡中操作(　　)?

A. 开始　　　　　B. 插入　　　　　C. 文件　　　　　D. 设计

147. 在 PowerPoint 2010 中,以下哪一种母版中插入徽标可以使其在每张幻灯片上的位置自动保持相同(　　)?

A. 讲义母版　　　B. 幻灯片母版　　C. 标题母版　　　D. 备注母版

148. PowerPoint 启动对话框不包括下列(　　)选项。

A. 内容提示向导　B. 设计模板　　　C. 空演示文档　　D. 以上均没有

149. 在 PowerPoint 启动时给出一个对话框,在该对话框中有(　　)个选择用于文稿的创建。

A. 2　　　　　　B. 3　　　　　　C. 4　　　　　　D. 5

150. 在 PowerPoint 中,下面(　　)不是合法的"打印内容"选项。

A. 幻灯片　　　　B. 备注页　　　　C. 讲义　　　　　D. 幻灯片浏览

151. 在 PowerPoint 中,选择超级链接的对象后,不能建立超级链接的是(　　)。

A. 利用"插入"菜单中"超级链接"命令

B. 单击常用工具栏"插入超级链接"命令

C. 右键单击选择弹出菜单中的"超级链接"命令

D. 使用"编辑"菜单中的"链接"命令

152. 在 PowerPoint 中,要切换到幻灯片的黑白视图,请选择(　　)。

A. 视图菜单的"幻灯片浏览"　　　　B. 视图菜单的"幻灯片放映"

C. 视图菜单的"黑白"　　　　D. 视图菜单的"幻灯片缩图"

153. 常规保存演示文稿文档的方法有(　　)。

A. 在"文件"菜单中选择"保存"　　　　B. 单击工具栏上的"保存"按钮

C. 按快捷键 Ctrl+S　　　　D. 以上均是

154. 对于 PowerPoint 来说,下列说法正确的是(　　)。

A. 启动 PowerPoint 后只能建立或编辑一个演示文稿文件

B. 启动 PowerPoint 后可以建立或编辑多个演示文稿文件

C. 运行 PowerPoint 后,不能编辑多个演示文稿文件

D. 在新建一个演示文稿之前,必须先关闭当前正在编辑的演示文稿文件

155. 讲义母版包含几个占位符控制区(　　)?

A. 3　　　　B. 4　　　　C. 5　　　　D. 6

156. 可以为一种元素设置(　　)动画效果。

A. 一种　　　　B. 不多于两种　　　　C. 多种　　　　D. 以上都不对

157. 普通视图中,显示幻灯片具体内容的窗格是(　　)。

A. 大纲视图　　　　B. 备注窗格　　　　C. 幻灯片窗格　　　　D."视图"工具栏

158. 删除幻灯片的选项在(　　)菜单中。

A. 编辑　　　　B. 格式　　　　C. 插入　　　　D. 工具

159. 输入或编辑 PowerPoint 幻灯片标题和正文应在(　　)下进行。

A. 幻灯片浏览视图模式　　　　B. 幻灯片备注页视图模式

C. 幻灯片视图模式　　　　D. 幻灯片大纲视图模式

160. 选择全部演示文稿时,可用快捷键(　　)。

A. Shift+A　　　　B. Ctrl+Shift+A

C. Ctrl+A　　　　D. Alt+Shift+A

161. 要对幻灯片进行保存、打开、新建、打印等操作时,应在(　　)选项卡中操作。

A. 文件　　　　B. 开始　　　　C. 设计　　　　D. 审阅

162. 要移动幻灯片在演示文稿中的编号位置,(　　)项不能实现。

A. 幻灯片浏览视图　　　　B. 幻灯片视图

C. 大纲视图　　　　D. 以上都不可以

163. 以下说法正确的是(　　)。

A. 没有标题文字只有图片或其他对象的幻灯片在大纲中是不反映出来的

B. 大纲视图窗格是可以用来编辑修改幻灯片中对象的位置

C. 备注页视图中的幻灯片是一张图片可以被拖动

D. 对应于四种视图 PowerPoint 有四种母版

164. 在(　　)菜单中可实现"幻灯片切换"命令。

A. 视图　　　　B. 格式　　　　C. 工具　　　　D. 幻灯片放映

165. 在（　　）方式下,可以采用拖放的方法来改变幻灯片的顺序。

A. 普通视图　　　　　　　　　　B. 幻灯片放映视图

C. 幻灯片浏览视图　　　　　　　D. 母版视图

二、多项选择题

1. PowerPoint 2010 的操作界面由（　　）组成。

A. 功能区　　　　B. 工作区　　　　C. 状态区　　　　D. 显示区

2. PowerPoint 2010 的功能区由（　　）组成。

A. 菜单栏　　　　　　　　　　　B. 快速访问工具栏

C. 选项卡　　　　　　　　　　　D. 工具组

3. PowerPoint 2010 的优点有（　　）。

A. 为演示文稿带来更多活力和视觉冲击

B. 添加个性化视频体验

C. 使用美妙绝伦的图形,创建高质量的演示文稿

D. 用新的幻灯片切换和动画吸引访问群体

4. 采用模板之后,某张幻灯片（　　）。

A. 背景色不可以改变　　　　　　B. 文字颜色可以改变

C. 背景色可以改变　　　　　　　D. 文字颜色不可以改变

5. 调节幻灯片中对象的位置时,可以（　　）。

A. 使用鼠标拖动　　　　　　　　B. 使用键盘方向键移动

C. 使用控制菜单移动　　　　　　D. 选中对象后用键盘方向键移动

6. 在 PowerPoint 中,幻灯片可以插入（　　）。

A. 来自剪辑库中的声音　　　　　B. 自选的声音

C. 来自文件的声音　　　　　　　D. 制作幻灯片时录制的声音

7. 在 PowerPoint 中,可以设置（　　）。

A. 横排文字　　　B. 竖排文字　　　C. 水平文本框　　　D. 垂直文本框

8. PowerPoint 中的工具栏（　　）。

A. 不可以改变位置　　　　　　　B. 不可以改变项目

C. 可以改变位置　　　　　　　　D. 可以改变项目

9. PowerPoint 中的自选图形（　　）。

A. 形状可以自己画　　　　　　　B. 形状由 PowerPoint 预定义

C. 大小不可以改变　　　　　　　D. 大小可以改变

10. PowerPoint 中幻灯片的顺序可以用（　　）操作修改。

A. 普通视图　　　　　　　　　　B. 大纲视图

C. 幻灯片视图　　　　　　　　　D. 浏览视图

11. 幻灯片中可以设置（　　）。

A. 对象文字　　　　　　　　　　B. 对象播放

C. 动画效果   D. 播放顺序

12. 幻灯片中默认的占位符有(   )。

A. 文本框   B. 命令按钮   C. 图片   D. 艺术字

13. 下列关于调整幻灯片位置的说法正确的是(   )。

A. 在幻灯片浏览视图中,直接用鼠标拖动到合适位置

B. 也可以在大纲视图下拖动

C. 用"剪切"和"粘贴"的方法

D. 以上操作都不对

14. 下列属于"插入"选项卡工具命令的是(   )。

A. 表格、公式、符号   B. 图片、剪贴画、形状

C. 图表、文本框、艺术字   D. 视频、音频

15. 下列属于"开始"选项卡工具命令的是(   )。

A. 粘贴、剪切、复制   B. 新建幻灯片、设置幻灯片版式

C. 设置字体、段落格式   D. 查找、替换、选择

16. 下列属于"设计"选项卡工具命令的是(   )。

A. 页面设置、幻灯片方向

B. 主题样式、主题颜色、主题字体、主题效果

C. 背景样式

D. 动画

17. 在 PowerPoint 中,插入幻灯片时(   )。

A. 将会自动显示该幻灯片的编号   B. 不会自动显示该幻灯片的编号

C. 将会显示自动版式对话框   D. 不会显示自动版式对话框

18. 在 PowerPoint 中,对大纲视图中选择文本的方法可以利用键盘(   )。

A. 按上、下、左、右方向键,光标指上、下、左、右方向移动一个字符的位置

B. 按 Ctrl+左(或右)键,移到前(或后)一个单词的开头

C. 按 Ctrl+下(或上)键,移到前(或后)一个主题的开头,若光标已在一个主题的开
头,则移到前一个主题的开头

D. 按 Ctrl+X 键,选定所有文本

19. 在 PowerPoint 中,可以(   )。

A. 打开其他应用程序   B. 打开其他 Office 文档

C. 打开浏览器   D. 以上均错

20. 在幻灯片版式中,可以包括(   )。

A. 标题   B. 图表   C. 背景色   D. 剪贴画

21. 在幻灯片中,可以利用文本链接到(   )。

A. 本演示文稿的其他幻灯片   B. 其他演示文稿的某一张幻灯片中

C. Internet 网站   D. 电子邮件

22. 在幻灯片中,以下说法正确的有(   )。

A. 可以插入图片和剪贴画   B. 幻灯片的顺序不可以改变

C. 不可以连续播放声音   D. 工具栏位置可以改变

23. 在某文本上建立超级链接的方法是(　　　)。

A. 选择该文本,选择"插入"菜单中的"动作设置"命令

B. 选择该文本,选择"幻灯片放映"菜单的"动作设置"命令

C. 选择该文本,选择"插入"菜单的"超级链接"命令

D. 选择该文本,单击"常用"工具栏的"插入超级链接"工具按钮

24. 给幻灯片添加背景的方法有(　　　)。

A. 使用模板

B. 使用"绘图"工具栏中的"填充"按钮

C. 使用菜单中选择"格式",然后再单击"背景"

D. 使用配色方案

25. 关于背景的设置,以下说法正确的是(　　　)。

A. 不可以对全部幻灯片进行设置   B. 仅可以对一张幻灯片进行设置

C. 可以对全部幻灯片进行设置   D. 可以对一张幻灯片进行设置

26. 幻灯片的背景填充效果可以是(　　　)。

A. 纹理   B. 图案   C. 图片   D. 图形

27. 幻灯片的美化可通过以下(　　　)格式化完成。

A. 文字格式化   B. 段落格式化

C. 对象格式化   D. 前面 3 个均可

28. 演示文稿中的幻灯片背景不但可以用颜色来填充,还可以使用(　　　)来填充,从而创建特殊的背景效果。

A. 过渡色   B. 纹理   C. 图片   D. 图案

29. 在"视图"选项卡中,可以进行的操作有(　　　)。

A. 选择演示文稿视图的模式   B. 更改母版视图的设计和版式

C. 显示标尺、网格线和参考线   D. 设置显示比例

30. 在 PowerPoint 中,背景色可以(　　　)。

A. 选择一种颜色   B. 选择两种颜色

C. 选择预设颜色   D. 以上均错

31. 在使用了版式之后,幻灯片标题(　　　)。

A. 可以修改格式   B. 不可以修改格式

C. 可以移动位置   D. 不可以移动位置

32. 幻灯片放映时,可以用(　　　)换页。

A. 单击鼠标   B. 回车键   C. 空格键   D. 任意键

33. 幻灯片中播放 CD 时,(　　　)。

A. 可以不隐藏 CD 图标   B. 可以隐藏 CD 图标

C. 可以循环播放 CD   D. 不可以循环播放 CD

34. 要使演示文稿在无人操作的情况下自动播放,可以采用(　　　)操作。

A. 单击"幻灯片放映"菜单的"幻灯片切换"命令,在出现的"幻灯片切换"对话框中

设置切换幻灯片的间隔时间

B. 单击"格式"菜单的"幻灯片切换"命令,在出现"幻灯片切换"对话框中设置切换幻灯片的间隔时间

C. 单击"幻灯片放映"菜单的"排练计时"命令

D. 单击"设置放映方式"菜单的"幻灯片切换"命令,在出现"幻灯片切换"对话框中设置切换幻灯片的间隔时间

35. 在"幻灯片放映"选项卡中,可以进行的操作有(　　　)。

A. 选择幻灯片的放映方式　　　　　B. 设置幻灯片的放映方式

C. 设置幻灯片放映时的分辨率　　　D. 设置幻灯片的背景样式

36. 在"切换"选项卡中,可以进行的操作有(　　　)。

A. 设置幻灯片的切换效果　　　　　B. 设置幻灯片的换片方式

C. 设置幻灯片切换效果的持续时间　D. 设置幻灯片的版式

37. 制作好幻灯片后,可以根据需要使用以下(　　　)放映类型进行放映。

A. 页面视图　　　　　　　　　　　B. 演讲者放映

C. 观众自行浏览　　　　　　　　　D. 在展台放映

38. 切换到"幻灯片放映"视图的方法是(　　　)。

A. 单击"文件"菜单下的"幻灯片放映"命令

B. 单击"视图"菜单下的"幻灯片放映"命令

C. 单击"幻灯片放映"菜单下的"观看放映"命令

D. 单击窗口左下角"视图"栏的"幻灯片放映"按钮

39. 为幻灯片中对象设置动画效果的方法是(　　　)。

A. 单击"幻灯片放映"菜单的"自定义动画"命令

B. 单击"格式"菜单的"自定义动画"命令

C. 单击"编辑"菜单的"自定义动画"命令

D. 单击"幻灯片放映"菜单的"预设动画"命令

40. 在进行幻灯片动画设置时,可以设置的动画类型有(　　　)。

A. 进入　　　　B. 强调　　　　C. 退出　　　　D. 动作路径

41. 在自定义动画的设置窗口中,启动动画(　　　)。

A. 可以设置为单击鼠标出现

B. 可以设置为在前一事件后几秒自动出现

C. 可以设置按键盘上某一键出现

D. 以上操作都对

强化训练答案

习题一

一、单项选择题

1. A	2. C	3. A	4. D	5. A	6. B	7. D	8. C	9. A
10. B	11. A	12. A	13. D	14. A	15. D	16. A	17. A	18. D
19. B	20. C	21. D	22. B	23. B	24. B	25. C	26. C	27. C
28. D	29. B	30. A	31. B	32. B	33. A	34. A	35. D	36. D
37. B	38. D	39. A	40. D	41. B	42. B	43. D	44. C	45. A
46. C	47. B	48. D	49. A	50. B	51. B	52. A	53. A	54. C
55. A	56. A	57. D	58. C	59. B	60. A	61. B	62. D	63. B
64. A	65. D	66. C	67. B	68. D	69. B	70. C	71. C	72. A
73. B	74. C	75. C	76. C	77. C	78. C	79. A	80. B	81. B
82. D	83. C	84. C	85. C	86. A	87. A	88. D	89. D	90. C
91. B	92. C	93. A	94. D	95. B	96. A	97. D		

二、多项选择题

1. ABC	2. ABEF	3. AD	4. AD	5. ACD

习题二

一、单项选择题

1. D	2. B	3. A	4. A	5. A	6. D	7. C	8. C	9. A
10. B	11. A	12. C	13. D	14. A	15. C	16. A	17. C	18. A
19. A	20. B	21. D	22. B	23. C	24. B	25. B	26. B	27. D
28. B	29. C	30. B	31. C	32. A	33. B	34. A	35. C	36. D
37. C	38. D	39. C	40. D	41. D	42. A	43. B	44. A	45. A
46. B	47. D	48. B	49. D	50. B	51. D	52. C	53. C	54. A
55. A	56. B	57. D	58. A	59. D	60. B	61. B	62. B	63. B
64. B	65. C	66. B	67. B	68. D	69. D	70. C	71. D	72. A
73. D	74. B	75. D	76. A	77. C	78. B	79. A	80. B	81. C
82. D	83. C	84. A	85. A	86. B	87. B	88. A	89. B	90. C
91. B	92. A	93. C	94. A	95. B	96. C	97. D	98. A	99. B
100. C	101. D	102. C	103. B	104. C	105. A	106. B	107. A	108. C

109. B	110. B	111. D	112. B	113. C	114. B	115. B	116. D	117. C
118. D	119. B	120. D	121. B	122. C	123. C	124. D	125. B	126. C
127. D	128. B	129. C	130. D	131. A	132. D	133. D	134. D	135. C
136. D	137. A	138. C	139. A	140. D	141. B	142. C	143. C	144. B
145. A	146. D	147. D	148. D	149. B	150. B	151. A	152. D	153. A
154. B	155. D	156. A	157. D	158. C	159. A	160. C	161. C	162. C
163. C	164. D	165. C	166. D	167. D	168. B	169. B	170. A	171. D
172. C	173. A	174. D	175. A	176. C	177. D	178. A	179. B	180. B
181. C	182. D	183. D	184. C	185. A	186. C	187. B	188. B	189. A
190. C	191. B	192. B	193. B	194. C	195. B	196. B	197. C	198. B
199. B	200. B	201. B	202. C	203. D	204. D	205. A	206. B	207. C
208. C	209. A	210. D	211. B	212. C	213. B	214. C	215. B	216. C
217. B	218. B	219. C	220. B	221. A	222. A	223. B	224. C	225. D
226. D	227. C	228. D	229. A	230. A	231. C	232. B	233. D	234. B
235. B	236. B	237. D	238. D	239. B	240. A	241. C	242. D	243. C
244. B	245. B	246. C	247. A	248. D	249. B	250. A	251. B	252. D
253. D	254. D	255. C	256. D	257. C	258. D	259. D	260. A	261. D
262. B	263. D	264. B	265. A	266. A	267. D	268. C	269. B	270. B
271. B	272. B	273. A	274. D	275. D	276. A	277. B	278. A	279. B
280. C	281. B	282. D	283. B	284. C	285. A	286. B	287. D	288. C
289. C	290. D	291. B	292. C	293. C	294. B	295. A	296. B	297. D
298. A	299. B	300. C	301. A	302. B	303. A	304. C	305. D	306. B
307. B	308. A	309. A	310. B	311. A	312. A	313. D	314. C	315. A
316. D	317. C	318. A	319. A	320. B	321. C	322. A	323. B	324. C

二、多项选择题

1. BC	2. AD	3. ACD	4. ABCD	5. AD	6. CE
7. AD	8. BD	9. BCDEF	10. AD	11. ABD	
12. ABD	13. ABD	14. AB	15. AB		

习题三

1. C	2. A	3. A	4. C	5. B	6. D
7. C	8. B	9. B	10. D	11. A	12. B
13. A	14. D	15. B	16. B	17. B	18. D
19. D	20. C	21. B	22. B	23. B	24. C
25. B	26. C	27. D	28. A	29. B	30. A
31. B	32. C	33. C	34. C	35. D	36. B
37. D	38. A	39. A	40. A	41. C	42. C

43. C　　44. A　　45. B　　46. C　　47. D　　48. B
49. A　　50. A　　51. B　　52. B　　53. A　　54. C

习题四

一、单项选择题

1. B　2. B　3. A　4. D　5. A　6. A　7. C　8. C　9. A
10. D　11. B　12. D　13. C　14. A　15. B　16. A　17. B　18. C
19. C　20. D　21. A　22. B　23. D　24. D　25. D　26. C　27. B
28. B　29. D　30. C　31. C　32. C　33. A　34. A　35. C　36. D
37. C　38. D　39. A　40. C　41. B　42. A　43. C　44. D　45. A
46. C　47. B　48. C　49. D　50. C　51. C　52. A　53. C　54. D
55. C　56. B　57. D　58. D　59. D　60. D　61. C　62. C　63. A
64. C　65. C　66. C　67. D　68. D

二、多项选择题

1. ABCDEF　2. BD　3. ABCE　4. ABD　5. ACD　6. BD
7. ABC　8. ABCD　9. ABD

习题五

一、单项选择题

1. C　2. B　3. A　4. A　5. C　6. C　7. B　8. B　9. C
10. D　11. A　12. A　13. A　14. D　15. C　16. C　17. C　18. B
19. C　20. A　21. C　22. A　23. C　24. C　25. D　26. B　27. C
28. C　29. B　30. B　31. A　32. A　33. D　34. C　35. A　36. D
37. C　38. B　39. D　40. C　41. E　42. B　43. C　44. A　45. A
46. A　47. A　48. C　49. C　50. A　51. B　52. C　53. B　54. B
55. C　56. A　57. A　58. A　59. B　60. C　61. C　62. A　63. B
64. C　65. C　66. C　67. C　68. D　69. D　70. C　71. B　72. A
73. B　74. D　75. D　76. A　77. A　78. B　79. B　80. B　81. C
82. A　83. B　84. A　85. C　86. B　87. A　88. A　89. C　90. C
91. C　92. A　93. A　94. B　95. A　96. C　97. C　98. C　99. D
100. C　101. C　102. A　103. C　104. D　105. B　106. A　107. A　108. C
109. A　110. C　111. B　112. D　113. B　114. B　115. A　116. C　117. B
118. B　119. B　120. D　121. A　122. B　123. A　124. D　125. C　126. C
127. B　128. A　129. C　130. A　131. B　132. A　133. C　134. B　135. A
136. C　137. B　138. C　139. D　140. B　141. D　142. C　143. A　144. A
145. C　146. A　147. A　148. A　149. C　150. A　151. C　152. C　153. B

154. A　155. A　156. D　157. A　158. C　159. B　160. D　161. B　162. C

163. B　164. B　165. D　166. A　167. D　168. A　169. C　170. B　171. D

172. D　173. D　174. D　175. C　176. A　177. D　178. C　179. D　180. B

181. C　182. B　183. A　184. D　185. B　186. C　187. A　188. A　189. D

190. B　191. B　192. C　193. B　194. C　195. B　196. B　197. A　198. C

199. A　200. A　201. B　202. B　203. C　204. C　205. B　206. B　207. C

208. C　209. A　210. A　211. D　212. A　213. A　214. C　215. B　216. D

217. B　218. C　219. C　220. A　221. D　222. A　223. D　224. D　225. D

226. C　227. C　228. C　229. B　230. C　231. D　232. B　233. B　234. D

235. B　236. D　237. A　238. C　239. C　240. B　241. A　242. A　243. B

244. B　245. C　246. C　247. A　248. A　249. C　250. A　251. D　252. D

253. B　254. C　255. C　256. D　257. D　258. A　259. A　260. A　261. B

262. B　263. A　264. A　265. A　266. A　267. B　268. D　269. D　270. D

271. B　272. C　273. C　274. D　275. B　276. A　277. A　278. B　279. B

280. B　281. C　282. A　283. B　284. D　285. B　286. C　287. C　288. D

289. C　290. C　291. A　292. A　293. C　294. B　295. B　296. A　297. C

298. B　299. A　300. B　301. C　302. A　303. A　304. B　305. D　306. B

307. D　308. A　309. A　310. C　311. B　312. A　313. B　314. B　315. C

316. B　317. A　318. C　319. D　320. C　321. A　322. A　323. A　324. B

325. C　326. A　327. B　328. B　329. A　330. D　331. C　332. C　333. B

334. A　335. C　336. C　337. C　338. C　339. D　340. C　341. A　342. C

343. B　344. D　345. B　346. C　347. B　348. B　349. A　350. A　351. C

352. D　353. D　354. A　355. D　356. C　357. B　358. A　359. B　360. A

361. D　362. D　363. C　364. B　365. C　366. B　367. C　368. D　369. A

370. A　371. B　372. B　373. C　374. D　375. C　376. D　377. D　378. D

379. C　380. C　381. D　382. B　383. A　384. A　385. D　386. A

二、多项选择题

1. ABC　　2. ABC　　3. CD　　4. AB　　5. ABCD

6. ABCD　7. BD　　8. ABCD　9. ABCD　10. ABCD　11. AB

12. ABCD　13. ABCD　14. CD　　15. ABDE　16. AB

17. BCD　18. ABCD　19. ABCD　20. ABC　21. BCDE

22. ABCD　23. ABC　24. AB　　25. CD　　26. BC

27. ABCD　28. ABD　29. ABC　30. ABD　31. ABC　32. BD

33. ACD　34. AB　　35. CD　　36. AC　　37. ABCDE

38. ABCDEF　39. ABCD　40. CD　　41. AB　　42. ABC

43. ACD　44. AB　　45. BC　　46. ABCD　47. ABCD

48. ABCD　49. ABCD　50. AC　　51. AD　　52. ABCD

53. ABC

习题六

一、单项选择题

1. B	2. A	3. C	4. C	5. B	6. C	7. C	8. B	9. D
10. D	11. C	12. A	13. B	14. C	15. A	16. B	17. D	18. C
19. C	20. C	21. A	22. C	23. C	24. B	25. B	26. A	27. C
28. B	29. C	30. B	31. A	32. D	33. C	34. C	35. B	36. C
37. D	38. C	39. B	40. C	41. B	42. B	43. D	44. B	45. D
46. A	47. A	48. C	49. A	50. C	51. C	52. C	53. B	54. A
55. C	56. C	57. A	58. A	59. C	60. A	61. A	62. C	63. C
64. D	65. C	66. C	67. C	68. B	69. B	70. D	71. A	72. A
73. C	74. A	75. B	76. C	77. B	78. D	79. A	80. C	81. C
82. D	83. B	84. D	85. C	86. D	87. A	88. A	89. B	90. A
91. D	92. A	93. B	94. A	95. D	96. C	97. A	98. B	99. B
100. B	101. B	102. A	103. D	104. A	105. A	106. A	107. C	108. A
109. C	110. C	111. B	112. C	113. C	114. D	115. D	116. D	117. A
118. A	119. A	120. A	121. B	122. A	123. B	124. B	125. B	126. B
127. B	128. A	129. D	130. C	131. D	132. B	133. B	134. B	135. B
136. C	137. D	138. C	139. C	140. C	141. C	142. B	143. B	144. D
145. C	146. A	147. A	148. A	149. A	150. A	151. C	152. D	153. D
154. A	155. C	156. D	157. B	158. B	159. C	160. B	161. A	162. A
163. C	164. A	165. B	166. C	167. C	168. B	169. B	170. C	171. C
172. B	173. D	174. A	175. C	176. D	177. D	178. D	179. B	180. B
181. A	182. B	183. D	184. B	185. B	186. B	187. D	188. A	189. A
190. C	191. A	192. B	193. A	194. C	195. C	196. A	197. C	198. A
199. A	200. D	201. D	202. D	203. A	204. D	205. C	206. C	207. B
208. A	209. A	210. D	211. D	212. C	213. C	214. D	215. D	216. B
217. D	218. B	219. B	220. B	221. B	222. B	223. B	224. C	225. C
226. A	227. D	228. D	229. C	230. B	231. B	232. B	233. D	234. A
235. A	236. B	237. C	238. D	239. D	240. A	241. B	242. C	243. C
244. B	245. D	246. C	247. A	248. C	249. A	250. D		

二、多项选择题

1. ABCD	2. ABC	3. ABC	4. AC	5. ABC	
6. ABC	7. ABC	8. AB	9. ABC	10. BC	11. BD
12. ABCDE	13. ABC	14. ABC	15. ABCD	16. AB	17. AD
18. CD	19. ACD	20. ABC	21. BCD	22. ABC	
23. ABD	24. ACD	25. ABCD	26. ABCD	27. ABCD	

28. ABD　　29. ABD　　30. ABD　　31. ACD　　32. ABCD　　33. AB

34. ABC　　35. AD　　36. BCD　　37. ABD　　38. ABCD

39. ABCD　　40. AD

习题七

一、单项选择题

1. B　2. A　3. D　4. C　5. C　6. B　7. B　8. B　9. C

10. D　11. B　12. D　13. A　14. B　15. A　16. D　17. D　18. B

19. D　20. B　21. C　22. D　23. A　24. A　25. D　26. C　27. D

28. B　29. B　30. C　31. B　32. D　33. B　34. B　35. C　36. C

37. B　38. A　39. C　40. B　41. B　42. B　43. A　44. A　45. B

46. B　47. C　48. C　49. D　50. C　51. C　52. D　53. C　54. D

55. B　56. D　57. A　58. D　59. D　60. B　61. D　62. D　63. B

64. D　65. B　66. A　67. C　68. B　69. C　70. B　71. C　72. D

73. D　74. A　75. A　76. C　77. B　78. A　79. B　80. C　81. B

82. B　83. D　84. C　85. B　86. C　87. B　88. C　89. B　90. A

91. A　92. C　93. D　94. C　95. C　96. D　97. C　98. A　99. D

100. A　101. C　102. C　103. C　104. B　105. C　106. B　107. A　108. C

109. A　110. D　111. B　112. C　113. A　114. B　115. A　116. B　117. C

118. C　119. D　120. C　121. C　122. B　123. D　124. D　125. D　126. C

127. B　128. C　129. A　130. D　131. B　132. C　133. D　134. D　135. B

136. B　137. B　138. B　139. C　140. A　141. A　142. C　143. D　144. A

145. D　146. C　147. B　148. D　149. B　150. D　151. D　152. C　153. D

154. B　155. B　156. C　157. C　158. A　159. C　160. C　161. A　162. B

163. A　164. D　165. C

二、多项选择题

1. ABC　2. BCD　3. ABCD　4. BC　5. AD

6. ABCD　7. ABCD　8. CD　9. BD　10. ABCD　11. CD

12. ACD　13. ABC　14. ABCD　15. ABCD　16. ABC　17. BC

18. ABC　19. ABC　20. ABD　21. ABCD　22. AD

23. BCD　24. ACD　25. CD　26. ABC　27. ABCD

28. ABCD　29. ABCD　30. ABC　31. AC　32. ABC

33. ABC　34. AC　35. ABC　36. ABC　37. BCD

38. BCD　39. AD　40. ABCD　41. AB

第三部分

上机考试与模拟练习

计算机等级考试模拟试卷一

一、单项选择题(每题 1 分,共 30 分)

1. 华为 P40 手机中使用的麒麟 9000 处理器主要应用_____技术制造。

A. 电子管　　　　　　　　　　B. 晶体管

C. 集成电路　　　　　　　　　D. 超大规模集成电路(VLSI)

2. 使用搜索引擎在网络上搜索资料,在计算机应用领域中属于_____。

A. 数据处理　　　B. 科学计算　　　C. 过程控制　　　D. 计算机辅助测试

3. 物联网的核心和基础仍然是_____。

A. RFID　　　　　B. 计算机技术　　C. 人工智能　　　D. 互联网

4. 目前为宽带用户提供稳定和流畅的视频播放效果所采用的主要技术是_____。

A. 操作系统　　　B. 闪存技术　　　C. 流媒体技术　　D. 光存储技术

5. 关于微机核心部件 CPU,下面说法错误的是_____。

A. CPU 是中央处理器的简称　　　B. CPU 可以替代存储器

C. PC 机的 CPU 也称为微处理器　　D. CPU 是计算机的核心部件

6. 内存中的每个基本单元都有一个唯一的编号,称为这个内存单元的_____。

A. 字节　　　　　B. 号码　　　　　C. 地址　　　　　D. 容量

7. 下列关于外存储器的描述,错误的是_____。

A. CPU 不能直接访问外存储器中的信息,必须读到内存才能访问

B. 外存储器既是输入设备,又是输出设备

C. 外存储器中存储的信息和内存一样,在断电后也会丢失

D. 簇是磁盘访问的最小单位

8. 显示器的分辨率一般用_____表示。

A. 能显示多少个字符　　　　　B. 能显示的信息量

C. 横向点数×纵向点数　　　　 D. 能显示的颜色数

9. 位是计算机中表示信息的最小单位,则微机中 1KB 表示的二进制位数是_____。

A. 1000　　　　　B. 8000　　　　　C. 1024　　　　　D. 8192

10. 在微型机中,主板上有若干个 I/O 扩展槽,其作用是_____。

A. 连接外设接口卡　　　　　　B. 连接 CPU 和存储器

C. 连接主机和总线　　　　　　D. 连接存储器和电源

11. 程序是_____。

A. 解决某个问题的计算机语言的有限命令的有序集合

B. 解决某个问题的文档资料

C. 计算机语言

D. 计算机的基本操作

12. 对计算机软件正确的认识应该是_____。

A. 计算机软件不需要维护

B. 计算机软件只要能复制就不必购买

C. 受法律保护的计算机软件不能随便复制

D. 计算机软件不必备份

13. 汇编语言是一种_____。

A. 依赖于计算机的低级程序设计语言

B. 计算机能直接执行的程序设计语言

C. 独立于计算机的高级程序设计语言

D. 面向问题的程序设计语言

14. 下面违反法律、道德规范的行为是_____。

A. 给不认识的人发电子邮件

B. 利用微博发布广告

C. 利用微博转发未经核实的攻击他人的文章

D. 利用微博发表对某件事情的看法

15. 操作系统为用户提供了操作界面,其主要功能是_____。

A. 用户可以直接进行网络视频通信

B. 用户可以直接进行各种多媒体对象的欣赏

C. 用户可以直接进行程序设计、调试和运行

D. 用户可以用某种方式和命令启动、控制和操作计算机

16. 在 Windows 中,要取消已经选定的多个文件中的一个,应该按住_____键再单击要取消的文件。

A. Ctrl　　　　B. Shift　　　　C. Alt　　　　D. Esc

17. 文件的存取控制属性中,只读的含义是指该文件只能读而不能_____。

A. 修改　　　　B. 删除　　　　C. 复制　　　　D. 移动

18. 对 Word 文档中"节"的说法,错误的是_____。

A. 整个文档可以是一个节,也可以将文档分成几个节

B. 分节符由两条点线组成,点线中间有"节的结尾"4 个字

C. 分节符在 Web 视图中不可见

D. 不同节可采用不同的格式排版

19. 在 Word 中,段落对齐方式中的"分散对齐"指的是_____。

A. 左右两端都对齐,字符少的则加大间隔,把字符分散开以使两端对齐

B. 左右两端都要对齐,字符少的则靠左对齐

C. 或者左对齐或者右对齐,统一就行

D. 段落的第一行右对齐,末行左对齐

20. 在 Excel 工作表中,_____是混合地址引用。

A. C7　　　　　　B. $B$3　　　　　　C. F$8　　　　　　D. A1

21. 在 Excel 中,工作表的 D5 单元格中存在公式:"=B5+C5",若在工作表第 2 行插入一新行后,原单元格中的内容为_____。

A. =B5+C5　　　　B. =B6+C6　　　　C. 出错　　　　　D. 空白

22. 下列关于网络特点的几个叙述中,错误的是_____。

A. 网络中的数据可以共享

B. 网络中的外部设备可以共享

C. 网络中的所有计算机必须是同一品牌、同一型号

D. 网络方便了信息的传递和交换

23. 下面关于 WIFI 的说法,正确的是_____。

A. WIFI 是一种可以将个人电脑、手持设备(如 PDA、手机)等终端以无线方式互相连接的技术

B. 严格意义上来讲,WIFI 就是我们常说的 WLAN

C. WIFI 就是中国移动提供的无线网络服务

D. 蓝牙就是 WIFI

24. 通常说的百兆局域网的网络速度是_____。

A. 100MB/s(B 代表字节)　　　　　　B. 100B/s(B 代表字节)

C. 100Mb/s(b 代表位)　　　　　　　D. 100b/s(b 代表位)

25. 下列各项中,_____不可能是 Internet 的 IP 地址。

A. 202.102.192.14　　　　　　　　B. 211.86.1.120

C. 64.300.12.1　　　　　　　　　　D. 202.112.186.34

26. 每台计算机必须知道对方的_____才能在 Internet 上与之通信。

A. 电话号码　　　　B. 主机号　　　　C. IP 地址　　　　D. 邮编与通信地址

27. 下列关于电子邮件的描述错误的是_____。

A. 可以没有内容　　　　　　　　　　B. 可以没有附件

C. 可以没有主题　　　　　　　　　　D. 可以没有收件人邮箱地址

28. _____是幻灯片层次结构中的顶层幻灯片,用于存储有关演示文稿的主题和幻灯片版式的信息,包括背景、颜色、字体、效果、占位符大小和位置。

A. 版式　　　　　　　　　　　　　　B. 幻灯片母版

C. 幻灯片放映　　　　　　　　　　　D. 超链接

29. 计算机网络按威胁对象大体可分为两种:一是对网络中信息的威胁;二是_____。

A. 人为破坏　　　　　　　　　　　　B. 对网络中设备的威胁

C. 病毒威胁　　　　　　　　　　　　D. 对网络人员的威胁

30. 每种网络威胁都有其目的性,那么网络钓鱼发布者想要实现_____目的。

A. 破坏计算机系统

B. 单纯的对某网页进行挂马

C. 体现黑客的技术

D. 窃取个人隐私信息

二、打字题(300字左右,考试时间15分钟,共10分)

　　　　大遗址是实证中国百万年人类史、一万年文化史、五千多年文明史的核心文物资源。记者从国家文物局了解到,2005年,财政部、国家文物局共同印发了《大遗址保护专项经费管理办法》。在发展改革、财政、自然资源(原国土)等部门支持下,国家文物局连续制定实施了"十一五""十二五""十三五"大遗址保护专项规划,持续指导各地开展大遗址考古研究、文物保护、展示利用、文化传承等工作,初步形成了以"六片、四线、一圈"为核心、以150处大遗址为支撑的大遗址保护格局,评定公布了36处国家考古遗址公园,大运河、丝绸之路和良渚、殷墟、老司城、元上都等多处大遗址被列入世界遗产名录。

三、Windows操作题(共8分)

(注意事项:考生不得删除考生文件夹中与试题无关的文件或文件夹,否则将影响考生成绩,可利用浮动窗口降低主界面对操作软件的影响。)

请在考生文件夹中进行以下操作:

1. 在 play 文件夹中新建 help 文件夹;

2. 将 Device 文件夹中的 media.sql 文件移动到 help 文件夹中;

3. 在 Dictionary 文件夹中删除 Table.zdct 文件;

4. 删除 packages 文件夹中的 DWA 文件夹;

5. 在 Device 文件夹下新建文本文档 version.txt,并将文本内容设为"2021中国航天有看头"。

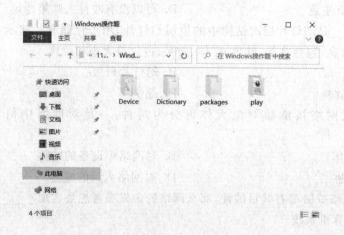

四、Word 操作题(共 22 分)

(注意事项:请不要打开无关的 Word 文档,经常存盘,可利用浮动窗口降低主界面对操作软件的影响。)

请在 Word 中对所给定的文档完成以下操作:

1. 将标题文字"充分发挥青年科技人才作用"设置为黑体、小一号字、标准色红色;标题设置为居中对齐、段后间距为 1 行;

2. 将整篇文档纸张设置为自定义大小(宽 21 厘米,高 28 厘米),左、右页边距分别设置为 3 厘米和 2.5 厘米;

3. 将正文第一段"在神舟十三号载人飞行任务中,北京航天飞行控制中心的……"设置为文本首字下沉 2 行;

4. 将正文第二段"在中国航天科技集团有限公司的科技人才队伍中,35 岁及以下……"分为三栏,栏宽相等;

5. 在文档底端居中插入页码(注意页脚中无空行);

6. 在文档后插入一个 5 行 5 列的表格;

7. 在文档最后插入一横排文本框,内容为"充分发挥青年科技人才作用"。

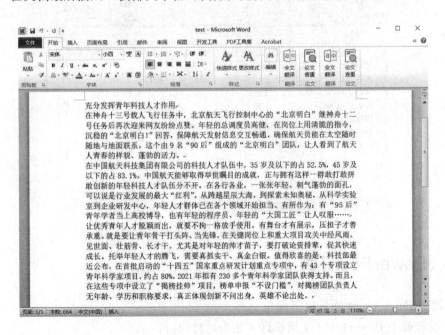

五、Excel 操作题(共 18 分)

请在 Excel 中对所给定的工作表完成以下操作:

1. 将工作表 Sheet1 重命名为:实验室设备维修情况;

2. 将表中 A1 单元格中文字"2017 年－2020 年实验室设备维修（台次）"，设置字体为：仿宋，字形为：加粗，字号为：16；

3. 在表中 A8 单元格内输入内容：合计，在第 8 行对应单元格使用 SUM 函数计算各实验室设备维修数量之和；

4. 设置表中（A2：E2）区域单元格的填充背景色为：自定义颜色（RGB 颜色模式：红色 120，绿色 120，蓝色 200），文字颜色为：主题颜色－白色，背景 1；

5. 设置表中（A2：E8）区域单元格的边框为：自定义颜色（RGB 颜色模式：红色 200，绿色 120，蓝色 0）单实线内、外边框，文本对齐方式为：水平居中对齐；

6. 设置表中（A2：E8）区域单元格格式的行高为：16，列宽为：20；

7. 在表中对（A2：E7）区域的数据根据"2018 年"列数值降序排序；

8. 在表中选择数据区域（A2：E4）制作簇状条形图，图表的标题为：机房设备维修数量，添加数据标签，图例位置：靠上。

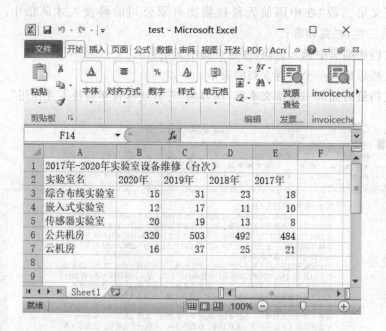

六、PowerPoint(共 12 分)

请使用 PowerPoint 完成以下操作：

1. 设置整个 PowerPoint 文档设计主题为龙腾四海；

2. 去除第一张幻灯片的标题文本框形状格式中的"形状中的文字自动换行"选项，设置标题文字的字体颜色为蓝色（可以使用颜色对话框中自定义标签，设置 RGB 颜色模式：红色 0，绿色 0，蓝色 255）；

3. 设置第二张幻灯片的标题文本框形状格式填充颜色为深绿（可以使用颜色对话框中自定义标签，设置 RGB 颜色模式：红色 0，绿色 96，蓝色 32），段落对齐方式为居中对齐；

4. 设置第三张幻灯片的图片动画效果为飞入、效果选项自顶部、延迟 1.5 秒；

5. 在第三张幻灯片中插入考生 PowerPoint 操作题文件夹中的音频文件"背景音乐.mid"；

6. 在文档最后新建一张空白版式幻灯片，在新幻灯片中添加文本内容为"态度决定高度"的文本框；

7. 设置所有幻灯片切换效果为闪光，声音为鼓声。

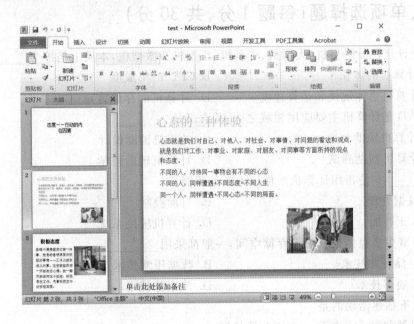

计算机等级考试模拟试卷二

一、单项选择题(每题 1 分,共 30 分)

1. 把计算机分巨型机、大型机、中型机、小型机和微型机,本质上是按_____划分。

A. 计算机的体积　　　　　　　　B. CPU 的集成度

C. 计算机总体规模和运算速度　　D. 计算机的存储容量

2. CAD 是计算机主要应用领域之一,其含义是_____。

A. 计算机辅助制造　　　　　　　B. 计算机辅助设计

C. 计算机辅助测试　　　　　　　D. 计算机辅助教学

3. _____是指用计算机来模拟人类的智能。

A. 数据处理　　　　　　　　　　B. 自动控制

C. 人工智能　　　　　　　　　　D. 计算机辅助系统

4. 为减少多媒体数据所占存储空间,一般都采用_____。

A. 存储缓冲技术　　　　　　　　B. 数据压缩技术

C. 多通道技术　　　　　　　　　D. 流媒体技术

5. 以下描述错误的是_____。

A. 计算机的字长等于一个字节的长度

B. ASCII 码编码长度为一个字节

C. 计算机文件是采用二进制形式存储

D. 计算机内部存储的信息是由 0、1 这两个数字组成的

6. 微型计算机在使用中如果断电,_____中的数据会丢失。

A. ROM　　　　　B. RAM　　　　　C. 硬盘　　　　　D. 优盘

7. 新硬盘在使用前,首先应经过以下几步处理:低级格式化、_____。

A. 磁盘拷贝、硬盘分区　　　　　B. 硬盘分区、磁盘拷贝

C. 硬盘分区、高级格式化　　　　D. 磁盘清理

8. 某 800 万像素的数码相机,拍摄照片的最高分辨率大约是_____。

A. 3200×2400　　B. 2048×1600　　C. 1600×1200　　D. 1024×768

9. 将二进制数 10000001 转换为十进制数,结果是_____。

A. 126　　　　　B. 127　　　　　C. 128　　　　　D. 129

10. 在微型机中,一般有 IDE、SCSI、并口和 USB 等 I/O 接口,I/O 接口位于_____。

A. CPU 和 I/O 设备之间　　　　　B. 内存和 I/O 设备之间

C. 主机和总线之间　　　　　　　　　D. CPU 和主存储器之间

11. 下列关于计算思维的说法中,正确的是_____。

A. 计算机的发明导致了计算思维的诞生

B. 计算思维的本质是计算

C. 计算思维是计算机的思维方式

D. 计算思维的本质是抽象和自动化

12. 通常所说的共享软件是指_____。

A. 盗版软件

B. 一个人购买的商业软件,大家都可以借来使用

C. 在试用基础上提供的一种商业软件

D. 不受版权保护的公用软件

13. 以下关于机器语言的描述中,错误的是_____。

A. 机器语言和其他语言相比,执行效率高

B. 计算机的指令系统就是机器指令集合

C. 机器语言是唯一能被计算机直接识别的语言

D. 机器语言可读性强,容易记忆

14. 以下符合网络道德规范的是_____。

A. 破解别人密码,但未破坏其数据

B. 通过网络向别人的计算机传播病毒

C. 利用互联网进行"人肉搜索"

D. 在自己的计算机上演示病毒,以观察其执行过程

15. 以下操作系统中,不是多任务操作系统的是_____。

A. MS-DOS　　　　B. Windows　　　　C. UNIX　　　　　D. Linux

16. 在 Windows 中,鼠标指针呈四箭头形时,一般表示_____。

A. 选择菜单　　　　　　　　　　　　B. 用户等待

C. 完成操作　　　　　　　　　　　　D. 选中对象可以上、下、左、右拖曳

17. 在 Windows 中,下列有关文件或文件夹的属性说法,错误的是_____。

A. 所有文件或文件夹都有自己的属性

B. 文件存盘后,属性就不可以改变

C. 用户可以重新设置文件或文件夹属性

D. 文件或文件夹的属性包括只读、隐藏、存档等

18. 在 Word 中,选择一个矩形块时,应按住_____键并按下鼠标左键拖动。

A. Ctrl　　　　　　B. Shift　　　　　　C. Alt　　　　　　D. Tab

19. 使用 Word 中的"矩形"或"椭圆"绘图工具按钮绘制正方形或圆形时,应按_____键的同时拖曳鼠标。

A. Tab　　　　　　B. Alt　　　　　　C. Shift　　　　　D. Ctrl

20. 若要在 Excel 单元格中输入分数"1/10",正确输入方法为_____。

A. 1/10　　　　　　B. 10/1　　　　　　C. 0 1/10　　　　　D. 0.1

21. 在 Excel 中,已知 C1 单元格的值为 6、D1 单元格的值为 2。在单元格中输入的公式,错误的是_____。

A. =C1*D1 　　　　　　　　　B. =C1/D1

C. =C1"OR"D1 　　　　　　　　D. =OR(C1,D1)

22. 反映宽带通信网络网速的主要指标是_____。

A. 带宽 　　　　B. 带通 　　　　C. 带阻 　　　　D. 宽带

23. 通常用一个交换机作为中央节点的网络拓扑结构是_____。

A. 总线型 　　　　B. 环型 　　　　C. 星型 　　　　D. 层次型

24. Internet 属于_____类型的网络。

A. 局域网 　　　　B. 城域网 　　　　C. 广域网 　　　　D. 企业网

25. 网络协议是_____。

A. IPX

B. 为网络数据交换而制定的规则、约定与标准的集合

C. TCP/IP

D. NETBEUI

26. 下列关于搜索引擎的叙述中,错误的是_____。

A. 搜索引擎是一种程序

B. 搜索引擎能查找网址

C. 搜索引擎是用于网上信息查询的搜索工具

D. 搜索引擎所搜到的信息都是网上的实时信息

27 当我们收发电子邮件时,由于_____原因,可能会导致邮件无法发出。

A. 接收方计算机关闭

B. 邮件正文是 Word 文档

C. 发送方的邮件服务器关闭或出现故障

D. 接收方计算机与邮件服务器不在一个子网

28. 在 PowerPoint 中,下列对幻灯片的超链接叙述错误的是_____。

A. 可以链接到外部文档

B. 可以链接到某个网址

C. 可以在链接点所在文档内部的不同位置进行链接

D. 一个链接点可以链接两个以上的目标

29. 计算机病毒的特点主要表现在_____。

A. 破坏性、隐蔽性、传染性和可读性

B. 破坏性、隐蔽性、传染性和潜伏性

C. 破坏性、隐蔽性、潜伏性和应用性

D. 应用性、隐蔽性、潜伏性和继承性

30. 目前电子商务应用范围广泛,电子商务的安全问题主要有_____。

A. 加密

B. 防火墙是否有效

C. 数据泄露或篡改、冒名发送、非法访问

D. 交易用户多

二、打字题（300 字左右，考试时间 15 分钟，共 10 分）

　　共建"一带一路"倡议提出以来，世界在百年未有之大变局中寻找发展机遇、凝聚合作共识。在习近平总书记的亲自谋划、亲自部署、亲自推动下，共建"一带一路"从夯基垒台、立柱架梁到落地生根、持久发展，从绘就一幅"大写意"到绘制精谨细腻的"工笔画"，走出一条高质量建设的光明大道。目前，我国已与 140 个国家、32 个国际组织签署 200 多份共建"一带一路"合作文件；与 14 国签署第三方市场合作文件；有关合作理念和主张写入联合国、二十国集团、亚太经合组织、上海合作组织等重要国际机制的成果文件。"一带一路"的国际影响力、合作吸引力不断释放，合作质量越来越高，发展前景越来越好。

三、Windows 操作题（共 8 分）

　　（注意事项：考生不得删除考生文件夹中与试题无关的文件或文件夹，否则将影响考生成绩，可利用浮动窗口降低主界面对操作软件的影响。）

　　请在考生文件夹中进行以下操作：

　　1. 在 Brush 文件夹中新建 Welcome 文件夹；

　　2. 将 TuYa 的子文件夹 Texture 中的文件 flower. jpg 移动到 Welcome 文件夹中；

　　3. 在 CutShape 文件夹中删除 Thumbs. db 文件；

　　4. 删除 TuYa 文件夹中的 Shape 文件夹；

　　5. 将 TuYa 的子文件夹 Texture 中的 17. jpg 重命名为花开富贵 . jpg，并为该文件设置"隐藏"属性（不得改变其他属性）。

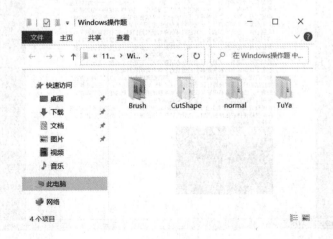

四、Word 操作题(共 22 分)

(注意事项:请不要打开无关的 Word 文档,经常存盘,可利用浮动窗口降低主界面对操作软件的影响。)

请在 Word 中对所给定的文档完成以下操作:

1. 将标题文字"帮孩子提高警惕,练就鉴定真伪能力"设置为小二号字,标题文字填充标准色黄色的底纹,要求底纹图案样式为"12.5%"的标准色红色杂点;标题设置为居中对齐,段后间距为 1.5 行;

2. 将正文第一段"可能你会想,实施……"字体设置为隶书,并将该段落分为两栏,栏宽相等,栏间加分隔线;

3. 将正文第二段"1.时效性。媒体信息……"文字设置为标准色蓝色,添加段落边框,框内正文距离边框上下左右各 6 磅;

4. 插入页眉,内容为"鉴别真伪",且设置为右对齐(注意页眉中无空行);

5. 设置文档中图片的文字环绕方式为上下型;

6. 设置图片格式大小中的高度为 6 厘米;

7. 在文档最后插入一个 3 行 4 列的表格,表格列宽为 1.8 厘米。

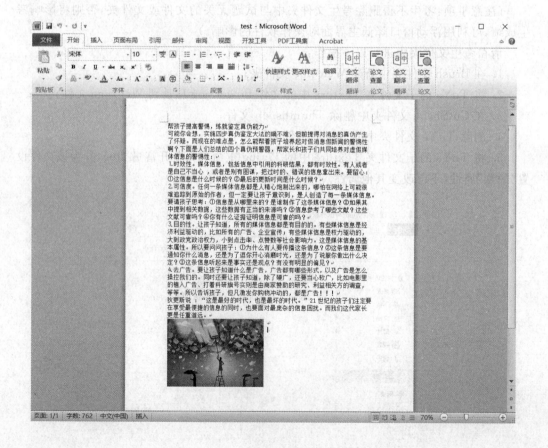

五、Excel 操作题(共 18 分)

请在 Excel 中对所给定的工作表完成以下操作:

1. 在表的第一行前添加新行,然后在 A1 单元格填入标题,内容为:利源公司工资表;

2. 将区域(A1:G1)单元格合并,标题居中,设置标题字体为:黑体,字号为:18;

3. 设置(A2:G2)区域单元格的填充背景色为:标准色—深红(RGB 颜色模式:红色 192,绿色 0,蓝色 0),文字颜色为:主题颜色—白色,背景 1;

4. 设置(A2:G15)区域单元格的边框为:双实线外边框、单实线内边框;

5. 使用 SUM 函数计算每位员工的应发工资,并填入 G 列对应单元格中;

6. 对(A2:G15)区域的数据根据"部门"列数值降序排序;

7. 使用分类汇总统计不同部门员工的应发工资平均值(分类字段:部门,汇总方式:平均值,选定汇总项:应发工资,替换与显示复选框保持默认选项),分级显示选择分级 2,隐藏第 19 行;

8. 根据"部门"列和"应发工资"列数据制作簇状柱形图,图表标题为:部门平均工资,图例位置:底部,添加数据标签。

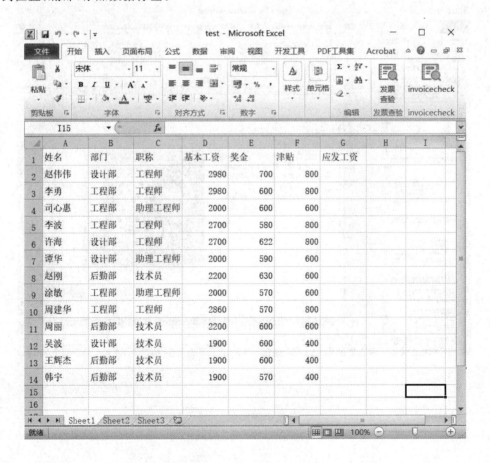

六、PowerPoint(共 12 分)

请使用 PowerPoint 完成以下操作：

1. 设置第一张幻灯片的标题文字字体、字号为微软雅黑、40 磅；

2. 设置第二张幻灯片的标题文本框段落对齐方式为居中对齐；

3. 设置第二张幻灯片的内容文本框段落行距为 1.5 倍行距，并添加段落项目符号（项目符号为选中标记√）；

4. 设置第三张幻灯片的标题文本框形状格式填充颜色为红色（可以使用颜色对话框中自定义标签，设置 RGB 颜色模式：红色 255，绿色 0，蓝色 0），透明度为 60%；

5. 设置第四张幻灯片的标题文本框文字方向为所有文字旋转 90°；

6. 设置第四张幻灯片的内容文本框动画为飞入，效果选项自左侧、序列作为一个对象、延迟 1 秒；

7. 在第四张幻灯片插入考生 PowerPoint 操作题文件夹中的音频文件"背景音乐.mid"。

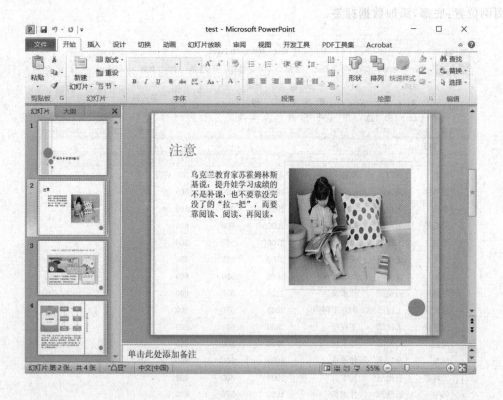

计算机等级考试模拟试卷三

一、单项选择题(每题 1 分,共 30 分)

1. 电子计算机与其他计算工具的本质区别是 _____。

A. 能进行算术运算　　　　　　　　B. 运算速度高

C. 计算精度高　　　　　　　　　　D. 存储并自动执行程序

2. 银行使用计算机完成客户存款的通存通兑业务在计算机应用上属于 _____。

A. 过程控制　　　B. 文件处理　　　C. 数据处理　　　D. 人工智能

3. 物联网的实现主要依赖的一种关键技术 RFID 是指 _____。

A. 传感技术　　　　　　　　　　　B. 嵌入式技术

C. 射频识别技术　　　　　　　　　D. 位置服务技术

4. 下列各项中,不属于多媒体硬件的是 _____。

A. 视频采集卡　　　　　　　　　　B. 声卡

C. 网银 U 盾　　　　　　　　　　　D. 摄像头

5. 计算机中使用的多内核处理器,多内核的主要作用是 _____。

A. 降低了处理多媒体数据的速度

B. 处理信息的能力和单核相比,加快了一倍

C. 加快了处理多任务的速度

D. 加快了从硬盘读取数据的速度

6. 在微机中,内存的容量通常是指 _____。

A. RAM 的容量　　　　　　　　　　B. ROM 的容量

C. RAM 和 ROM 的容量之和　　　　D. 硬盘的容量

7. 下列有关存储器读写速度排列正确的是 _____。

A. RAM＞Cache＞硬盘　　　　　　　B. Cache＞RAM＞硬盘

C. Cache＞硬盘＞RAM　　　　　　　D. RAM＞硬盘＞Cache

8. 假设显示器的分辨率为 1024×768 像素,每个像素点用 24 位真彩色显示,其显示一幅图像所需容量是 _____ 个字节。

A. $1024 \times 768 \times 24$　　　　　　　B. $1024 \times 768 \times 3$

C. $1024 \times 768 \times 2$　　　　　　　D. 1024×768

9. 11001001＋00100111 两个二进制数算术加的结果是 _____。

A. 11101111　　　　　　　　　　　B. 11110000

C. 00000001　　　　　　　　　　　D. 10100010

10. 计算机系统层次结构中,最底层的是_____。

　　A. 机器硬件　　　　B. 操作系统　　　　C. 应用软件　　　　D. 用户

11. 计算机程序主要由算法和数据结构组成。计算机中对解决问题的有穷操作步骤的描述被称为_____,它直接影响程序的优劣。

　　A. 算法　　　　　　　　　　　　　B. 数据结构

　　C. 算法与数据结构　　　　　　　　D. 程序

12. 下列系统软件与应用软件的安装与运行说法中,正确的是_____。

　　A. 首先安装哪一个无所谓

　　B. 两者同时安装

　　C. 必须先安装应用软件,后安装并运行系统软件

　　D. 必须先安装系统软件,后安装应用软件

13. 以下关于汇编语言的描述中,错误的是_____。

　　A. 汇编语言使用的是指令助记符

　　B. 汇编程序是一种不再依赖于机器的语言

　　C. 汇编语言是一种低级语言

　　D. 汇编语言不再使用难以记忆的二进制代码

14. 体现我国政府对计算机软件知识产权进行保护的第一部政策法规是_____。

　　A.《计算机软件保护条例》

　　B.《中华人民共和国技术合同法》

　　C.《计算机软件著作权登记》

　　D.《中华人民共和国著作权法》

15. 下列四种操作系统,以"及时响应外部事件"(如炉温控制、导弹发射等)为主要目标的是_____。

　　A. 批处理操作系统　　　　　　　　B. 分时操作系统

　　C. 实时操作系统　　　　　　　　　D. 网络操作系统

16. 在 Windows 操作系统中,切换程序窗口的快捷键是_____。

　　A."Win"+"D"　　　　　　　　　B."Win"+"P"

　　C."Win"+"Tab"　　　　　　　　D."Alt"+"Tab"

17. Windows 的目录结构采用的是_____。

　　A. 树形结构　　　　B. 线形结构　　　　C. 顺序结构　　　　D. 网状结构

18. 在 Word 中,下列关于查找、替换功能的叙述,正确的是_____。

　　A. 不可以指定查找文字的格式,但可以指定替换文字的格式

　　B. 不可以指定查找文字的格式,也不可以指定替换文字的格式

　　C. 可以指定查找文字的格式,但不可以指定替换文字的格式

　　D. 可以指定查找文字的格式,也可以指定替换文字的格式

19. Word 的文本框可用于将文本置于文档的指定位置,但文本框中不能直接插入_____。

　　A. 文本内容　　　　B. 图片　　　　　　C. 形状　　　　　　D. 特殊符号

20. 在 Excel 单元格中输入＿＿＿＿＿＿＿可以使该单元格显示为 0.5。

A. 1/2　　　　　　　B. 0 1/2　　　　　　C. ＝1/2　　　　　　D. 1/2

21. 在 Excel 中,工作表的 D7 单元格内存在公式:"＝A7＋＄B＄4",若在第 3 行处插入一新行,则插入后原单元格中的内容为＿＿＿＿＿＿。

A. ＝A8＋＄B＄4　　　　　　　　B. ＝A8＋＄B＄5

C. ＝A7＋＄B＄4　　　　　　　　D. ＝A7＋＄B＄5

22. 网络通信中,网速与＿＿＿＿＿＿＿无关。

A. 网卡　　　　　　　　　　　　B. 运营商开放的带宽

C. 单位时间内访问量的大小　　　　D. 硬盘大小

23. 网络的＿＿＿＿＿＿＿称为拓扑结构。

A. 接入的计算机多少　　　　　　B. 物理连接的构型

C. 物理介质种类　　　　　　　　D. 接入的计算机距离

24. 在计算机网络术语中,WAN 表示＿＿＿＿＿＿＿。

A. 局域网　　　　B. 广域网　　　　C. 有线网　　　　D. 无线网

25. 网址开头的"http"表示＿＿＿＿＿＿＿。

A. 高级程序设计语言　　　　　　B. 域名

C. 超文本传输协议　　　　　　　D. 网址

26. 在 Internet 的应用中,用户可以远程控制计算机即远程登录服务,它的英文名称是＿＿＿＿＿＿。

A. DNS　　　　　　B. TELNET　　　　C. Internet　　　　D. SMPT

27. 发送电子邮件时,邮件地址必须包含＿＿＿＿＿＿＿,才能正常发送。

A. 用户名、用户口令　　　　　　B. 用户名

C. 用户名、邮箱主机的域名　　　　D. 用户名、口令和邮箱主机的域名

28. 在 PowerPoint 幻灯片放映时,用户可以利用指针在幻灯片上写字或画画,这些内容＿＿＿＿＿＿。

A. 自动保留在演示文稿中

B. 放映结束时可以选择保留在演示文稿中

C. 不可以选择墨迹颜色

D. 不可以擦除痕迹

29. 在互联网环境下,病毒传播的最主要途径是＿＿＿＿＿＿＿。

A. 通过优盘感染　　　　　　　　B. 使用盗版软件感染

C. 通过网络感染　　　　　　　　D. 通过克隆系统感染

30. 为了保证内部网络的安全,下面的做法中无效的是＿＿＿＿＿＿＿。

A. 制定安全管理制度

B. 在内部网与因特网之间加防火墙

C. 给使用人员设定不同的权限

D. 购买高清显示器

二、打字题(300 字左右,考试时间 15 分钟,共 10 分)

网络社会环境治理,是当前全球面临的共同课题。网络文明伴随互联网发展而产生,是现代社会文明进步的重要标志,在社会主义精神文明建设和网络强国建设中的重要作用日益凸显。统计数据显示,截至今年 6 月份,我国网民规模达 10.11 亿,互联网普及率达 71.6%,形成了全球最庞大的数字社会。随着网民规模不断壮大,网络空间日益复杂,网络空间治理难度持续加大。广大网民对网络不文明现象深恶痛绝。加强网络文明建设,是顺应信息时代潮流、提高社会文明程度的必然要求,是坚持以人民为中心、满足亿万网民对美好生活向往的迫切需要,是加快建设网络强国、全面建设社会主义现代化国家的重要任务。

三、Windows 操作题(共 8 分)

(注意事项:考生不得删除考生文件夹中与试题无关的文件或文件夹,否则将影响考生成绩,可利用浮动窗口降低主界面对操作软件的影响。)

请在考生文件夹中进行以下操作:

1. 在 Behaviors 文件夹中新建 Events 文件夹;

2. 将 Connections 文件夹中的 libraries 文件夹复制到 Events 文件夹中;

3. 在 DataSources 文件夹中删除 wsdl2java.jar 文件;

4. 删除 Classes 文件夹中的 TestCollection 文件夹;

5. 将 DataSources 文件夹中的 Recordset.htm 重命名为 main.htm,并为该文件设置"只读"属性(不得改变其他属性)。

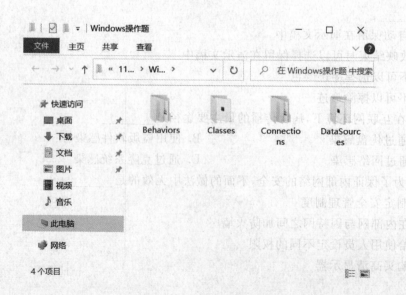

四、Word 操作题(共 22 分)

(注意事项:请不要打开无关的 Word 文档,经常存盘,可利用浮动窗口降低主界面对操作软件的影响。)

请在 Word 中对所给定的文档完成以下操作:

1. 将标题文字"怎么吃辣椒有营养"设置为小二号字、加粗、标准色红色;标题段后间距设置为 2 行;

2. 将正文中所有"辣椒"替换为"cayenne"(标题中内容不得替换);

3. 将正文第二段"'辣'中营养知多少⋯⋯"左右分别缩进 2 个字符和 1 个字符,并加标准色红色段落边框;

4. 插入页眉,内容为"辣椒与营养",且设置为右对齐(注意页眉中无空行),在文档底端右侧插入页码(注意页脚中无空行);

5. 设置整篇文档的纸张大小为 A4(21 厘米×29.7 厘米),上页边距和左页边距分别为 2 厘米和 3 厘米;

6. 在文档最后插入一个 3 行 4 列的表格;

7. 设置文档中图片的文字环绕方式为紧密型。

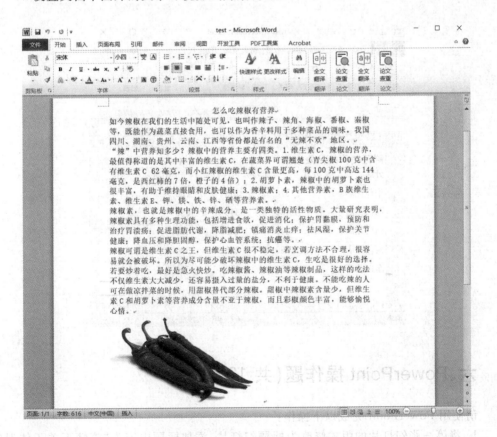

五、Excel 操作题(共 18 分)

请在 Excel 中对所给定的工作表完成以下操作:

1. 将工作表 Sheet1 重命名为:月销量统计表;

2. 将(A1:E1)区域单元格合并,标题"鲜花销售统计表(朵)"居中,设置标题字体为:黑体,字号为:18;

3. 设置(A2:E7)区域单元格的文本对齐方式为:水平居中对齐、垂直居中对齐;

4. 设置(A2:E2)区域单元格的填充背景色为:标准色－深红(RGB 颜色模式:红色 192,绿色 0,蓝色 0)、图案样式为:12.5% 灰色;

5. 使用 SUM 函数计算每个分店的销量之和,并填入 E 列对应单元格中;

6. 对(A2:E7)区域的数据根据"销量"列数值升序排序;

7. 在 A8 单元格内填入文字:最大值,使用 MAX 函数计算每种鲜花的销量最大值,并填入第 8 行对应单元格中;

8. 设置(A2:E8)区域单元格格式列宽为:自动调整列宽;

9. 根据"分店"列(A2:A7)和"销量"列(E2:E7)数据制作带数据标记的折线图,图表的标题为:销量一览表,图例位置为:靠左。

六、PowerPoint 操作题(共 12 分)

请使用 PowerPoint 完成以下操作:

1. 将第一张幻灯片的版式修改为标题幻灯片,添加标题内容为"疫情下关于体温的问题"，设置标题文字的字体、字号为华文行楷、48 磅；

    2. 设置第二张幻灯片的图片动画效果为飞入、在上一动画之后延迟 2 秒开始；

    3. 为第三张幻灯片的图片添加超链接，链接到网址 www. baidu. com；

    4. 设置第四张幻灯片切换效果为形状、效果选项为菱形，声音为爆炸；

    5. 设置第五张幻灯片的内容文本框内部边距上下左右各 1.5 厘米；

    6. 设置第五张幻灯片的背景填充为图案填充 5％；

    7. 在第五张幻灯片中插入一个 3 行 3 列表格。

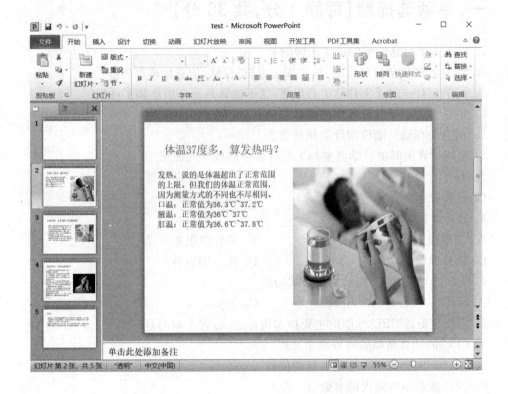

计算机等级考试模拟试卷四

一、单项选择题(每题 1 分,共 30 分)

1. 以下关于信息处理的论述正确的是_____。

A. 信息处理包括信息收集、信息加工、信息存储、信息传递等内容

B. 同学们对一段课文总结中心思想,这不能算是一个信息加工过程

C. 信息传递不是信息处理的内容

D. 信息的存储只能使用计算机的磁盘

2. 使用计算机解决科学研究与工程计算中的数学问题属于_____。

A. 科学计算　　　　　　　　　　B. 计算机辅助制造

C. 过程控制　　　　　　　　　　D. 娱乐休闲

3. 云计算提供的服务不包括_____。

A. 基础设施即服务　　　　　　　B. 平台即服务

C. 软件即服务　　　　　　　　　D. 所见即服务

4. 下列选项中,属于视频文件格式的是_____。

A..avi　　　　　B..jpeg　　　　　C..mp3　　　　　D..bmp

5. 字长是衡量 CPU 性能的主要技术指标之一,它表示的是_____。

A. CPU 的计算结果的有效数字长度

B. CPU 一次能处理二进制数据的位数

C. CPU 能表示的最大的有效数字位数

D. CPU 能表示的十进制整数的位数

6. 在微机内存储器中,其内容由生产厂家事先写好的,并且一般不能改变的是_____存储器。

A. SDRAM　　　　B. DRAM　　　　C. ROM　　　　D. SRAM

7. 在计算机中,采用虚拟存储技术是为_____。

A. 提高主存储器的速度　　　　　B. 扩大外存储器的容量

C. 扩大主存储器的空间　　　　　D. 提高外存储器的速度

8. 下面关于显示器的四条叙述中,错误的是_____。

A. 显示器的分辨率与微处理器的型号有关

B. 显示器的分辨率为 1024×768,屏幕每行有 1024 个点,每列有 768 个点

C. 显卡是驱动、控制显示器以显示文本、图形、图像信息的硬件

D. 像素是显示屏上能独立赋予颜色和亮度的最小单位

9. 十六进制数 2A 等值十进制数 _____。

A. 20　　　　　　B. 42　　　　　　C. 34　　　　　　D. 40

10. 以下对系统总线的描述中,错误的是 _____。

A. 系统总线分为信息总线和控制总线两种

B. 系统总线可分为内总线、外总线,其中内部总线也称为片间总线

C. 系统总线的英文表示就是 BUS

D. 系统总线可分为数据总线、地址总线、控制总线

11. C++是一种 _____ 程序设计语言。

A. 面向用户　　　B. 面向问题　　　C. 面向过程　　　D. 面向对象

12. 下列关于系统软件的四条叙述中,正确的是 _____。

A. 系统软件主要为提高系统的性能等,与具体的硬件有关

B. 系统软件与具体的硬件无关

C. 系统软件是在应用软件基础上开发的,所以它依赖应用软件

D. 系统软件就是操作系统

13. 下列叙述中,正确的是 _____。

A. 把数据从内存传送到硬盘上的操作称为输入

B. 金山打字通是一个国产的系统软件

C. 电梯口播放广告的液晶显示屏属于输入设备

D. 将高级语言编写的源程序转换成可执行的目标程序称为编译

14. 在以下人为的恶意攻击行为中,属于主动攻击的是 _____。

A. 截获数据包　　　　　　　　B. 数据窃听

C. 数据流分析　　　　　　　　D. 篡改他人网络账号的密码

15. 在分时操作系统中,操作系统可以控制 _____ 按时间片轮流分配给多个进程执行。

A. 控制器　　　　B. 运算器　　　　C. 存储器　　　　D. CPU

16. Windows 系统中,在没有清空回收站之前,回收站中的文件或文件夹仍然占用 _____ 空间。

A. 内存　　　　　B. 硬盘　　　　　C. 优盘　　　　　D. 光盘

17. 张老师用鼠标左键将自己所做的课件,从 C 盘的"课件"文件夹拖动到 C 盘的"作品"文件夹中,系统执行的操作是 _____。

A. 复制　　　　　B. 移动　　　　　C. 粘贴　　　　　D. 剪切

18. 在 Word 的编辑状态,选择四号字后,按新设置的字号显示的文字是 _____。

A. 插入点所在的段落中的文字　　　B. 文档中被选择的文字

C. 插入点所在行中的文字　　　　　D. 文档的全部文字

19. 要将在其他软件中制作的图片复制到当前 Word 文档中,下列说法中正确的是 _____。

A. 不能将其他软件中制作的图片复制到当前 Word 文档中

B. 可通过剪贴板将其他软件中制作的图片复制到当前 Word 文档中

C. 可以通过鼠标直接从其他软件中将图片移动到当前 Word 文档中

D. 不能通过"复制"和"粘贴"命令来传递图形

20. Excel 常应用于_____。

A. 工业设计、机械制造、建筑工程

B. 美术设计、装潢、图片制作

C. 统计分析、财务管理分析、经济管理

D. 多媒体制作

21. 对 Excel 工作表进行数据筛选操作后,该表中显示筛选结果,原表中其余数据_____。

A. 已被删除,不能再恢复　　　　　B. 已被删除,但可以恢复

C. 被隐藏起来,但未被删除　　　　D. 已被放置到另一个表格中

22. 通常把计算机网络定义为_____。

A. 以共享资源为目标的计算机系统

B. 能按网络协议实现通信的计算机系统

C. 把分布在不同地点的多台计算机互联起来构成的计算机系统

D. 把分布在不同地点的多台计算机在物理上实现互联,按照网络协议实现相互间的通信,共享硬件、软件和数据资源为目标的计算机系统

23. 当网络中任何一个工作站发生故障时,都有可能导致整个网络停止工作,这种网络的拓扑结构为_____结构。

A. 星型　　　　　B. 环型　　　　　C. 总线型　　　　　D. 树型

24. 计算机网络按使用范围划分为_____和_____。

A. 广域网　局域网　　　　　B. 专用网　公用网

C. 低速网　高速网　　　　　D. 部门网　公用网

25. TCP/IP 协议中的 TCP 是指_____。

A. 文件传输协议　　　　　B. 邮件传输协议

C. 网际协议　　　　　D. 传输控制协议

26. 要在 Web 浏览器中查看某一公司的主页,必须知道_____。

A. 该公司的电子邮件地址　　　　　B. 该公司所在的省市

C. 该公司的邮政编码　　　　　D. 该公司的网站地址

27. 下面对电子邮件的描述中,正确的是_____。

A. 一封邮件只能发给一个人　　　　　B. 不能给自己发送邮件

C. 一封邮件能发给多个人　　　　　D. 不能将邮件转发给他人

28. 在 PowerPoint 中,幻灯片_____是一张特殊的幻灯片,包含已设定格式的占位符,这些占位符是为标题、主要文本和所有幻灯片中出现的背景项目而设置的。

A. 模板　　　　B. 母版　　　　C. 版式　　　　D. 样式

29. 在互联网中,_____是常用于盗取用户账号的病毒。

A. 木马　　　　B. 蠕虫　　　　C. 灰鸽子　　　　D. 尼姆达

30. 防火墙软件一般用在_____。

A. 工作站与工作站之间　　　　B. 服务器与服务器之间

C. 工作站与服务器之间　　　　D. 网络与网络之间

二、打字题(300 字左右,考试时间 15 分钟,共 10 分)

　　　　在人类发展史上,有影响力的城市不仅人口密集、经济繁荣,而且通常历史悠久、文化繁盛。不论是我国汉唐时代的长安、洛阳,还是西方的雅典、罗马,城市都汇集了时代文明的精华,成为当时经济发展和文化交流传播的中心。我国古代城市建设重视物质文明和精神文明共同发展。从《清明上河图》就可以看出,北宋都城汴京不但经济繁荣,而且文化昌盛。可以说,城市文化不仅体现一个国家、一个民族的创造能力,而且是塑造、展示与传播国家形象的重要载体。城市中体现文化底蕴的文化设施,如北京的胡同四合院、西安的碑亭、晋中的大院、宁波的藏书阁等,都是中华民族悠久历史文化的璀璨绽放。

三、Windows 操作题(共 8 分)

(注意事项:考生不得删除考生文件夹中与试题无关的文件或文件夹,否则将影响考生成绩,可利用浮动窗口降低主界面对操作软件的影响。)

请在考生文件夹中进行以下操作:

1. 在 Models 文件夹中新建 Common 文件夹;

2. 将 Reports 文件夹中的 TeamCommon. js 文件复制到 Common 文件夹中;

3. 在 Reports 的子文件夹 WorkFlow 中删除 Design. htm 文件;

4. 删除 Menus 文件夹中的 Custom 文件夹;

5. 将 Shutdown 文件夹中的 TempDelete. html 重命名为 Delete. ini,并为该文件设置"隐藏"属性(不得改变其他属性)。

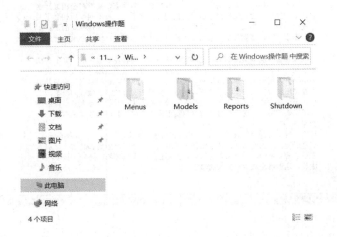

四、Word 操作题(共 22 分)

(注意事项:请不要打开无关的 Word 文档,经常存盘,可利用浮动窗口降低主界面对操作软件的影响。)

请在 Word 中对所给定的文档完成以下操作:

1. 将标题文字"何为幸福,何为家?"设为黑体、三号字、加粗;标题设置为居中对齐;
2. 将正文第一段"有人问,什么才是幸福……"设为悬挂缩进 2 个字符;
3. 将正文第二段"何为幸福呢……"加标准色黄色,双实线,1.5 磅段落边框;
4. 将正文第三段落"一天下班后,他……"字符间距设置为加宽 1 磅,行距设置为 1.5 倍行距;
5. 插入页眉,内容为"感触幸福",且设置为两端对齐(注意页眉中无空行);
6. 在文字后部插入一个 3 行 3 列、列宽为 4 厘米的表格;
7. 在文档最后插入高宽分别为 3cm 和 11cm 的艺术字,字体为隶书,艺术字内容为"简单本就是幸福"。

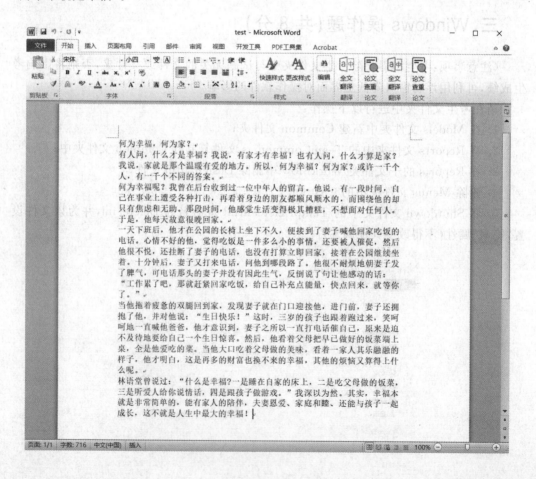

五、Excel 操作题(共 18 分)

请在 Excel 中对所给定的工作表 Sheet1 完成以下操作:

1. 将工作表 Sheet1 重命名为:采购明细表;

2. 在表中 A1 单元格内输入标题,内容为:办公用品采购一览表;

3. 将表中(A1:H1)区域单元格合并,标题居中,设置标题字体为:楷体,字形为:加粗,字号为:18;

4. 取消 B、C 两列的隐藏;

5. 删除 C 列(即采购日期列);

6. 在表中 G 列对应单元格使用简单公式计算每种办公用品的采购总额[计算公式为:采购总额＝单价 * (1－折扣) * 数量],设置单元格区域(G3:G15)的数字格式为:货币、保留 2 位小数、负数(N)选第三项;

7. 设置表中(A2:G15)区域单元格的边框为:单实线内、外边框,设置文本对齐方式为:水平居中对齐、垂直居中对齐;

8. 在表中应用高级筛选,筛选出品名为打印机、类别为办公设备的数据[要求:筛选区域选择(A2:G15)的所有数据,筛选条件写在(I3:J4)区域,筛选结果复制到以 A20 单元格为起始位置的区域]。

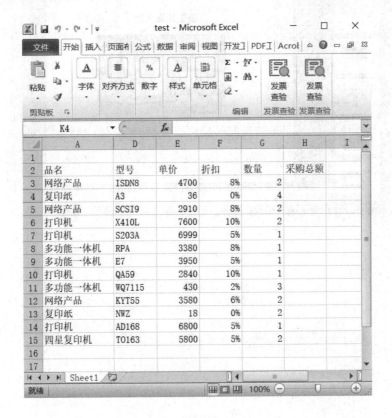

六、PowerPoint 操作题(共 12 分)

请使用 PowerPoint 完成以下操作：

1. 设置整个 PowerPoint 文档设计主题为波形；

2. 将第一张幻灯片的版式修改为标题幻灯片，添加标题内容为"晒太阳的好处"，设置标题文字的字体、字号为华文楷体、54 磅；

3. 设置第二张幻灯片的内容文本框段落间距为段前 12 磅，段后 6 磅；

4. 为第二张幻灯片内的图片添加超链接，链接到网址 www.baidu.com；

5. 设置第三张幻灯片的图片动画效果为浮入、在上一动画之后延迟 2 秒开始；

6. 在第四张幻灯片中插入考生 PowerPoint 操作题文件夹中的音频文件"背景音乐.mid"；

7. 删除第五张幻灯片。

计算机等级考试模拟试卷五

一、单项选择题(每题 1 分,共 30 分)

1. 采用超大规模集成电路的计算机被称为_____。
   A. 第一代计算机　　　　　　B. 第二代计算机
   C. 第三代计算机　　　　　　D. 第四代计算机

2. 快递公司将包裹进行自动分拣,使用的计算机技术属于_____。
   A. 科学计算　　B. 系统仿真　　C. 辅助设计　　D. 模式识别

3. 下列关于物联网的描述,错误的是_____。
   A. 物联网不是互联网的概念、技术与应用的简单扩展
   B. 物联网与互联网在基础设施上没有重合
   C. 物联网的主要特征有全面感知、可靠传输、智能处理
   D. 物联网的计算模式可以提高人类的生产力、效率、效益

4. 多媒体计算机是指_____。
   A. 具有多种外部设备的计算机　　B. 能与多种电器连接的计算机
   C. 能处理多种媒体信息的计算机　　D. 借助多种媒体操作的计算机

5. 指令系统不相同的计算机,主要是因为_____。
   A. 所用的操作系统　　　　　　B. 系统的总体结构
   C. 所用的 CPU　　　　　　　D. 所用的程序设计语言

6. 衡量内存的性能有多个技术指标,但不包括_____。
   A. 存储容量　　B. 存取周期　　C. 取数时间　　D. 成本价格

7. 在计算机上通过键盘输入一段文章时,该段文章首先存放在主机的_____中,如果希望将这段文章长期保存,应以_____形式存储于_____中。
   A. 内存、文件、外存　　　　　　B. 外存、数据、内存
   C. 内存、字符、外存　　　　　　D. 键盘、文字、打印机

8. 在下列微机硬件中,既可作为输出设备,又可作为输入设备的是_____。
   A. 绘图仪　　B. 扫描仪　　C. 手写笔　　D. 硬盘

9. 在 16×16 点阵字库中,存储一个汉字的字模信息需用的字节数是_____。
   A. 8　　B. 24　　C. 32　　D. 48

10. 一条指令的执行通常可分为取指令、分析指令和_____指令三个阶段。
    A. 编译　　B. 解释　　C. 执行　　D. 调试

11. 结构化程序设计的三种基本控制结构是_____。

A. 顺序、选择和转向　　　　　　　　B. 层次、网状和循环

C. 模块、选择和循环　　　　　　　　D. 顺序、循环和选择

12. 在计算机系统软件中的核心软件是_____。

A. 操作系统　　　　　　　　　　　B. 数据库管理系统

C. 编译软件　　　　　　　　　　　D. 语言处理程序

13. 计算机能直接识别和执行的语言是_____。

A. 机器语言　　　　B. 高级语言　　　　C. 数据库语言　　　　D. 汇编语言

14. 下列关于计算机软件版权的叙述,错误的是_____。

A. 计算机软件是享有著作保护权的作品

B. 未经软件著作人的同意,复制其软件的行为是侵权行为

C. 在自己的计算机中使用朋友的单机版正版软件注册码激活软件

D. 制作盗版软件是一种违法行为

15. 下面关于操作系统的叙述中,错误的是_____。

A. 操作系统是用户与计算机之间的接口

B. 操作系统直接作用于硬件上,并为其他应用软件提供支持

C. 操作系统可分为单用户、多用户等类型

D. 操作系统可直接编译高级语言源程序并执行

16. 在 Windows 操作系统中,撤销一次或多次操作,可以用下面_____命令。

A. Ctrl＋Z　　　　B. Alt＋Z　　　　C. Ctrl＋V　　　　D. Ctrl＋F

17. 对于 Windows 的控制面板,以下说法错误的是_____。

A. 控制面板是一个专门用来管理计算机系统的应用程序

B. 从控制面板中无法删除计算机中已经安装的声卡设备

C. 在经典视图中,对于控制面板中的项目,可以在桌面上建立起它的快捷方式

D. 可以通过控制面板卸载一个已经安装的应用程序

18. 关于 Word 中分页符的描述,错误的是_____。

A. 分页符的作用是分页

B. 按 Ctrl＋Shift＋Enter 可以插入分页符

C. 在"草稿"文档视图下分页符以虚线显示

D. 分页符不可以删除

19. 在 Word 表格中,拆分单元格指的是_____。

A. 对表格中选取的单元格按行列进行拆分

B. 将表格从某两列之间分为左右两个表格

C. 从表格的中间把原来的表格分为两个表格

D. 将表格中指定的一个区域单独保存为另一个表格

20. 用 Excel 可以创建各类图表。常用_____显示每个值占总值的比例。

A. 条形图　　　　B. 折线图　　　　C. 饼图　　　　D. 面积图

21. 在 Excel 中,利用格式菜单可在单元格内部设置_____。

A. 曲线　　　　B. 图形　　　　C. 斜线　　　　D. 箭头

22. 网络技术包含的两个主要技术是计算机技术和_____。

A. 微电子技术 　　　　　　　　　B. 通信技术

C. 图像处理技术 　　　　　　　　D. 自动化技术

23. 不同网络体系结构的网络互联时,需要使用_____。

A. 中继器 　　　　B. 网关 　　　　C. 网桥 　　　　D. 集线器

24. 下列计算机网络中按网络拓扑结构划分的是_____。

A. 局域网 　　　　B. 城域网 　　　　C. 广域网 　　　　D. 星型网

25. 在 Internet 中,通过_____将域名转换为 IP 地址。

A. Hub 　　　　B. WWW 　　　　C. BBS 　　　　D. DNS

26. Internet 中 URL 的含义是_____。

A. 统一资源定位器 　　　　　　　B. Internet 协议

C. 简单邮件传输协议 　　　　　　D. 传输控制协议

27. 下列电子邮件地址书写正确的是_____。

A. 263. net@DXG 　　　　　　　B. DXG@263. Net

C. DXG. 263. net 　　　　　　　D. 263. net. DXG

28. 在幻灯片的"动作设置"对话框中,其设置的超级链接对象不允许是_____。

A. 下一张幻灯片 　　　　　　　　B. 一个应用程序

C. 其他的演示文稿 　　　　　　　D. 幻灯片中的某一对象

29. 计算机病毒是一个在计算机内部或系统之间进行自我繁殖和扩散的程序,其自我繁殖是指_____。

A. 复制 　　　　　　　　　　　　B. 移动

C. 人与计算机间的接触 　　　　　D. 程序修改

30. 导致信息安全问题产生的原因较多,但综合起来一般有_____两类。

A. 物理与人为 　　　　　　　　　B. 黑客与病毒

C. 系统漏洞与硬件故障 　　　　　D. 计算机犯罪与破坏

二、打字题(300 字左右,考试时间 15 分钟,共 10 分)

在促进农民农村共同富裕过程中,创新发展理念主要体现在科技创新和体制机制创新两个方面。在科技创新方面,一方面可以通过推动良种培育、病虫防治、农机农技等农业科技创新,让农民在生产环节通过更好发展生产实现富裕;另一方面可以通过运用互联网、大数据、物联网等数字化和信息化工具,让农民在流通环节将好产品卖出好价钱。在体制机制创新方面,主要体现在乡村产业化发展过程中的体制机制创新,通过对农业全产业链上各环节运行机制的创新安排,让农地流转、信贷抵押、合作共建、品牌打造、产销对接等方面更为有序顺畅,进而更好地促进农业产业化进程,促进农民更好融入产业链。

三、Windows 操作题(共 8 分)

(注意事项:考生不得删除考生文件夹中与试题无关的文件或文件夹,否则将影响考生成绩,可利用浮动窗口降低主界面对操作软件的影响。)

请在考生文件夹中进行以下操作:

1. 在 Theme 文件夹中新建 Genius 文件夹;

2. 将 Fonts 文件夹中的 dg001. dat 文件移动到 Genius 文件夹中;

3. 在 Colors 文件夹中删除 Waveform. xml 文件;

4. 删除 Publisher 文件夹中的 Backgrounds 文件夹;

5. 在 Publisher 文件夹下新建文本文档 angel. txt,并将文本内容设为"2021 年世界制造业大会"。

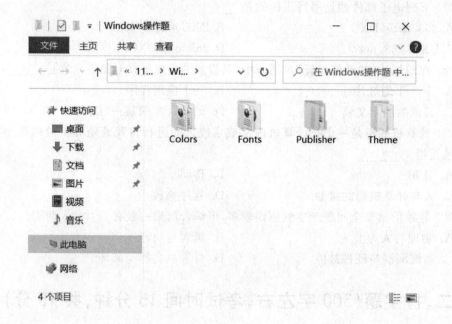

四、Word 操作题(共 22 分)

(注意事项:请不要打开无关的 Word 文档,经常存盘,可利用浮动窗口降低主界面对操作软件的影响。)

请在 Word 中对所给定的文档完成以下操作:

1. 将标题文字"什么是自律?"设置为楷体、二号字、加粗;标题设置为居中对齐;

2. 将正文第一段"以为自由就是想做什么就做什么……"加双实线、1.5 磅、蓝色(RGB 颜色模式:红色 0,绿色 0,蓝色 255)的段落边框;

3. 将正文第二段"一是做不喜欢但应该做的事情……"设置为首行缩进 2 个字符;

4. 将正文第三段"要做到自律,关键在于……"字符间距设置为加宽 2 磅,行距设置为 1.5 倍行距;

5. 插入页眉,内容为"自律",且设置为两端对齐(注意页眉中无空行);

6. 在文档后插入一个 3 行 3 列的表格,表格列宽为 4 厘米;

7. 在文档最后插入形状中的爆炸型 1,并设置纯色填充,填充颜色为标准色红色。

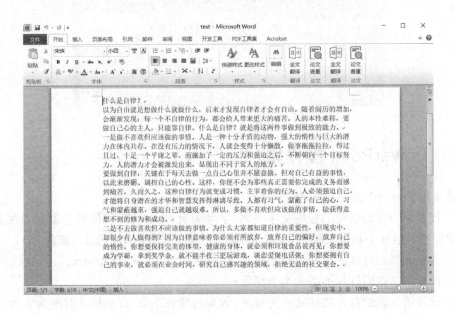

五、Excel 操作题(共 18 分)

请在 Excel 中对所给定的工作表完成以下操作:

1. 将工作表 Sheet1 重命名为:水果价格月度数据;

2. 将表中(A1:G1)区域单元格合并,标题"水果集贸市场价格当期值(元/公斤)"居中,设置标题字体为:楷体,字形为:加粗,字号为:18;

3. 在表中 F2 单元格输入内容:平均价格,在 F 列对应单元格使用 AVERAGE 函数计算各种水果前四个月的价格平均值;

4. 在表中 G2 单元格输入内容:补贴,在 G 列对应单元格使用 IF 函数计算水果价格的贴补,平均价格小于 10 元的补贴为 2 元,否则补贴为 1 元;

5. 设置表中(A2:G2)区域单元格的填充背景色为:标准色－深红(RGB 颜色模式:红色 192,绿色 0,蓝色 0),文字颜色为:主题颜色－白色,背景 1;

6. 设置表中(A2:G5)区域单元格格式的行高为:18,列宽为:自动调整列宽;

7. 设置表中(A2:G5)区域单元格的边框为:单实线内、外边框,文本对齐方式为:水平居中对齐、垂直居中对齐,自动换行;

8. 在表中选择数据区域(A2:E5)制作带数据标记的折线图,图表的标题为:市场价格图,图例位置为:底部,添加数据标签。

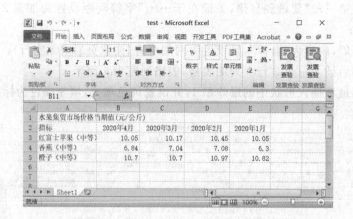

六、PowerPoint 操作题(共 12 分)

请使用 PowerPoint 完成以下操作:

1. 设置第一张幻灯片的标题文字字体、字号为隶书、40 磅,字体颜色设置为深蓝(可以使用颜色对话框中自定义标签,设置 RGB 颜色模式:红色 0,绿色 32,蓝色 96);

2. 为第二张幻灯片的图片添加超链接,链接到网址 www.163.com;

3. 设置第三张幻灯片的版式为节标题;

4. 设置第三张幻灯片切换效果为推进、效果选项自顶部,自动换片时间为 3 秒;

5. 设置第四张幻灯片的内容文本框段落行距为 1.5 倍行距,并设置段落项目编号(项目编号为 1.2.3.);

6. 设置第四张幻灯片的图片进入动画效果为淡出、延迟 1.5 秒,声音为鼓声;

7. 在第四张幻灯片中插入考生 PowerPoint 操作题文件夹中的音频文件"背景音乐.mid"。

计算机等级考试模拟试卷六

一、单项选择题(每题 1 分,共 30 分)

1. 你认为最能反映计算机主要功能的是_____。

A. 代替人的脑力劳动　　　　　　B. 存储大量的信息

C. 数据共享　　　　　　　　　　D. 信息处理

2. 火箭发射中使用计算机技术,属于_____。

A. 科学计算　　　B. 系统仿真　　　C. 实时控制　　　D. 数据处理

3. 下列关于云计算的描述,错误的是_____。

A. 云存储是一种云计算应用

B. 硬件和软件都可以是资源,能以服务的方式租给用户

C. 硬件和软件资源不能根据需要进行动态扩展和配置

D. 虚拟化是云计算的核心技术之一

4. 下面的文件格式中不是图形图像存储格式的是_____。

A. .MIDI　　　B. .JPG　　　C. .GIF　　　D. .BMP

5. 计算机 CPU 中运算器的主要功能是_____。

A. 控制计算机的运行　　　　　　B. 算术运算和逻辑运算

C. 分析指令并执行　　　　　　　D. 负责存取存储器中的数据

6. 通常来说,计算机中的文件是不能长期存储在_____中。

A. 内存　　　　B. 硬盘　　　　C. 光盘　　　　D. 优盘

7. 移动硬盘属于_____。

A. 可读可写外存储器　　　　　　B. 只读外存储器

C. CPU 可直接访问的存储器　　　D. 只读内存储器

8. 相较于激光打印机,针式打印机具有的优点是_____。

A. 多层打印　　　　　　　　　　B. 打印噪音小

C. 打印速度快　　　　　　　　　D. 打印质量好

9. 对应 ASCII 码表,下列有关 ASCII 码值大小关系描述正确的是_____。

A. "a"<"A"<"1"　　　　　　　B. "2"<"F"<"f"

C. "G"<"4"<"c"　　　　　　　D. "6"<"b"<"B"

10. 计算机指令由两部分组成,它们是_____。

A. 运算符和运算数　　　　　　　B. 操作数和结果

C. 操作码和操作数　　　　　　　D. 数据和字符

11. _____是计算机中对解决问题的有穷操作步骤的描述,它直接影响程序的优劣。

A. 算法   B. 数据结构   C. 软件   D. 程序

12. 在关系数据库中,实体集合可看成一张二维表,则实体的属性是_____。

A. 二维表   B. 二维表的行

C. 二维表的列   D. 二维表中的一个数据项

13. 高级语言的源程序经过_____生成目标程序。

A. 调试   B. 汇编   C. 编辑   D. 编译

14. 未经授权通过计算机网络获取某公司的经济情报是一种_____。

A. 不道德但也不违法的行为

B. 违法的行为

C. 正当的竞争行为

D. 网络社会中的正常行为

15. 下面各选项中,_____功能不是操作系统所具有的。

A. 绩效管理   B. 文件管理   C. 存储管理   D. CPU 管理

16. 下列有关回收站的说法中,正确的是_____。

A. 回收站中的文件和文件夹都是可以还原的

B. 回收站中的文件和文件夹都是不可以还原的

C. 回收站中的文件是可以还原的,但文件夹是不可以还原的

D. 回收站中的文件夹是可以还原的,但文件是不可以还原的

17. 在 Windows 中,如果要彻底删除系统中已安装的应用软件,最正确的方法是_____。

A. 用控制面板或软件自带的卸载程序完成

B. 对磁盘进行碎片整理操作

C. 直接找到该文件或文件夹进行删除操作

D. 删除该文件及快捷图标

18. 下列关于 Word 文档创建项目符号的叙述中,正确的是_____。

A. 以段落为单位创建项目符号

B. 以选中的文本为单位创建项目符号

C. 以节为单位创建项目符号

D. 可以任意创建项目符号

19. 在 Word 中,若想用格式刷进行某一格式的一次复制多次应用,可以_____。

A. 双击格式刷   B. 右键双击格式刷

C. 单击格式刷   D. 右键单击格式刷

20. 在 Excel 中,数据清单中的列标记被认为是数据库的_____。

A. 字数   B. 字段名   C. 数据类型   D. 记录

21. 在 Excel 中,若在工作簿 Book1 的工作表 Sheet2 的 C1 单元格内输入公式,需要引用 Book2 的 Sheet1 工作表中 A2 单元格的数据,那么正确的引用格式为_____。

A. Sheet！A2

B. Book2！Sheet1（A2）

C. BookSheet1A2

D. ［Book2］sheet1！A2

22. 计算机网络中,可以共享的资源是_____。

A. 硬件和软件

B. 软件和数据

C. 硬件和数据

D. 硬件、软件和数据

23. 网卡的功能不包括_____。

A. 网络互联

B. 进行视频播放

C. 实现数据传递

D. 将计算机连接到通信介质上

24. 和广域网相比,局域网_____。

A. 有效性好但可靠性差

B. 有效性差但可靠性高

C. 有效性好、可靠性也高

D. 有效性差、可靠性也差

25. 关于 TCP/IP 协议的描述中,错误的是_____。

A. TCP/IP 协议由四层组成

B. TCP/IP 协议名是"传输控制协议/互联协议"

C. TCP/IP 协议中只有两个协议

D. TCP/IP 协议是互联网的通信基础

26. Internet 的缺点是_____。

A. 不能传输文件

B. 不够安全

C. 不能实现实时对话

D. 不能传输声音

27. 关于收发电子邮件,以下叙述正确的是_____。

A. 必须在固定的计算机上收/发邮件

B. 向对方发送邮件时,不要求对方开机

C. 一次只能发给一个接收者

D. 发送邮件无须填写对方邮件地址

28. 如果要改变幻灯片的大小和方向,可以选择"设计"选项卡中的_____。

A. 格式

B. 页面设置

C. 关闭

D. 保存

29. 计算机病毒会造成_____。

A. CPU 的烧毁

B. 磁盘驱动器的物理损坏

C. 程序和数据的破坏

D. 磁盘存储区域的物理损伤

30. 数字签名是解决_____问题的方法。

A. 未经授权擅自访问网络

B. 数据被泄露或篡改

C. 冒名发送数据或发送数据后抵赖

D. 以上三种

二、打字题（300 字左右，考试时间 15 分钟，共 10 分）

国家速滑馆（"冰丝带"）是北京赛区唯一新建的场馆，采用世界跨度最大的单层双向正交马鞍形索网屋面，用钢量仅为传统屋面的四分之一；被称为"雪游龙"的国家雪车雪橇中心采用"毫米级"双曲面混凝土喷射及精加工成型技术，1.9 公里赛道一次性喷射浇筑成型；国家游泳中心由"水立方"转为"冰立方"，应用装配式快速拆装和调平动态监测技术，20 天内完成"水—冰"场地转换；利用物联网、人工智能技术，鸟巢正在变身为数字、低碳、智能体育场馆……转播在现代奥运会中不可缺少，让世界各地的奥运粉丝们无论身在何处，都能感受运动员的精彩表现。由于有了5G 信号覆盖，转播也有了新的模式。

三、Windows 操作题（共 8 分）

（注意事项：考生不得删除考生文件夹中与试题无关的文件或文件夹，否则将影响考生成绩，可利用浮动窗口降低主界面对操作软件的影响。）

请在考生文件夹中进行以下操作：

1. 在文件夹 access 下新建一个文本文档 first. txt，并将文件内容设为"北京冬奥会"；
2. 在文件夹 microsoft 下建立一个新文件夹 teach；
3. 将文件夹 writing 下的文件 object. dat 复制到文件夹 teach 中；
4. 将文件夹 access 下的文件 time. bas 删除；
5. 将文件夹 program 下的文件 view. dat 改名为 new. dat。

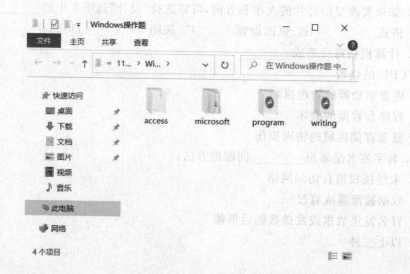

四、Word 操作题(共 22 分)

请在 Word 中对所给定的文档完成以下操作:

1. 将标题文字"地理考试四题一题都没答完竟得 75 分"设为小二号字、黑体,字体间距设置为加宽 4 磅,文字底纹填充"白色,背景 1,深色 25%";标题设置为居中对齐;

2. 将正文第一段"在一次地理考试中……"设置为首行缩进 2 个字符;

3. 将正文第二段"按照常理推算……"添加段落边框,框内正文距离边框上下左右各 3 磅;

4. 将正文第三段"这位侥幸及格的考生……"的行距设置为固定值 20 磅,段后间距为 2 行;

5. 将正文第四段"原来,阅卷老师……"文字分两栏,栏宽相等,加分隔线;

6. 插入页眉,内容为"不拘一格",且设置为右对齐(注意页眉中无空行);

7. 在文档最后插入一个 3 行 3 列的表格,表格外边框设为双线型、绿色(RGB 颜色模式:红色 0,绿色 255,蓝色 0)、线宽 1.5 磅;

8. 设置文档中图片的文字环绕方式为上下型;设置图片格式中线条颜色为实线、颜色为蓝色(RGB 颜色模式:红色 0,绿色 0,蓝色 255)。

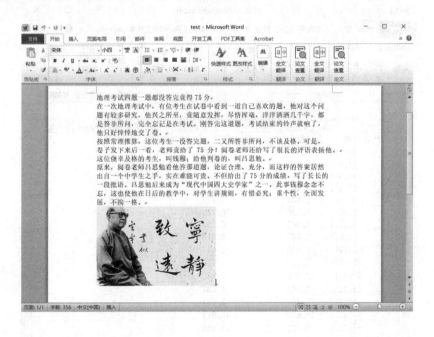

五、Excel 操作题(共 18 分)

请在 Excel 中对所给定的工作表完成以下操作:

1. 将工作表 Sheet1 重命名为:网站访问数据;

2. 在表的第一行前添加新行,然后在 A1 单元格填入文字,内容为:下表为五月份前半月网站访问数据;设置字体为:仿宋,字形为:加粗,字号为:10;

3. 在"网站访问数据"表中设置(A2:E2)区域单元格的填充背景色为:标准色－红色(RGB 颜色模式:红色 255,绿色 0,蓝色 0),图案样式为:6.25％灰色,文字颜色为:主题颜色－茶色,背景 2;

4. 在"网站访问数据"表中 C 列对应单元格使用公式计算老访客数,老访客数＝访客数－新访客数,注:新访客数在"Sheet2"表中;

5. 在"网站访问数据"表中 E 列对应单元格使用公式计算人均浏览量(访问深度),人均浏览量＝浏览量/访客数,在 C20 单元格使用 COUNTIF 函数统计老访客数＞＝400 的天数;

6. 在"网站访问数据"表中(E3:E19)区域单元格中的数字格式为:数值,保留 2 位小数、负数(N)选第三项;

7. 在"网站访问数据"表中设置(A2:E19)区域单元格的边框为:自定义颜色(RGB 颜色模式:红色 200,绿色 120,蓝色 0)单实线内、外边框,文本对齐方式为:水平居中对齐,自动换行;

8. 在"网站访问数据"表中设置(A2:E19)区域单元格格式的行高为:18,列宽为:25。

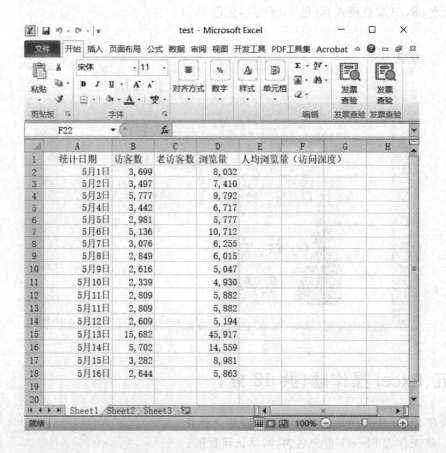

六、PowerPoint 操作题(共 12 分)

请使用 PowerPoint 完成以下操作:

1. 将第一张幻灯片的版式修改为标题幻灯片,添加标题内容为"想长寿,要远离几种习惯!",设置标题文字的字体、字号为宋体、40 磅,文字加粗,字体颜色为红色(可以使用颜色对话框中自定义标签,设置 RGB 颜色模式:红色 255,绿色 0,蓝色 0);

2. 设置第二张幻灯片的图片进入动画效果为旋转、延迟 1.5 秒;

3. 设置第三张幻灯片的内容文本框段落行距为双倍行距;

4. 在第三张幻灯片中插入考生 PowerPoint 操作题文件夹中的音频文件"背景音乐.mid";

5. 为第四张幻灯片的内容文本框添加段落项目符号(项目符号为加粗空心方形□);

6. 在第四张幻灯片中插入一个 2 行 2 列表格;

7. 设置所有幻灯片切换效果为形状、效果选项为放大,自动换片时间为 2 秒。

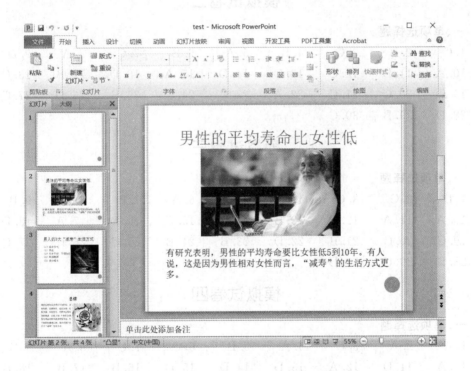

模拟试卷部分答案

模拟试卷一

一、单项选择题

1. D	2. A	3. D	4. C	5. B	6. C	7. C	8. C	9. D
10. A	11. A	12. C	13. A	14. C	15. D	16. A	17. A	18. B
19. A	20. C	21. B	22. C	23. A	24. C	25. C	26. C	27. D
28. B	29. B	30. D						

模拟试卷二

一、单项选择题

1. C	2. B	3. C	4. B	5. A	6. B	7. C	8. A	9. D
10. A	11. D	12. C	13. D	14. D	15. A	16. D	17. B	18. C
19. C	20. C	21. B	22. A	23. C	24. C	25. B	26. D	27. C
28. D	29. B	30. C						

模拟试卷三

一、单项选择题

1. D	2. C	3. C	4. C	5. C	6. A	7. B	8. B	9. B
10. A	11. A	12. D	13. B	14. A	15. C	16. D	17. A	18. D
19. C	20. C	21. B	22. D	23. B	24. B	25. C	26. B	27. C
28. B	29. C	30. D						

模拟试卷四

一、单项选择题

1. A	2. A	3. D	4. A	5. B	6. C	7. C	8. A	9. B
10. A	11. D	12. A	13. D	14. D	15. D	16. B	17. B	18. B
19. B	20. C	21. C	22. D	23. B	24. A	25. D	26. D	27. C
28. B	29. A	30. D						

模拟试卷五

一、单项选择题

1. D	2. D	3. B	4. C	5. C	6. D	7. A	8. D	9. C

10. C 11. D 12. A 13. A 14. C 15. D 16. A 17. B 18. D
19. A 20. C 21. C 22. B 23. B 24. D 25. D 26. A 27. B
28. D 29. A 30. A

模拟试卷六

一、单项选择题

1. D 2. C 3. C 4. A 5. B 6. A 7. A 8. A 9. B
10. C 11. A 12. C 13. D 14. B 15. A 16. A 17. A 18. A
19. A 20. B 21. D 22. D 23. B 24. C 25. C 26. B 27. B
28. B 29. C 30. D

参考文献

[1] 陈国龙．计算机应用技术基础[M]．合肥：合肥工业大学出版社，2013．

[2] 路红梅，陈黎黎，崔琳，等．计算机应用技术基础实践教程[M]．合肥：合肥工业大学出版社，2013．

[3] 肖建于，胡国亮．大学计算机基础实践教程[M]．北京：人民邮电出版社，2020．

[4] 黄建灯，王小琼．大学计算机基础实验教程[M]．成都：电子科技大学出版社，2017．

[5] 王威杰．计算机应用技术与实践——能力训练教程[M]．北京：科学出版社，2016．

[6] 杜菁．计算机应用技术实践指导（第2版）[M]．北京：中国铁道出版社，2019．

[7] 陈晴．计算机应用技术与实践（Windows 10＋Office 2010）（第3版）[M]．北京：中国铁道出版社，2019．

[8] 时巍，李爽，刘晓峰，等．计算机应用技术教程[M]．北京：清华大学出版社，2019．

[9] 宋广军．计算机基础（第6版）[M]．北京：清华大学出版社，2021．

[10] 何黎霞，刘波涛．大学计算机基础（第2版）[M]．北京：科学出版社，2022．